喂养、养育、早教科学指导

一本书讲清婴幼儿

养育与早教宜忌

婴幼儿养育与早教宜忌速查

ibaby母婴项目组◎编著

中国妇女出版社

图书在版编目（CIP）数据

婴幼儿养育与早教宜忌速查 / ibaby母婴项目组编著
.—北京：中国妇女出版社，2015.4
ISBN 978-7-5127-1039-9

Ⅰ.①婴… Ⅱ.①i… Ⅲ.①婴幼儿—哺育②早期教育—家庭教育 Ⅳ.①TS976.31②G78

中国版本图书馆CIP数据核字（2014）第298939号

婴幼儿养育与早教宜忌速查

作　　者： ibaby母婴项目组　编著
责任编辑： 王晓晨
封面设计： 柏拉图
责任印制： 王卫东
出版发行： 中国妇女出版社
地　　址： 北京东城区史家胡同甲24号　　**邮政编码：** 100010
电　　话： （010）65133160（发行部）　65133161（邮购）
网　　址： www. womenbooks. com. cn
经　　销： 各地新华书店
印　　刷： 北京集惠印刷有限责任公司
开　　本： 170×240　1/16
印　　张： 22
字　　数： 280千字
版　　次： 2015年4月第1版
印　　次： 2015年4月第1次
书　　号： ISBN 978-7-5127-1039-9
定　　价： 39.80元

目录

CONTENTS

第一章　0～1岁婴儿养育和早教宜忌

0～1个月婴儿的养育和早教宜忌

2～3个月婴儿的养育和早教宜忌

9～10个月婴儿的养育和早教宜忌

第二章　1～2岁幼儿养育和早教宜忌

1岁0~1个月幼儿的养育和早教宜忌

1岁1~2个月幼儿的养育和早教宜忌

1岁2~3个月幼儿的养育和早教宜忌

1岁3~4个月幼儿的养育和早教宜忌

2岁7~8个月幼儿的养育和早教宜忌

2岁8~9个月幼儿的养育和早教宜忌

2岁9~10个月幼儿的养育和早教宜忌

2岁11~12个月幼儿的养育和早教宜忌

第一章

0~1岁婴儿养育和早教宜忌

0～1个月婴儿的养育和早教宜忌

新生儿养护宜忌

YES 宜了解新生儿的先天反射

很多爸爸、妈妈以为刚出生的婴儿除了吃奶、哭闹、睡觉之外一无所能，这其实是一种误解。过不了多久，爸爸、妈妈就会发现，新生儿有着极强的生存能力和自我保护能力，并且以非常配合的行为对医护人员和妈妈的照顾作出应答。支持着新生儿这种生存能力的正是他们与生俱来的机体反射。这些反射与生俱来，无须学习，是新生儿对一定的外界刺激的本能反应，是新生儿神经系统尚未完全发育成熟的暂时表现。

新生儿比较重要的反射行为有以下10种：

1. 觅食反射

当新生儿的面颊触到妈妈的乳房或其他部位时，他会把头转向刺激物的方向搜寻，一直到嘴接触到可吸吮的东西为止。用手指抚摸新生儿的面颊，他也会把头转向手指的方向，手指移到哪儿头就转向哪儿。这种反射从出生半小时就可发现，持续时间为3周左右，此后逐渐变为由神经控制的动作，其作用是帮助新生儿寻找妈妈的乳头。

2.吸吮反射

用乳头或手指轻轻碰新生儿的口唇，他会出现口唇的吸吮动作，这就是吸吮反射。吸吮反射是新生儿先天反射中最强、最重要的一种。当婴儿做吸吮动作时，他的其他一切活动都会停止。吸吮反射使吃奶成为自动化的动作，如果必须由大人教会新生儿怎样用嘴裹住乳头、怎样吸奶，婴儿将会饿成什么样子？没有这一本能的动作，人类也许根本无法进化到今天。

3.游泳反射

把新生儿以俯卧的姿势轻轻放进水里，他的双手双脚会扑扑腾腾地做出非常协调的游泳动作。这种反射出生即有，4～6个月时逐渐消失。

4.眨眼反射

在新生儿醒着的时候突然有强光照射，他会迅速地闭眼；睡觉时如果有强光照射，他会把眼闭得更紧。这样的表现在出生时即有，将持续终生，其作用是保护婴儿免受强光刺激。婴儿长到6～9周时，你把一个物体迅速移到他眼前，他也会眨眼。

5.收缩反射

用带尖的东西轻刺新生儿的脚掌，他的脚会迅速收缩，膝盖弯曲，臀部轻抬。这种反射出生即有，出生10天后减弱，它可以使婴儿免受不良触觉刺激的伤害。

6. 摩罗氏拥抱反射

以面对面水平姿势抱住新生儿，如果将其头部向下移动，他的双臂会先向两边伸展，然后向胸前合拢，做出拥抱姿势。此种反射从出生持续到6个月左右。这种反射是在人类长期进化过程中形成的，其作用是可以使婴儿抱住妈妈的身体。摩罗氏拥抱反射只是在过去婴儿整天被妈妈抱在怀里的时代才是非常重要的，而现在，因为有了摇床、婴儿座椅、婴儿车等用品，拥抱反射对婴儿已不那么重要了。但是，如果发生什么意外，使婴儿失去支撑，这种反射会使婴儿抓住身边的东西，免于摔伤。

由于新生儿的神经系统尚未发育完善，在睡觉时受到周围的声音、强光、振动等刺激也会表现出拥抱反应，这种反应并不会对其健康和脑发育造成影响。在这一反射消失前，为了使其睡得安稳些，可在睡前用薄包被轻轻包裹新生儿的身体和双臂。如果未包裹的新生儿发生惊跳，大人只要用手轻轻按住他的双肩、双手或身体其他部位，就可以使其很快安静下来。

7. 抓握反射

新生儿的手经常呈握拳状（拇指放在其他手指的外面），如果大人把新生儿的手打开，用手指或其他东西碰触新生儿的手掌心，新生儿会紧紧地抓住触碰手心的物体，抓握的力量之大足以承受新生儿的体重。抓握反射是婴儿以后有意识地抓握物体的基础，出生三四个月后消失。

8. 强直性颈部反射

在新生儿仰卧时，如果把他的头转向一侧，转向侧的手臂和腿就会伸直，另一侧的手臂和腿弯曲起来。这种反射约在出生28天时出现，持续到4个月左右，其作用可能是为婴儿将来有意识地接触物体做准备。

9. 身体直向反射

转动新生儿的肩或腰部，新生儿身体的其余部分会朝相同方向转动。在出生到12个月的婴儿身上可见到这种反射，其作用是帮助婴儿控制身体姿势。

10. 迈步反射

双手抱住新生儿，使其两脚着地，他会做出走路似的迈步动作。持续时间是从出生到2个月，其作用是为将来学习走路做准备。美国心理学家泽拉佐等人做过一项著名的实验，他们对一些婴儿在前两个月时每天给予迈步反射的刺激，结果这种反射在该消失时没有消失，却得到了保持，而且这些婴儿比那些没有给予迈步反射刺激的婴儿早好几个星期学会走路。泽拉佐认为，早期频繁的迈步反射刺激促进了大脑皮层中与走路有关的部位的发育。

这些研究并不是鼓励所有的父母都在孩子一两个月时对他们进行迈步反射训练。

随着月龄的增加、大脑皮质高级神经中枢发育的成熟，大部分反射都会在出生后的6个月左右消失。虽然不同的新生儿可能存在个体差异，但如果先天反射出生后不出现、反应不对称或持续时间过长而不消失，都提示神经系统可能存在某些问题，应及时带孩子去医院检查。

YES 宜读懂新生儿的哭声

新生儿没有语言，哭声就是他对外交流的方式。他在需要帮助、陪伴或身体不适时都会用哭声来表示，也就是说，在新生儿哭的时候总是有消极因素存在，如疼痛、失望、愤怒等，这时就需要妈妈细心地观察新生儿。一般新生儿哭的时候是没有眼泪的，可从新生儿哭声的大小、持续还是间断等来判断新生儿哭闹的原因，并及时给予解决，以减少新生儿哭闹的次数，缩短哭闹的时间，也可避免耽误病情。

1.我饿了

一般刚出生的新生儿，妈妈还没有掌握其生活规律，新生儿会在饿了、渴了的时候用哭声提醒妈妈。如果马上喂奶或喂水新生儿就不哭了，证明新生儿确实是因饥饿或口渴而哭闹的。如不及时喂奶或喂水，新生儿会持续地哭，哭声时高时低。

2.我的尿布该换了

如果新生儿尿了、拉了，妈妈未及时发现，新生儿会用哭声提醒妈妈。这种哭声并不大，也不是特急。如果不到该喂奶的时间新生儿哭了，就要检查新生儿的尿布，如发现有屎或尿要及时给新生儿洗净屁股，更换尿布，新生儿自然就不哭了。

3.我太热了（太冷了）

如果新生儿居住的房间温度太高，或包裹内的温度太高，新生儿都会烦躁、哭闹。这种哭声音有些沙哑，脸一般都较红。要给新生儿少穿盖一点儿，或想办法降低室温，这样新生儿自然就会安静了。

与房间太热相反的是，如果室温太低，或新生儿包裹内的温度太低时，新生儿也会哭闹。每当新生儿因这种情况而哭闹时，面色为暗紫或苍白，哭声显得无力。发现这种情况要及时采取措施，或提高室温，或给新生儿增加包被，新生儿感觉温暖就会舒舒服服地睡觉了。

4.我很累

新生儿特别容易疲劳，这也是新生儿爱睡觉的原因。如果新生儿醒的时间比较长，或是居室内人太多，声音杂乱，就会影响新生儿的睡眠，新生儿会因疲劳又无法睡眠而哭闹。因这种情况而引起的哭闹，在开始时哭声大，有点儿声嘶力竭，表现为烦躁，如还不能让新生儿安安静静地睡觉，新生儿会哭一会儿睡一下，然后又哭。这时，妈妈应该知道新生儿累了、困了，需要休息，就不要再逗新生儿，要让其他人离开新生儿的居室，保持室内的安静，新生儿就会安安稳稳地睡觉了。

5.我要洗澡

新生儿的皮肤非常娇嫩，特别容易受损伤，汗液、奶液、大小便等刺激均可损伤新生儿的皮肤。尤其是颈下、腋窝、大腿根部等部位，如果浸泡时间长，未给予清洗及使用新生儿专用护肤品，都有可能造成新生儿皮肤糜烂，新生儿就会哭闹不停。为避免这种情况的发生，平时要及时清洗新生儿的皮肤，并涂抹宝宝专用身体乳液等保护新生儿的皮肤。

6.我屁屁好疼

有的新生儿大便比较干，排出不畅，排便时可造成肛门撕裂，新生儿在便前便后就会哭闹。如遇这种情况，应在便前用热水盆距新生儿屁股20厘米左右，用温热的水蒸气熏熏新生儿的肛门；也可用肥皂头，一头经热水泡软后塞入新生儿的肛门，然后来回抽动几次，起到润滑的作用，新生儿就可以顺利地排便而不再哭闹了。但这只是治标不治本，应尽快找出新生儿大便干燥的原因，并给予科学调理。

有时女婴会因外阴红肿、糜烂、尿时疼痛而哭闹；而男婴有时会因阴茎的包皮长，包皮口紧，造成尿垢的堆积，从而诱发炎症而哭闹。所以，不论男婴还是女婴，都要保持尿道口的清洁。在给男婴清洗时应将包皮轻轻翻起再清洗，以避免有尿垢存留而引起感染。但也有相当一部分男婴在新生儿期包皮还无法翻起，如果是这种情况，家长不要强行翻起清洗，注意清洁即可。

7.我生病了

有时新生儿会因体内霉菌感染，口内长满了鹅口疮。新生儿虽然饿了，但奶嘴、奶液的刺激会使新生儿更加疼痛。所以，有鹅口疮时新生儿会在喂奶或喂水时哭得更厉害。这时应积极治疗鹅口疮。

如果新生儿常有音调高、发声急的尖叫，应考虑有中枢神经系统感染或脑出血的可能。如果新生儿号哭不安，伴有面色苍白、出汗等症状，应考虑有急腹症的情况。有上述情况出现时要马上送医院诊治。

8.抱抱我

在这种时候，新生儿的哭声既不大也不急，哭几声后就会停下来，观察妈妈的反应。每当遇到这种情况，妈妈不要马上抱起新生儿，因为新生儿这时的哭就是在撒娇，想要你去抱他。如果你马上抱，几次之后就会养成一哭就得抱、不抱就哭起来没完没了的坏习惯。但也不要冷落新生儿，妈妈可以面对新生儿，轻轻地和他说话；也可以放点儿音乐，安抚一下新生儿的情绪。

9.我还小

在不同文化背景下进行的一项研究显示，婴儿在前3个月哭得最多，平均每天哭的时间达120分钟；4个月以后减少到每天哭60分钟。一天之中，晚上睡觉前哭的时间最长（平均34分钟），下午其次（24分钟），上午较少（20分钟），夜里最少（10分钟）。研究人员认为，导致婴儿哭的主要原因是中枢神经系统不成熟，而不是由于父母照顾不够。

YES 宜掌握新生儿的抱法

新生儿的脖子软绵绵的，竖不起来，很多新手父母不知道该怎样抱新生儿，生怕抱不好把新生儿弄伤了。下面介绍几种抱新生儿的方法：

1.从床上抱起新生儿的方法

用右手轻轻抬起新生儿的头部，左手拇指与其余4指分开，托住新生儿的头及颈后部；右手退出，托起新生儿的臀部，抱起。可将新生儿的头部放在左、右肘窝处，这样方便喂奶。

2.吃奶后竖直抱起的方法

妈妈用左手虎口托住新生儿的颈后，右手托住新生儿的臀背部；将新生儿的头偏向一侧，趴在妈妈的肩上；妈妈的身体略向后倾，用左手轻拍新生儿的背部（也可两手交换过来）。

3. 把新生儿交给别人时的抱法

如当妈妈要把孩子交给爸爸抱时，爸爸要靠近妈妈的身体，并应将双手插到妈妈的胳膊之上。待确定爸爸的双手已抱住新生儿了，妈妈才可将自己的手抽出，切不可随便交给爸爸而把新生儿摔落到地上。

新生儿的肩关节、髋关节很容易脱位，主要原因是关节周围软组织发育欠缺。所以千万不要用力牵拉新生儿的四肢。如若造成新生儿某关节脱位，很可能形成习惯性脱位。

哄新生儿睡觉或新生儿情绪不安定时，最好把新生儿横抱在妈妈的怀里，让新生儿的头贴近妈妈的左胸口，能够听见妈妈的心跳声，这样新生儿的情绪比较容易安稳下来。

YES 宜了解新生儿穿衣服的方法

新生儿的衣服最好上下身分开，便于更换尿布。夏天的时候可以穿上纱布做的小上衣，下身只垫上尿布即可，但要注意尿布一定不要太厚。否则，厚厚的尿布夹在新生儿的两腿之间，会影响新生儿腿的自然伸直。新生儿出生十几天后可给其穿上小裤子。

新生儿很软，特别是颈部的肌肉还无法支撑起大大的头，所以在给新生儿穿脱衣服时要特别注意。新生儿的上衣最好不要选择套头的款式，应该选择前开襟的和尚服。在给新生儿穿衣服时，先将衣服平放在床上，拉开前襟，一只手扶住新生儿的头，一只手扶住新生儿的腰，将其平放在衣服上；然后把新生儿的胳膊放入衣袖，妈妈的手从外面伸入衣袖，抓住新生儿的手，并从衣袖中拉出；最后合上前襟，系上带子。

脱衣服前一定要检查一下衣服的袖口是否有脱落的线头，以免将新生儿的胳膊从袖子中拿出时会缠住新生儿的手指。

天气冷的时候可以在衣服外面再包裹一层小被子，但要注意包裹时不要强行拉直新生儿的四肢，更不能包裹得太紧、太厚。胸部包裹太紧会影响新生儿的呼吸及胸部运动，从而减少新生儿的肺活量，也影响肺的功能。四肢包裹得太紧、太厚会限制新生儿的活动，不利于运动功能的发育，上肢不能自由地活动，手指无法触摸到周围的物体，不利于新生儿的触觉发展；下肢如果被捆绑得太紧，违反新生儿的自然姿势，易引起髋关节脱臼。包裹得太紧还会影响空气流通，易导致新生儿的皮肤发生脓疱疹，出现臀红等。包裹得太厚会使包被内的温度过高，在给新生儿换尿布或洗澡时，因包被内温度和室内温度相差悬殊，而新生儿的体温调节中枢未发育完善，使新生儿的体温在打开包被后迅速下降，而导致感冒或腹泻。尽管俯卧对新生儿的大脑及消化、呼吸等功能都有好处，但给新生儿包裹后不宜让新生儿俯卧，以免影响新生儿的呼吸。

包被内不要用塑料布及橡胶布，这些物品不透气，新生儿的汗液、尿液等不易蒸发，容易诱发皮炎或尿布疹。

包裹的目的一是保暖，二是使刚刚从子宫里出来的新生儿睡得安稳，睡袋可以解决这些问题，完全可以代替包被。根据季节和室温的变化，睡袋可以是单的，也可以是棉的。在睡袋里，新生儿既暖和，又不会因不适应四周的空旷而睡不安稳；新生儿醒着时可以有自由活动的小空间，安安稳稳地睡觉时又保持了自然弯曲的姿势。另外，因睡袋内的四周有一定的空间，空气容易流通，因此睡袋中的温度和室温就不会相差悬殊，在给新生儿洗澡和换尿布时可避免新生儿着凉。

如果新生儿在冬天出生，为了给新生儿保暖，上身可以穿一件小衣服，再放到棉睡袋中。如发现新生儿的手脚有些凉，说明不够暖，可用空调、电暖气等将室温尽量升高为20℃～24℃，也可加一层小毯子或小被子，盖在睡袋外边或在睡袋外靠近脚部放一个暖水袋。

YES 宜了解如何给新生儿洗澡

皮肤是新生儿的第一保护层，也是人体的最大器官，但新生儿皮肤内的油脂腺尚未发育完全，不能帮助皮肤抵御杆菌类的侵袭。新生儿的皮肤比成人的薄5倍，而且每天都要受到乳汁、汗液和大小便的污染，所以皮肤清洁十分重要，而清洁皮肤最好的办法就是洗澡。

新生儿一出生即可洗澡，春、秋、冬季每天一次，夏季可以每天洗2～3次。洗澡能促进血液循环和新陈代谢，从而促进新生儿的生长发育；洗澡还可以丰富对皮肤的刺激，以利于新生儿感知觉的发育；洗澡的过程也是建立亲子关系的过程，在洗澡时妈妈温柔的话语、轻轻的抚摸以及亲昵的眼神、水的滋润和波动，都会使新生儿感到全身心的满足。

1. 洗澡前的准备

■ 将室温提高为28℃～30℃。提高室温可用空调，也可用电暖器。

■ 烧好热水备用。

■ 给新生儿洗澡的人要摘掉手表、戒指、手镯等金属类物品，以防剐伤、硌伤新生儿。

■ 准备新生儿洗澡时所需的物品：浴盆、婴儿沐浴液、洗发液、擦洗用的小纱布或海绵块、包裹用的大浴巾、擦鼻孔及耳道用的棉花棒、爽身粉、身体乳液、75%的酒精（护理脐带用）、换洗的衣服和包裹用的单子或小被、尿布等。

2. 洗澡的步骤

第一步｜浴盆内先放冷水再加热水，水温在37℃～40℃。可以用手背或手腕测试，感觉温暖不烫即可。

第二步｜打开包裹新生儿的小被子，再脱下新生儿的上衣，用浴巾包裹住新生儿的下半身。

第三步｜将新生儿抱到浴盆边，如浴盆放在地上就将新生儿放在大人的腿上；如浴盆放在高处，就将新生儿的身体托在大人的前臂上，置于腋下。用手托住新生儿的头，手的拇指和中指分别压在新生儿的两个耳朵前，以避免洗澡水流入耳道。也可用左肘和腰部夹住新生儿的臀部与双腿，并用左手托起新生儿的头。

第四步｜用小纱布或海绵块沾上水由内向外轻轻擦洗新生儿的面部，具体顺序是：额、眼角、鼻根部、鼻孔、鼻唇沟、口周、颌、颊部、外耳道。需要注意的是，新生儿的面部皮肤非常敏感，给新生儿洗脸只用清水即可，一定不要用任何香皂，包括婴儿皂。

第五步｜给新生儿洗头。先用清水沾湿头发，再涂上婴儿洗发液轻轻揉洗，最后用清水冲洗干净。要注意清洗耳后的皱褶处。

第六步｜洗身子。脐带未脱落的新生儿要上、下身分开来洗。洗上身时要包住下半身，洗的顺序是：先胸腹部再后背部，要重点清洗颈下、腋窝皮肤的皱褶部分。

第七步｜洗完上身后用浴巾包好，将新生儿的头靠在大人的左肘窝，左手握住新生儿的大腿，开始洗下半身。洗的顺序仍是由前至后，重点部位是腹股沟及肛门。女婴的外阴有时有白色分泌物，应用小毛巾从前向后清洗，男婴应将阴茎包皮轻轻翻起来再洗（暂时不能翻起也没关系）。脚趾缝也要分开来清洗。

第八步｜全部洗完后迅速将新生儿放到准备好的干浴巾中，轻轻搌干水，千万不要用力擦干，以免擦伤新生儿的皮肤。

第九步｜在新生儿皮肤皱褶处涂上薄薄的一层爽身粉，绝对不可过多，以防爽身粉受湿后结成块儿而硌伤新生儿的皮肤。

第十步｜脐带用75%的酒精擦拭，先擦外周，再换一根棉棒擦脐带里边，最后用干棉棒蘸上脐带粉撒在脐带中。

第十一步丨臀部用护臀霜或身体乳液，薄薄地抹上一层。

第十二步丨把新生儿抱入小被中或包裹单中包裹好，然后尽快地穿上衣服。

第十三步丨用棉棒轻轻搌干鼻腔、耳道，以防有水进入后存留。

洗完澡后可以给新生儿喂奶，然后让新生儿舒舒服服地睡觉。

脐带已脱落的新生儿，可在洗完头和脸后撤去浴巾或包裹单，大人用手和前臂托住新生儿的头部与背部，将新生儿放入水中由上而下、由前而后地擦洗，但头颈部不要浸到水里，以防洗澡水呛入新生儿的口、鼻中。

3. 洗澡时的注意事项

■ 洗澡时要关好门窗，不要有对流风。

■ 洗澡的时间应选择在喂奶前半小时左右，喂奶后洗澡容易使新生儿吐奶。

■ 新生儿洗澡的用具要专用，不要和其他人混用，以防交叉感染。

■ 洗澡前一定要仔细检查所需的物品是否准备齐全，不要在洗澡的过程中抱着湿漉漉的孩子东找西找。

■ 新生儿皮肤娇嫩，应选择刺激性小的婴儿沐浴液，在皮肤有湿疹时只可用湿疹洗剂或只用清水，以防刺激皮肤。

■ 如果洗澡过程中需要再加水，要在另外一个盆中调好水温，再倒入新生儿洗澡的浴盆中。

■ 洗澡时要避免浴液等流入新生儿的眼、鼻及耳道中，如不小心有洗澡水进入要马上用药棉搌干。

■ 给新生儿洗澡的时间不要过长，一般在5～10分钟完成最好。

■ 洗澡时要观察新生儿的全身有无异常，如皮肤有无湿疹、四肢活动有无异常等。

■ 如果新生儿头部有脂溢性皮炎，要单独用一盆水给新生儿洗头，再换另外的洗澡盆和水给新生儿洗澡。如果脂溢性皮炎已经结痂，应先用煮过的植物油放凉后涂抹在结痂处，用小帽子捂半小时左右再洗掉。一次不可能将结痂彻底洗干净，这时不要硬刮或硬抠，多洗几次就可以全部洗干净了。

■ 洗澡后应迅速包裹好新生儿，半小时之内尽量不要打开包裹，以利于保湿，防止水分丢失。

YES 宜为新生儿做抚触

1. 坚持抚触好处多

皮肤覆盖全身，是人体最大、最基本的感觉器官，有500多万个感觉细胞，能接受外界的多种刺激，如温度觉、触觉、痛觉等。这些感觉传到中枢神经系统后能做出反应，通过神经及体液做出应答。良性刺激可对神经系统起到正面作用，尤其是儿童时期，从胎儿期6个月至出生后2岁神经系统发育很快，这种刺激可促进神经系统的发育。

新生儿处于生理上的快速生长时期，抚触可以提高新生儿的免疫功能，增加体内的免疫物质。经观察发现，新生儿在经过抚触后大都会很安静，睡得香，醒来也很高兴、很乖。那些睡眠有障碍的新生儿在经过抚触以后也能很快入睡，并睡眠平稳。实验还发现，经过抚触的早产儿食欲都有所增加，吃奶量增多，体重也长得快。到产后42天复查时发现，接受抚触的新生儿体重、身长、头围都比没有接受过抚触的新生儿增加明显。抚触不仅对新生儿体格发育有促进作用，对智能发育和情商培养也有良好的促进作用。

2. 抚触前的准备

抚触前要做好充分的准备工作，让新生儿处在温暖的环境中，并保持舒适的体位，周围环境比较安静，没有强噪声。妈妈的双手要清洁、温暖、光滑，指甲要短，无倒刺，摘下戒指、手链等首饰，以免划伤新生儿的皮肤。另外，最好在手里倒些婴儿润肤液，以便在抚触中起到润滑作用。爱心是十分重要的，抚触不是一种机械操作，要和新生儿有很好的沟通与交流。可以一边抚触一边轻轻地和新生儿说话，或播放一些轻柔愉快的音乐。手法要先轻后重，慢慢增加力度，千万不要让新生儿感到不舒服。

3. 抚触的次序

抚触应该按头部、胸部、腹部、四肢、手足、背部的顺序进行，时间先从5分钟开始，以后逐渐延长为15～20分钟，每日1～2次。

头部

①用两手拇指从前额中央向两侧滑动。

②用两手拇指从下颏中央向外上方滑动。

③两手掌面从前额发际向上、向后滑动，至后下发际，并止于两耳后乳突处，轻轻按压。

胸部

两手分别从胸部的外下侧向对侧的外上侧滑动。

腹部

①两手轮流以新生儿的脐部为中心顺时针方向按摩。

②右手指腹自新生儿右上腹滑向其右下腹并复原，再自右上腹滑向左下腹，最后自右下腹经右上腹、左上腹滑向左下腹，如此重复。

四肢

①轻轻抓住新生儿的一侧手臂，从上臂到手腕进行挤捏，并用手指按摩新生儿的手腕。

②在确保新生儿手部不受到伤害的前提下，用拇指从新生儿手掌心按摩至手指。

③双手夹住新生儿的一侧手臂，做上下搓滚的动作。

④轻轻挤捏新生儿的大腿、膝部、小腿，然后按摩踝部。

⑤在确保新生儿的踝部不受到伤害的前提下，用拇指从新生儿的脚后跟按摩至脚趾。

⑥双手夹住新生儿的腿做上下搓滚的动作。

手足

两手拇指指腹从新生儿的手掌末端依次推向指端，并提捏各个手指关节。足与手的抚触方法相同。

背部

让新生儿呈俯卧位，两手分别置于其脊柱两侧，用指尖由中央向两侧按摩；然后手掌平放于新生儿的背部，沿脊柱方向从肩部到臀部进行按摩。

4. 抚触的注意事项

■ 出生24小时后的新生儿即可开始抚触，一般建议在洗完澡后、午睡或晚上睡觉前、两次哺乳之间、新生儿不饥饿、不烦躁时进行。

■ 给新生儿抚触时室内温度最好在28℃以上，新生儿全裸时应在可调温的操作台上进行，台面温度在36℃～37℃。假如环境温度不能达到上述要求，可以在半裸状态下有步骤地分部位脱衣，从头到脚进行抚触。

■ 抚触时应注意新生儿的个性差异，如健康情况、行为反应、发育阶段等。无论抚触进行到哪个阶段，如果出现以下的反应，如哭闹、肌张力提高、兴奋性增加、肤色出现变化或出现呕吐等现象，都应立即停止。

YES 新生儿宜晒太阳

阳光中的紫外线照射皮肤可以促使皮肤制造维生素D，对佝偻病有预防和治疗的作用，还能活跃全身功能，促进血液循环。另外，紫外线还有杀菌消毒的作用。因此，孩子满月后就可以开始室外活动。夏季、秋季出生的孩子在出生后第三周就可抱到室外活动，冬季出生的孩子可推迟一点儿。

妈妈开始带孩子做户外活动的时间不要过长，每次5～10分钟较为合适，待孩子对外界环境慢慢适应后再延长户外活动时间，每隔3～5天延长5分钟，一直达到每次活动1小时或更长时间。还可以由每天1次增加到2次以上。春天可以增加快一点，冬天要慢一点。体弱的孩子和早产儿，妈妈要先在房子里开窗晒太阳，尽量使阳光晒在孩子的皮肤上。天气炎热，出外活动时要给孩子戴上浅色帽子，防止中暑。冬天要穿好衣服，只露脸和手。晒太阳时要选择避风的地方，以免孩子受凉感冒。

YES 宜了解新生儿特殊的生理现象

1.生理性体重下降

新生儿体内含水量占总体重的65%～75%，未成熟儿约80%。随着宝宝的发育体内含水量会逐渐减少。生后前几天摄入量少，丢失水分多（水分随皮肤蒸发，呼出的气体里也带有水分），可出现生理性体重下降，俗称“脱水膘”。生理性体重下降在出生后1天即可出现，生后3～4天体重达到最低点，体重减轻的程度一般不超过出生时体重的9%，在出生后7～10天又恢复到出生时的体重。

婴儿出生后要及时喂奶及喂水，出生后半小时就让新生儿吮吸妈妈的乳房，可以减轻新生儿生理性体重下降的程度。以后尽量做到按需哺乳，也能使体重尽快恢复。

体重下降超过出生时体重的10%即为异常，例如一个出生体重为3千克的新生儿，体重的减轻超过了300克就属于异常。出生两周后仍未恢复到出生时的体重，这也是不正常的。造成新生儿体重下降过多或不能正常恢复的原因主要是喂养不当，如母乳量不足又未及时增加代乳品；也可能是没有按需哺乳，喂奶时间间隔太长。如果是喂养方法的原因要及时纠正，做到按需哺乳；如果是因为母乳量不足，要及时增加配方奶粉或其他代乳品。如果是疾病的原因，如腹泻等，要请医生帮助查找原因，及时治疗。

2. 生理性黄疸

出生时后2～3天，有些新生儿的皮肤开始发黄，甚至眼球结膜、口腔黏膜也变黄，这是由于血液中胆红素增高造成的，通常5～7天后消退。黄疸出现时没有体温、体重、食欲及大小便的改变。生理性黄疸一般不需要治疗，可以给予适当的葡萄糖水。因葡萄糖可以帮助被破坏的红细胞排出体外，以减少胆红素的生成，从而减轻黄疸的症状。

如果黄疸出现过早（生后24小时内）、程度过重、时间过长（足月儿2周以上、早产儿3周以上），或黄疸退而复现，均应考虑病理性黄疸，必须及时就医诊治。

3. 生理性呕吐

婴儿出生后1～2天内常会吐出黄色或咖啡样的黏液，这是通过产道时咽下的羊水，由黏液或血液刺激所引起，称为“生理性呕吐”，一般不需治疗。

4. 生理性乳腺肿大

新生儿在出生几天内，不论男婴还是女婴，都有可能出现两侧乳房肿大的现象，多数为生理性的，也就是说这是一种正常的生理现象。新生儿出现乳房肿大主要是因为在出生时体内有一定量的雌性激素、孕激素及生乳素，雌激素与孕激素因为来自母体，所以在婴儿出生后来源中断并很快降低浓度，而生乳素在婴儿出生1个月内仍维持一定的水平，致使乳腺肿大。一般在出生15天左右最为明显，一般两侧肿大的乳房是对称的，表面不红不肿，不发热。有时有色素增多现象，还有的有少量灰白色的乳汁流出来。新生儿在数周后肿大的乳块即可消失，一般不需要治疗。新生儿出现乳腺肿大千万不要按摩和挤压乳房，否则容易引起新生儿乳腺炎或乳腺脓肿，严重的会引起全身感染、败血症等。新生儿乳腺炎表现为乳房红肿，触摸时有痛感，哭闹，不爱吃奶，伴有发热，乳房周围局部化脓。一旦新生儿出现乳房肿胀必须保持局部清洁，每天要给新生儿洗澡，并用温度适宜的热毛巾外敷患处，换质地柔软的内衣。如果伴有高热、乳房化脓要及时送医院。

5. 假月经

有的女婴出生后3～7天会从阴道内流出血性分泌物，持续时间一般不超过1周，这种短暂的阴道出血现象称为“假月经”。出现这种情况父母不必着急，更不要害怕，因为这是一种正常的生理现象。胎儿在被娩出之前通过胎盘接受了妈妈的雌激素，也有一部分是胎儿自身分泌的。出生后来自母体的雌激素很快中断，新生儿增生的子宫内膜发生脱落，使阴道出血，几天后会自然停止。

新生儿出现假月经后，如果流血量不多，又无其他部位的出血，就不必做任何处理。但应勤换尿布，保持会阴部的清洁与干燥。最好每次换尿布时用温开水由前向后冲洗一下阴部，然后用柔软的纱布蘸干就可以了。

6. 吐奶

新生儿吐奶是很常见的现象，大部分是正常的溢奶，经常发生在刚吃完奶后不久，吐出的是刚吃下的奶或在胃酸作用下形成的奶块。通常奶水顺着新生儿的口角流出，而不是大口喷出。出现这种情况可以采取少吃多餐的方法，控制好喂奶速度，防止因吃奶过急而吞入过多空气。喂奶后，妈妈应该把新生儿竖着抱起来，同时轻拍其背部，让新生儿将吃奶时咽下的空气排出去。

如果新生儿吐奶量大且是喷射性的，可能存在先天性肥厚性幽门狭窄，应该及早就医。

YES 宜了解什么是新生儿不规则睡眠状态

新生儿一天有8～9小时处于这种状态。在这种状态下，新生儿虽然眼睛是闭着的，但可以看到眼皮下有快速的眼动。呼吸不均匀，手足有很轻微的动作，声音或闪光等刺激会引起新生儿作出皱眉或噘嘴等反应，脑电活动明显和觉醒状态时相似。

在人的一生中，新生儿期花在不规则睡眠状态的时间最长，大约占新生儿睡眠时间的50%，而在3～5岁时则下降到20%，与成人相似。在儿童和成人中，不规则睡眠状态是与做梦联系在一起的，而新生儿可能还不会做梦，或者至少不会像儿童或成人那样做梦，那他们为什么要花那么多时间在不规则睡觉状态呢？睡眠专家认为，这可能出于新生儿的一种特殊需要。因为新生儿清醒的时间比较少，他们跟外界环境交流、从外界环境中吸取信息的时间也就非常有限，而不规则睡眠状态可以看作是大脑自我刺激的一种方式，这种刺激对中枢神经系统的发育至关重要。

NO! 忌错过新生儿筛查

每位父母都希望自己的孩子聪明健康，但由于受多种因素的影响，在新生命中总有少数孩子患有某些先天性遗传代谢疾病。但这些孩子出生时看起来和正常孩子没什么两样，不易被早期发现。随着年龄的增长，就会逐渐出现智能和体格发育的落后，最终成为残疾儿。这不仅会给孩子和家庭带来痛苦，也加重了社会的负担。现在，新生儿出生后，医生仅需在足跟采几滴血，就能检测出某些异常，从而在疾病症状出现之前发现患儿。新生儿筛查的主要疾病是苯丙酮尿症和先天性甲状腺功能减低症，这些疾病都具备了安全简便、经济有效的治疗手段，只要做到早诊、早治，就能避免残疾的发生与发展。

1.新生儿苯丙酮尿症

在大米、面粉、肉类等富含蛋白质的食物中有一种氨基酸叫苯丙氨酸，对于健康人来说，它是必不可少的营养成分。然而，对于苯丙酮尿症患儿来说，它却像砒霜一样可怕。正常人的肝脏有一种特殊的酶，它能把食物里的苯丙氨酸转化为身体必需的营养成分，而苯丙酮尿症患儿肝脏里偏偏就缺少这种酶，原本应该被转化成营养成分的苯丙氨酸不能得到正常的代谢，却转化成了一种有害物质——苯丙酮酸。苯丙酮酸随着血液游走于全身各个部位：它会阻碍黑色素的分泌，使其堆积在膀胱，使患儿头发变黄、皮肤变白，尿液发出一种特殊的味道；它会损伤神经系统，使脑组织细胞萎缩、死亡，造成无法修复的损伤。患儿通常表现为动作不能协调、脾气暴躁、语言发育迟缓，甚至发生癫痫等。我国新生儿苯丙酮尿症的发生率为万分之一。

2.先天性甲状腺功能减低症

先天性甲状腺功能减低症是由于先天性甲状腺功能发育迟缓，不能产生足够的甲状腺素，致使包括大脑在内的人体器官发育受阻，出现以呆傻为主要表现的发育落后。这种病如果及早发现，合理补充甲状腺素，是可以避免损害的。出生后1～2个月即开始治疗，一般不会遗留神经系统损害。但如果患儿已经出现了眼距宽、塌鼻梁、躯干长、四肢短等临床症状，再治疗也无法改变智力低下的事实。

无论什么原因造成的甲状腺功能减低症，都需要使用甲状腺素终生治疗，这样才能维持正常的生理功能。

另外，有些城市在筛查上述两病的基础上，还增加了葡萄糖-6-磷酸脱氢酶缺乏症（也称蚕豆病）及肾上腺皮质增生症等疾病的筛查。通过新生儿疾病筛查，90%以上的患儿经过治疗，智能和体格发育均达到正常同龄孩子的水平。

新生儿疾病筛查是早期发现患儿的有效方法，孩子出生后应该按照筛查程序积极进行疾病筛查。抽血前父母需签署知情同意书，并留下真实、准确的联系方式，以备筛查阳性时能及时得到复查通知。采血时间是在孩子出生充分哺乳72小时后，医护人员仅需将孩子的几滴足跟血滴渗到特殊的滤纸片上，送往筛查中心检测即可。父母应该注意保留医院发的新生儿疾病筛查证明，一旦接到筛查阳性的复查通知，一定要及时带孩子复查，不可心存侥幸，延误诊治。如果孩子被筛查出患有先天性疾病，父母应从心理上做好长期准备，这样的孩子将会比正常的孩子更需要家人的关爱和照料。父母需主动去了解更多相关的知识，把疾病对孩子的伤害降低到最小。

新生儿疾病筛查是一种群体过筛检查，不能排除有个别病例被漏诊的可能，因此即使孩子通过了筛查，一旦出现上述疾病的异常表现也应及时到医院检查。

哺乳妈妈生活宜忌

YES 第一次哺乳宜采用侧卧位

医生会把新生儿包好，抱到妈妈身边，让新生儿的身体和脸正对着妈妈的乳房，下巴触及妈妈的乳房，然后用手触碰新生儿的口周，新生儿会反射性地张大嘴。这时，医生会帮助妈妈把乳头及乳晕部分送入新生儿口中，新生儿就会努力地开始吸吮。第一次哺乳，妈妈一般还没有下奶，有的新生儿可能吸吮力气会很大。如果之前妈妈的乳房还比较娇嫩，这时会感觉有些疼痛，这是一种正常现象，过几天随着乳汁分泌的开始和吸吮次数的增多，疼痛的感觉会很快消失，妈妈和孩子在生理和心理上都会有一种满足感。

YES 宜用两侧乳房哺乳

从第一次给新生儿哺乳时就要注意用两侧乳房哺乳，因为新生儿的吸吮可以有效地刺激妈妈尽快下奶。如果只刺激一侧，另一侧下奶的时间很可能会滞后，或因为未及时清空乳房而发生阻塞。

妈妈下奶后更要注意每次哺乳都要让孩子吸空一侧乳房，然后再吸另一侧，这种方法可使乳腺保持畅通，减少宿乳瘀滞，有效防止乳腺管壅堵，避免乳腺炎的发生。而且，尽量让一侧乳房先被吸空是促使乳汁分泌最好的办法。如果一次只吃掉乳房内一半乳汁，下次乳房就会只分泌一半乳汁，经常这样会使乳汁分泌越来越少，甚至全部消失，还会使妈妈的乳房变得一大一小。

每次哺乳开始时分泌的奶是前奶，呈淡黄色，较稀，内含丰富的蛋白质、乳糖、维生素、矿物质和水分；每次哺乳结束时分泌的奶是后奶，外观较前奶白，富含脂肪，它提供的能量占乳汁总能量的50%以上。有些妈妈在孩子未吸完一侧乳房时就让他吸另一侧乳房，孩子吃到了太多的前奶，而后奶则吃得不够，导致能量不足。

有些新生儿食量小，可能吃了一侧乳房的奶就满足了，这时一定要注意把另一侧乳房的奶用吸奶器吸出，下次哺喂时让新生儿先吸上次未吃一侧的乳房。如果新生儿不习惯吸另一侧乳房，妈妈可以换一下抱的方式，使新生儿觉得还和他最习惯的一侧乳房一样。

YES 哺乳妈妈宜加强营养

产后妈妈自己需要营养恢复身体，还要给孩子哺乳，乳汁的质量会直接影响孩子的生长发育，所以妈妈的营养要全面、均衡。分娩两周以后，妈妈在饮食上必须加大量、增加品种，尤其要多喝有利于泌乳的肉汤、鱼汤，多吃炖鱼炖肉和蛋乳类食品。为了营养的全面平衡，还需要增加新鲜的蔬菜水果和其他营养食物的摄入。

如果妈妈发现吃了某种食物，让新生儿起湿疹或腹泻等，要避免再吃这类食物。

有些妈妈由于害怕发胖、体形改变不敢多吃，尤其是不敢多吃鱼、肉类食物，这样做是不科学的。哺乳对妈妈的身体也是一个慢性消耗过程，吃得过少会影响妈妈自己身体的健康，也会影响婴儿今后的身体健康。哺乳妈妈一定要放弃顾虑，该吃的就要坚持吃。

YES 哺乳妈妈宜注意休息

专家们发现，母乳分泌的多少和质量的好坏不仅与妈妈自身的营养有关，也与妈妈休息得好坏有关。妈妈精神紧张、有忧郁症，造成睡眠不好；或者忙于家务或工作，体力消耗过多，都会影响乳汁的分泌，造成乳汁减少或营养欠缺，过度的疲劳和睡眠缺乏甚至会造成回乳。

孩子出生后，由于需要哺喂或换尿布的间隔时间很短，妈妈往往在夜间得不到很好的休息，白天还得时不时地料理孩子的吃喝拉撒，有些妈妈此时会觉得精疲力竭，甚至到了难以应对或支撑不下去的地步。此时亲友们也会纷纷上门来探视新生儿和新妈妈，妈妈会非常劳累，体力透支的现象会很严重。所以要特别注意这一点，产后3个月内妈妈最好能少做其他事情，专心于孩子的哺喂和料理，并尽量找时间休息。孩子睡时妈妈马上跟着睡，亲友探视能让家人接待就让家人接待，能推掉的就推掉，这样可以使自己获得较充足的睡眠时间，对保持乳汁充足、情绪稳定非常重要。

YES 哺乳妈妈宜有个好心情

产后女性体内激素的分泌会有较大变化，怀胎十月身体消耗也很大，需要迅速补充营养，此时又要哺乳，处理孩子的大小便，往往会使妈妈精疲力竭、心情郁闷。这种情绪不仅对妈妈身体康复不利，也会严重影响泌乳。身心放轻松，泌乳不仅质量好，量也会大增。所以此时的心情调适很重要，除了家人要适当给予细心的呵护和安慰、多帮助料理新生儿外，妈妈自己也要平衡好情绪，早做心理调适。

1. 要有吃苦耐劳的精神

养育宝宝不是一件轻松的事，对这一点妈妈要有心理准备。

2. 要多关注孩子可爱的一面

多想新生儿稚拙的动作，睡梦中的微笑，闪闪发亮的眼睛，酷似父母的长相等；尽量少想新生儿不时哭闹、间隔很短的大小便、晚上让人不得安睡等烦人之处，这样心情就会好得多。

3. 忧郁时多向丈夫或家人倾诉

需要帮助时不要闷在心里不吭气，要主动寻求解决办法。睡眠不够而心情烦躁时可请求家人晚上帮助照看新生儿，以使自己获得适当的睡眠，调整好心情。家人在此时也要多照顾产妇，努力使她保持愉快、轻松的心情。

4. 适当学点瑜伽放松术

劳累、情绪低落或烦躁时学会暗示自己，用瑜伽的方式放松精神和身体各部位，会有很好的缓解紧张和烦躁情绪的作用。

YES 宜掌握判断母乳是否充足的方法

每次哺乳前乳房没有肿胀感；乳汁少而稀薄；新生儿吃奶时用力，但咽下得很少，听不到有规律的连续的吞咽声；有时新生儿会突然放弃奶头，大声啼哭；新生儿每次把妈妈的两个乳房都吸空后还在使劲吸；喂完奶后不到1小时新生儿又在找奶吃或哭闹；新生儿大便次数较多，但量较少，生理性体重下降多，不恢复，皮肤弹性差，烦躁或不精神……如果有上述症状，表明母乳量不够，应尽快采取措施。

在补充其他代乳品前，不要轻易判定是母乳不足，否则会影响哺乳妈妈的哺乳信心和情绪，导致母乳喂养失败。

若产后发现奶量不足，可每隔半小时至1小时挤一次，夜间每隔3小时挤一次，几天后乳汁就会增多。

YES 宜了解母乳不足的原因及应对方法

1.气虚

气虚的人身体各系统功能都较弱，容易导致乳汁分泌不足。

2.血虚胃弱

血虚胃弱的人营养吸收较差，身体易弱，乳汁分泌也会不足。

3.产时失血过多

分娩时难产或会阴严重撕裂而失血过多的产妇，一时身体营养不足，体力恢复较慢，容易影响乳汁分泌。

4.产妇年龄较大

年过40岁血气渐衰的高龄产妇，由于身体机能开始衰退会有乳汁分泌不足的现象。

5.痰气壅盛以致乳滞不多

有些身体壮实显胖的产妇会因痰气壅盛造成营养运送不畅而出现乳汁稀少。

6. 过食咸味

中医认为，咸味收敛，会让哺乳妈妈少乳，还会发生咳嗽痰堵，影响泌乳。

由以上原因造成的母乳不足都可以通过调养和中药治疗得到改善，并成功实现母乳喂养。比如，因一时气堵造成的母乳不足，可用丝瓜5两或莲子5两烧灰研末，用绍兴酒调服，再盖被安睡，出汗就可通乳。血虚、产时失血过多、严重营养不足、40岁以上血气渐衰的，可多吃猪蹄炖汤、黑芝麻红糖水，同时加强饮食营养。气血两亏的产妇，身体会过于虚弱，最好暂不实行母乳喂养，待身体调理一段时间后看情况再决定是否母乳喂养。如果身体实在太差，经过中医和饮食调理仍然乳少，则只能选择人工喂养了。

NO! 忌乳房肿胀

在产后的3～4天，妈妈会感到乳房肿胀，这是因为乳汁分泌刚刚多起来而造成的，是一种正常现象。在喂奶前稍微做一些热敷：用消毒过的热毛巾把乳房全部覆盖，使乳房发热，以促进血液循环。毛巾凉后再换热的，换2～3次。在湿热毛巾覆盖5分钟以后，沿乳头四周从内向外轻轻地按摩乳房，再由乳房四周从外向内对着乳头方向轻轻地按摩，每侧乳房各做15分钟左右。用5个手指压住乳晕部分，像婴儿吸吮乳房那样挤压，反复几次，让乳汁排出顺畅，并让新生儿正确吸吮。这段时间，妈妈在睡觉或抱孩子的时候不要挤压到乳房，避免形成乳块。再有，在两次喂奶之间，可适当用凉毛巾做冷敷，以减轻肿胀感。

NO! 哺乳妈妈忌患病时哺乳

妈妈如果患感冒、发热、急慢性传染病、败血症，或急性腹泻较重，或乳头开裂严重，有乳腺炎症、乳腺脓肿而无法哺乳，可在患病期间暂停哺乳，但每日应按时挤出乳汁，以免泌乳量减少。

如果乳胀明显可以先进行乳房热敷，轻轻按摩乳房之后再挤奶。一般情况下可直接挤奶：准备一个敞口的容器，洗净双手。挤奶时，妈妈身体略向前倾，用一只手托起乳房，另一只手大拇指和食指分开，对应地放在乳晕上下方，距乳头根部约2厘米处，这样就能挤到乳晕下方的乳窦上。然后手指固定，不要在皮肤上滑动，而是向胸壁方向有节奏地挤压，以不引起疼痛为宜。注意不可压得太深，否则将引起乳导管阻塞。要反复一压一放，这样乳汁就会出来。待乳汁流速减慢后，手指可向不同方向转动，再重复压放，完成挤奶。挤奶持续时间以20分钟为宜，不要挤得时间太长，免得增加乳房的不适。

要做到24小时内挤奶6～8次或更多次才能保持泌乳。挤出的奶放在冰箱里冷藏可保留24小时，喂奶时用热水复温即可，不必烧开。

乳头开裂、乳腺炎或乳腺脓肿患者最好好转后尽早让婴儿吸吮乳汁，以免乳汁淤积更加重乳腺炎症，因为婴儿频繁有力的吸吮或用吸乳器可将乳房内的乳汁吸空，这样可以有效防治乳腺炎。

NO! 哺乳妈妈忌服用药物

哺乳妈妈原则上最好不服药，必须服药时一定要慎重，要在医生的指导下服用。因为婴儿体质稚嫩，许多脏器还处在生长发育阶段，对各类药物十分敏感。比如，妈妈服用四环素类药会影响婴儿的肾脏功能，影响其骨骼和牙齿的生长，使牙齿永久着色；服用青霉素、卡那霉素等抗生素类药可能会对婴儿听觉神经造成永久性不可逆转的损害，使婴儿一辈子耳聋；服用红霉素、氯霉素、合霉素，可能会抑制婴儿的造血功能；服用磺胺类药如复方新诺明等可能会使婴儿出现贫血或黄疸；服用美沙酮会使出生4周内的婴儿出现抽搐；服用阿司匹林、APC和水杨酸会影响婴儿骨骼、血管、肾脏健康，致使血小板减少，甚至出现严重出血；服用乙醚类药会使婴儿出现神经抑制状态，严重的可致死亡；服用安定类安眠药会使婴儿全身出现瘀斑、高铁血红蛋白症、生长迟缓；服用阿托品类药可使婴儿出现呼吸抑制；服用六甲溴铵可使婴儿出现麻痹性肠梗阻、骨骼生长抑制，或得血液病；服用降压药会使婴儿出现嗜睡、鼻塞现象；服用避孕药不仅会减少乳汁分泌，还会增加女婴日后患宫颈癌的风险。总之，抗生素类药、磺胺类药、抗甲状腺制剂和碘剂、降血压类药、抗疟疾类药、解热止痛类药、避孕类药、抗结核类药、镇静安眠类药等，都是哺乳期间不宜服用的药。

新生儿的喂养宜忌

YES 宜母乳喂养

1.母乳含有更多免疫因子

母乳能提供较多的人类抗病因子或抗体。一般来说，致使人类得病的细菌和病毒与致使其他动物得病的细菌和病毒是不同的，人类对各类细菌、病毒的抵抗力是在一次次与疾病斗争的过程中建立、积累起来的。妈妈自身会拥有多种疾病抗体，这些抗体会在怀孕时部分传给胎儿，在母乳喂养时还可通过母乳再次强化婴儿身上的这类先天获得的抗体，使婴儿对疾病有较强的免疫力。

母乳中的抗体是一种根据环境情况变化着的、活性的抗体。如果在哺乳期遇上流行病，妈妈体内新产生的抗体会迅速通过乳汁传递给婴儿，帮助婴儿获得这种抗体，这是任何别的食物所不可能提供的。

母乳中含有比牛乳更多的乳铁蛋白，可抑制大肠杆菌和白色念珠菌的生长，有抵抗婴儿消化道疾病和皮肤疾病的作用；母乳中所含的双歧因子可促进婴儿肠道内双歧杆菌、乳酸杆菌的生长，也有助于抑制大肠杆菌等肠道有害菌，减少婴儿肠道感染。因此，母乳喂养的婴儿比人工喂养的婴儿不仅较少感染呼吸道和肠道急性病或传染病，即使感染了，也会较快恢复。如果婴儿有腹泻症状不必停止母乳喂养，在某种程度上，继续母乳喂养会有利于婴儿腹泻的康复，这是其他乳类和食物喂养的婴儿所达不到的。

2.母乳是婴儿的最佳食物

母乳中除了含有丰富的人类抗体外，其营养成分也是最全面、最适合婴儿吸收利用的。人类对自然的认识毕竟有限，仅依靠科学分析，对母乳中所含营养成分的认识不可能全面，即使完全分析出来，要照此配制也是不可能的，更何况母乳的成分和含量是一种活性的组合，所以只从营养这一点上说，母乳也是最好、最适合的婴儿食物。

母乳有利于婴儿的消化吸收

母乳中的蛋白质总含量虽然较少，但白蛋白多而酪蛋白少，在婴儿胃中形成的凝块小，容易被消化吸收，不易引起因为消化不良而造成的腹泻。母乳中蛋白质含量少，消化时对新生儿肾脏的负担就比牛乳要小得多。

母乳脂肪中所含的不饱和脂肪酸比牛乳多，不仅能供给婴儿必需的、充足的脂肪酸，由于其脂肪颗粒小，又含有较多的解脂酶，更有利于婴儿的消化吸收。

母乳中含有较多的乳糖，最适合新生儿迅速生长和能量消耗的需要。母乳中所含乳糖的量也较多，又以乙型乳糖为主，能促进婴儿肠道乳酸杆菌的生长，这对提高婴儿的消化吸收能力十分有利。

母乳中所含的各类酶最有利于婴儿消化吸收，其中含量较多的消化酶，如淀粉酶、乳脂酶等，都是专门针对人类饮食的酶，有助于婴儿的消化吸收，其中乳脂酶可有助于婴儿消化乳汁中的动物脂肪，把它转化成所需的营养。

母乳中的微量元素最恰当

母乳中所含的钙、磷、铁等矿物质和微量元素的含量最恰当，其中锌、铜、碘含量丰富，尤其在初乳中，这是为新生儿的迅速生长专门配备的；铁的含量虽与牛乳差不多，但可吸收率却比牛乳高5倍，所以母乳喂养的婴儿贫血发生率，尤其是缺铁性贫血的发生率，明显低于牛乳喂养的婴儿；母乳中磷的含量比例适当，非常适合婴儿大脑的迅速发育，其中钙磷的比例也是最佳的2∶1，易于婴儿吸收，引起婴儿低血钙症的可能性比较少。母乳中的矿物质总量低，婴儿肾脏的负担小。

母乳中含有很多活性因子

活性因子也可说是生长素，能更好地促使婴儿骨骼、大脑神经细胞、内脏和肌肉的生长发育，有助于肠道内产生有益的乳酸杆菌，抑制致病菌的生长。母乳中还含有较多的生长调节因子，如牛磺酸等，是促进神经系统发育的重要元素。

母乳中含有较少的过敏原

牛乳、豆浆等食物中含有一些过敏因子，成人都易引起消化不良，对婴儿肠道更会有较大刺激。有些婴儿易发奶癣、湿疹、皮肤过敏，或拉稀、大便干燥，都是由于这些替代品不适合所致。而母乳是人类自己的营养食物，自然是最适宜的，其中所含的SigA，尤其在初乳中含量极高，有结合肠道内细菌、病毒等病原体和过敏原，阻止它们侵入肠黏膜引起不适和疾病的作用，而且具有在肠道内不受酸碱度影响、不会被消化的特点，可以说是婴儿抵抗疾病的一道天然屏障。

母乳具有自动调节性和可变性

婴儿出生后生长迅速，两个月体重就可增长一倍。随着婴儿的成长，机体对食物营养成分的需求也会跟着变化，母乳是会随着婴儿的这种需求变化而变化的。

分娩后头7天的乳汁称为“初乳”，含有更多的抗体和白细胞，亦含有生长因子，可刺激新生儿未成熟肠道的发育，也为肠道消化吸收成熟乳做了准备，并能防止过敏性物质的刺激。产后7～14天的乳汁是初乳向成熟乳的过渡，蛋白质含量逐渐减少，脂肪和乳糖的含量逐渐增加。2周后乳汁分泌量明显增加，而且其外观与成分都有所变化，乳汁呈水样液体，这就是含有丰富营养成分以供婴儿生长发育所需要的成熟乳。

这种变化完全是为了适应不同月龄婴儿生长发育的需要而定的，母乳之所以珍贵就在于它能按需变化。而且，母乳中所含的维生素不仅较全面、含量合适，而且会随着婴儿不同时期生长发育的需要随时调整含量，所以最适合婴儿各个阶段成长所需。

3.母乳喂养有利于情商培养

过去人们不太重视新生儿的感情需要，以为新生儿除了吃就是睡，什么都不懂。但专家们发现，婴儿从出生时开始对亲情就有反应，也有需求。比如，醒时听到妈妈的声音会有兴奋感；妈妈在身边时婴儿会睡得更安逸放松；夜间当婴儿独睡、独自面对黑暗时哭得会更厉害；与妈妈同睡一床时，如分睡在另一头，会在熟睡时不知不觉地向妈妈的身边靠拢，最后依偎到妈妈身边。

母乳喂养时，婴儿躺在妈妈怀中吸吮乳汁，同时感受着妈妈有节奏的心跳，闻着妈妈的体味，感受着妈妈的体温，还有妈妈轻柔的说话声、哼唱声，加上妈妈手的温柔抚摸，会处在一种非常安详、幸福、放松的自在状态，这种状态对婴儿的大脑是一种良性刺激，有利于脑细胞更快、更好地发育，对婴儿的心理和情感的健康发育也十分有利。由于与妈妈经常性的温柔接触，婴儿会变得安定自足、放松幸福，在其人生初始定下了一个很好的性格基调，使孩子拥有自信、自足、积极向上的性格和人格，有利于其个性的健康发展，对他今后顺利融入社会、与人合作和相处都有促进作用。国外心理学家认为，人的情感健康教育要从婴儿期开始，而最初的，也是最好的措施就是实施母乳喂养。

4. 哺乳有利于妈妈的身心健康

给孩子哺乳的妈妈都能感觉到，自从哺乳后，自己在性格和情感方面有了一些变化，不知不觉地改变了因青春年少养成的只关注自我、意识内倾的习惯，变得更关注孩子、关注他人，更温柔宽厚、更善解人意了，感情也由此变得更丰富细腻。

进行母乳喂养，妈妈身体的各方面都要配合，消化道的功能要加强，以吸收更多的营养供成长中的婴儿所需，同时也要保证自身的营养；呼吸功能、排泄功能、生血功能等都要加强，以配合泌乳的需要。可以说，全身功能此时都会处在很旺盛、很活跃的状态，抵抗疾病的能力这时也往往处在很强的状态，哺乳期不容易生病是经历过的女性都知道的一个特点，尤其是得乳腺癌的比例会比未哺乳的妈妈低20%。

YES 宜尽早给新生儿哺乳

如果妈妈的身体允许，孩子出生后半小时就可以给他喂奶了，这样不仅可以刺激乳房更快、更多地分泌乳汁，而且还会对新生儿产生积极的作用。因为在妈妈子宫内，胎儿是通过腹部的脐带吸收营养以及氧气的，出生后要转变为靠自己的消化系统吸收营养、靠排泄系统排出废物、靠肺来呼吸。吃母乳后婴儿的吸吮功能、消化功能、排泄功能和呼吸功能都会较早进入工作状态，活动能力越来越强。

怀孕时乳房会分泌出一些润液或乳汁，加上出汗等原因，可能乳头上会积有垢痂。在分娩前应该用食用植物油涂抹在乳头的干痂上，使垢痂变软，然后用碱性小的肥皂水清洗，再用温开水洗净乳头，以免第一次哺乳时不洁物进入新生儿口中。哺乳后也可用温水清洗乳头、乳晕及其周围部分，保证乳房的清洁，以免新生儿吸吮乳房时可能感染细菌。

YES 新生儿宜按需哺乳

出生一两个月内，婴儿的哺喂可以不定时，按婴儿的需要进行。婴儿的食量大小因人而异，不用拘泥于每天几次，食量大的可多喂几次，也可间隔时间短些；食量小的可少喂几次或间隔时间长些。

每次喂奶要让孩子一次吃饱。如果孩子吃一小会儿就睡了，可以揉揉他的耳朵，挠挠他的脚心，逗醒孩子，或把乳头撤出再放进孩子嘴里，以保证他一次吃饱。没有必要在规定时间内停止哺乳，有些孩子吃得慢，有些孩子吃得快，可以让孩子自己决定何时停止吃奶。孩子吃饱了自然会停止吸吮，这时很容易就能从孩子嘴里抽出乳头，不要让孩子养成含乳头睡觉的习惯。

有的妈妈奶水特别多，有时会呛着孩子；还有的妈妈乳房比较大，在喂奶时可能会压住孩子的鼻子。遇到上述情况，妈妈可以用食指和中指夹住乳晕的外周，即可避免危险情况的发生。

YES 宜了解新生儿是否吃饱的方法

“孩子吃饱了吗？”这是每位新手妈妈都会关心的问题。如果想知道孩子是否吃饱了，喂养是否合理，可观察以下几个方面：

1.体重是否有规律地增加

婴儿体重的增加是有规律的，在出生后12天内，即使吃奶正常体重也会不升反降，因为孩子出生后要排出胎粪，全身水分也会减少，而且吃得较少、消化功能尚差。12天之后体重回升，一般满月时可增重0.6千克～1.2千克。体重增长与否是衡量喂养是否合理的标志之一。

2.大便是否正常

吃母乳的婴儿在出生后40天内每天大便约3次，同时体重增长良好，即属正常。如果吃配方奶粉会有大便干燥，但只要一天一次都属正常。若是便稀，体重不增，应查找原因。

3.脸色和精神状态怎样

如果孩子的脸色不好，精神状态也差，还不时啼哭，就要考虑是否有不正常的因素。在正常情况下，孩子吃饱后精神、情绪都会很好，很少哭闹，睡得很好，睡醒后精神很愉快，体重增长也好，这说明喂养得比较好。

YES 宜了解新生儿拒绝母乳的原因

有时新生儿会拒绝吃妈妈的奶，原因一般有以下几种：

1.新生儿没有吸吮能力

出生体重少于1.8千克的新生儿可能没有吸吮母乳的能力。解决办法是帮助妈妈挤出母乳，并用杯子将挤出的乳汁喂给新生儿，直至新生儿有能力自己吸吮。

2.新生儿可能生病了

如果新生儿患感冒，鼻子会堵塞，鼻子堵塞会妨碍新生儿吸吮母乳。解决办法是妈妈在每次哺乳前，先用消毒棉签将新生儿鼻子里的分泌物清理干净，如果分泌物太干燥，可将棉签用母乳浸湿。

鹅口疮等造成的口腔疼痛会使新生儿不思母乳。解决办法是用治疗药物涂抹新生儿的口腔，一日3次，直至鹅口疮消失，其间可先挤出母乳用小勺喂新生儿。

3.新生儿用过奶瓶

如果新生儿已习惯了奶瓶喂养，可能会拒绝吸吮妈妈的乳房，因为吸奶瓶比吸妈妈的乳房更省力。所以要先查看一下新生儿在开始母乳喂养前是否用过奶瓶，如果遇到这种情况只有一点点耐心地喂，直至新生儿习惯吸吮妈妈的乳房。

4.新生儿和妈妈分开过

如果新生儿在出生后没能及时吸吮妈妈的乳房，或妈妈因生病或其他原因离开过新生儿，他可能会拒绝母乳喂养。如果新生儿是因为这种情况拒绝母乳喂养，妈妈要多与新生儿相处并坚持母乳喂养，新生儿会慢慢习惯吃母乳的。

5. 妈妈限制哺乳次数

妈妈对哺乳的限制也有可能导致喂养的失败，如妈妈每天只喂固定的次数而拒绝新生儿的额外需求，每次喂了一定的时间就停止哺乳，新生儿想吃奶的时候妈妈让其等候的时间过长。解决办法是妈妈改变自己的喂养时间和次数，让新生儿逐渐喜欢母乳喂养的方式。

6. 妈妈做了让新生儿不开心的事

如家庭常规被打扰，外出访友或搬家，妈妈没有时间给新生儿哺乳；妈妈在吃了刺激性食物，用了新型的香皂或香水后，身体有异味。妈妈是否贴身抱孩子，且显得与孩子在一起很愉快，这些都很重要。有时新生儿拒绝母乳喂养是因为他觉得妈妈不温情。

YES 宜掌握混合喂养的正确方法

1. 需要进行混合喂养的情况

新生儿出现以下症状时就需要考虑补充一些配方奶粉了：

- 出生5天后的新生儿，在24小时内小便的次数小于6次。
- 出生5天后的新生儿，每天大便的次数少于1次。
- 新生儿总是哭闹，多数时间看上去显得很疲劳。
- 给新生儿喂完奶后，妈妈的乳房显得空空的，摸起来不太柔软，这可能也是新生儿没得到足够母乳的一种表现。

2. 选择配方奶粉的技巧

婴幼儿配方奶粉是在牛奶的基础上，尽可能模仿母乳的营养成分，调整蛋白质的构成及其他营养素含量，以满足婴幼儿的营养需要，其营养价值是鲜奶、酸奶或其他配方食品无法比拟的。

选择配方奶粉，一是要明确适用对象，不同年龄阶段的配方奶粉适用于不同年龄的婴幼儿；不同体质的婴儿所适用的奶粉也是不一样的。比如，内热体质的婴儿选择奶粉就要特别考虑到所用奶粉是否会引起便秘、上火。二是要考虑新生儿有无特殊医学需要，如果有就要选择相应品种的配方奶粉。为早产儿、先天性代谢缺陷儿（如苯丙酮酸尿症）设计的配方奶粉，为乳糖不耐受儿设计的无乳糖配方奶粉，为预防和治疗牛奶过敏儿设计的水解蛋白或其他不含牛奶蛋白的配方奶粉等。

要注意产品的口碑，多向有经验的妈妈请教，多收集品牌的相关新闻，看是否曾有过负面新闻。

3. 混合喂养的两种主要方法

补授法

每次先喂母乳，然后再补充一定量的配方奶粉。妈妈应坚持每次让新生儿将乳房吸空，以刺激母乳分泌，不致使母乳量日益减少。补充的乳量要根据新生儿的食欲及母乳量多少而定，在最初的时候，可在母乳喂完后再让新生儿从奶瓶里自由吸奶，直到新生儿感到吃饱和满意为止。这样试几天，如果新生儿一切正常，消化良好，就可以确定每天该补奶多少了。以后随着月龄的增加，补充的奶量也要逐渐增加。若新生儿吃配方奶后有消化不良的表现，应略稀释所补充的奶或减少喂奶量，待新生儿一切正常后再逐渐增加。注意一定不要过多，以免新生儿吃母乳越来越少，而吃配方奶却越来越多。

代授法

以配方奶粉代替一次或一次以上的母乳喂养。如果妈妈乳量充足却又因工作不能按时喂奶，最好按时将乳汁挤出或用吸奶器吸空乳房，以保证乳汁分泌不减少。吸出的母乳冷藏保存，温热后仍可喂新生儿。但每日新生儿直接吸吮妈妈乳头的次数不宜少于3次。切记不论母乳多少，一定不要轻易放弃喂母乳。

4.给奶瓶消毒的正确方法

在对奶瓶进行消毒前，应先用冷水冲掉残留在奶瓶、奶嘴里的剩奶；再把奶瓶、奶嘴放在温水中用奶瓶刷将其内部刷洗干净；然后，使刷毛位于奶瓶口处，旋转刷子，彻底刷洗瓶子内口；再抽出刷子，洗刷瓶口外部螺纹处和奶嘴盖的螺纹部；最后，用毛刷尖部清洗奶嘴上边的狭窄部分。把洗过的奶瓶和奶嘴用清水冲洗干净，放入锅内煮沸5分钟左右备用。有条件的家庭可把备用的奶具放在消毒柜中，没有条件的也一定要把干净奶瓶等盖上煮过的干净毛巾或纱布，放在干净、干燥之处。

YES 宜按时添加鱼肝油

从新生儿出生第一天起加喂鱼肝油。鱼肝油最好选用维生素A、维生素D比例为3：1的产品。从1滴喂起，大便正常后每3～4天加1滴，到一次喂3滴为止。可用滴管直接滴入新生儿口中，如果是人工喂养或混合喂养，可将鱼肝油滴入配方奶中喂给新生儿。

有些父母以为鱼肝油喂得越多越好，这是不对的。一般维生素D的补充量每日最好不要超过800国际单位，如果老是超量会使婴儿中毒，出现食欲不振、机体组织易钙化、血钙过高或出现氮质血症等。维生素A过量时新生儿会有体重不增，易感冒，易患其他呼吸道疾病的状况，有的全身会有上皮角质化病变，易得干眼症，甚至出现角膜硬化。

YES 宜给新生儿拍嗝

新生儿在喂奶前哭闹，或吃奶时常常会把空气吸进胃里，所以在喂奶后经常打嗝，有时随着嗝会把奶带出来。为避免出现这种情况，在喂奶前尽量不要让新生儿哭太长时间，吃奶时乳头或奶嘴要填满新生儿的口腔，避免新生儿吸入太多的空气。喂奶后还要帮助新生儿打出嗝，将胃里的空气排出。

具体方法是：妈妈用一只手托住新生儿的头及后颈，另一只手搂住新生儿的后腰及屁股，让新生儿趴在妈妈的身上，头扶靠着妈妈的肩。这时候，托新生儿头的手就可往下移至新生儿的后背，用手掌轻轻拍新生儿的后背，直到新生儿打出嗝。需要注意的是，妈妈给新生儿拍嗝的手后掌部不要离开新生儿，以防新生儿后倾。

新生儿的胃呈水平状，贲门松弛，喂奶后稍稍活动就会出现吐奶、溢奶的情况。所以，喂奶后除拍嗝外尽量不要让新生儿过多地活动，如洗澡、换尿布等都应在喂奶前完成。为避免发生意外情况，喂奶后最好让新生儿右侧卧位睡觉，便于胃内容物从右侧的幽门进入十二指肠，也可以防止吐奶或溢奶呛入气管或流入耳道。可在新生儿背后垫上一个枕头或小被子固定其体位。

NO! 忌错误含接乳头

有的妈妈在孩子吸吮时痛感特别强烈，这可能是因为孩子只含住了妈妈的乳头，而没有把整个乳晕部分都含住，必须加以纠正。因为如果孩子只吸吮妈妈的乳头，不仅会造成乳头疼痛、受伤，而且不利于乳汁的分泌。

乳头长时间受新生儿唾液浸泡容易皲裂，因此每次喂奶时间不宜过长，一般以15～20分钟为宜，更不要让新生儿含着乳头睡觉。新生儿吃饱了或吮吸累了会自动松开妈妈的乳头，但有时新生儿还会咬住乳头，这时注意不要硬拉，否则会拉伤乳头。正确的方法是：用手指轻轻压一下新生儿的下巴或下嘴唇，也可将食指伸进新生儿的嘴角，慢慢地让他把嘴松开，这样再抽出乳头就比较容易了。哺乳结束后把几滴奶涂在乳头上，让其自然干燥，这样可以减少乳头皲裂发生的机会。这里强调一下，乳头皲裂不单是喂奶时疼痛，它还是感染乳腺、引起炎症的一个通道。因此，如果乳头发生皲裂应及时治疗，防止感染。皲裂时最好暂停哺乳，待皲裂伤口愈合后再哺乳。

NO! 忌错过初乳

在刚开始的两天里，乳房也许只分泌几滴初乳。初乳量虽然很少，而且又稠又黄，但营养价值相当高，含有很多抗体和白细胞，能增加新生儿胃肠道抵抗细菌的能力。初乳中还含有生长因子，可刺激新生儿未成熟肠道的发育，也为肠道消化吸收成熟乳做了准备，并能防止过敏性物质的刺激。所以，初乳绝对不应该浪费，新生儿醒着的时候一定要让他多吸吮。

NO! 忌急着给新生儿加奶粉

初乳量虽然少，但对正常的新生儿来说已经足够了。妈妈不要怕新生儿吃不饱，急着给新生儿加喂奶粉。因为喝奶粉比吸吮母乳更省劲儿，而且新生儿不再饥饿、口渴，可能就不愿意再吸吮妈妈的乳房，也就得不到初乳，很可能增加患腹泻和其他感染的可能性，特别当人工喂养的食物受到污染时。更为严重的是，用奶瓶喂养会使新生儿产生乳头错觉，变得不会吸吮妈妈乳房中的乳汁。新生儿吸吮不够，妈妈的乳房缺少刺激，需要更长的时间才能下奶，或下奶后乳房因未被吸空而肿胀或患乳腺炎，因此导致母乳喂养失败。

新生儿的早教宜忌

YES 宜训练感知觉

新生儿是从感知觉开始认识周围环境并和外界取得联系的，感知觉能力发展得越充分，记忆储存的知识经验就越丰富，思维和想象发展的空间与潜力也就越大。因此，从婴儿出生之日起，父母就应该通过多种手段促进婴儿感知觉的发展，积极引导婴儿通过感知觉认识和探索周围的世界。

1.了解感知觉的发展规律

出生第一年是感知觉发展最重要的时期，婴儿从一出生就表现出了视觉、听觉、嗅觉、味觉、触觉和动觉多方面的感知觉能力，适当的早期刺激是锻炼各种感官和促使大脑发育最重要的基础。不同的感知觉其发生发展的规律也各不相同，例如，听觉的发展从胎儿时期就开始了；0～6个月是婴儿视觉发育的敏感期；触觉发育的敏感期则在0～2岁；3岁左右是方位知觉发育的敏感期；2.5～3岁是大小知觉发展的敏感期；时间知觉的敏感期会更晚一些，大概在7岁；而观察力则是更高级的感知觉形态，在各项感知觉陆续发育的基础上，3～6岁将迎来观察力发展的敏感期。发展婴儿的感知觉要注意抓住不同感知觉发育的敏感期。

婴儿不仅有视觉、听觉、触觉，而且能对不同的感知觉进行整合。父母一定要注重婴儿感知觉的全面发展而不能只刺激单一的感觉。

2. 促进新生儿的听觉发育

有些父母总怕声音大了会惊着新生儿，因此走路、说话、做事都尽可能不发出声音，让新生儿生活在一个非常安静的环境里。其实，这种做法是不对的，不利于新生儿的听觉发育。父母应该给新生儿一个有声的环境，家人的正常活动产生的各种声音，如走路声、关开门声、流水声、洗涮声、扫地声、说话声等；室外也能传来许多声音，如车声、人声等，这些声音会刺激新生儿的听觉，促进其听觉发育。

除了自然界和日常生活中存在的声音外，还可人为地给新生儿创造一个有声的世界，如买些有声响的玩具——拨浪鼓、八音盒、会叫的鸭子等。妈妈抱新生儿时最好采用左手抱的姿势，让新生儿尽量靠近妈妈的心脏，以便清晰地听到妈妈的心跳声，这是他最爱听并熟悉的声音。

3. 促进新生儿的视觉发育

让新生儿接触自然的光线变化。有些家长怕房间里光线太亮影响新生儿睡觉，总是拉着窗帘，不敢开灯，把新生儿放在一个相对黑暗的环境里，这种做法是非常错误的，不利于新生儿的视觉发育。应该让新生儿在自然的环境中感觉天黑、天亮，这样会大大刺激新生儿眼睛的感光性，促进视觉发育。

刚出生时，婴儿不知道如何协调转动自己的眼球，眼球转动起来可能有点儿对视或者漫无方向。不过，用不了多久，他就能够两眼持续地注视一个移动的玩具或物品了。将色彩鲜艳带响声的玩具放在距离新生儿眼睛25厘米处，边摇边缓慢移动，吸引新生儿的视线随着玩具和响声移动。坐在新生儿对面，一边喊他的小名一边移动大人的脸，让新生儿注视大人的脸并随之移动。在距新生儿眼睛15厘米～20厘米处慢慢抖动红球，以引起新生儿的注意，再慢慢移动红球让新生儿追视，这种方法不仅可以训练新生儿的视觉能力，还有助于提高新生儿的注意能力。

4. 促进新生儿的触觉发育

人的触觉器官最大，全身皮肤都有灵敏的触觉。实际上胎儿在子宫里已有触觉，习惯于被紧紧包裹在子宫内的胎儿，出生后喜欢紧贴着身体的温暖环境。我国有包裹新生儿的习惯，如果将新生儿包裹好（不是指捆绑很紧的蜡烛包）可以使他睡得安静，减少惊跳。当你怀抱新生儿时，他喜欢紧贴着你的身体，依偎着你。对新生儿的轻柔爱抚不仅仅是皮肤间的接触，更是一种爱的传递。若新生儿在这个时期没有得到父母的爱抚和温暖，就很难对他人产生信任感，日后可能形成冷漠、缺乏安全感等性格问题。因此，爸爸妈妈应尽可能多地爱抚新生儿，这对孩子健康人格的形成十分重要。

妈妈在给新生儿喂奶的时候可以用一只手托住新生儿，用另外一只手轻轻按摩新生儿的小手指，或者把妈妈的手指放入新生儿的手掌心里，让新生儿紧紧地握住。这样可以刺激新生儿的神经末梢，有助于新生儿的大脑发育及手指灵活。同时，也可以增进母子感情，让新生儿获得安全感。

NO! 忌不了解婴幼儿情绪发展的特点

1. 婴儿一出生就有情绪反应

婴儿一出生就有情绪反应，但是这种情绪反应更多地与婴儿的生理需要是否获得满足密切相关，是一种由强烈的外界刺激引起的婴儿内脏和肌肉的节律性反应。出生不久的婴儿听到平缓的声音时会睁大眼睛，出现微笑；当大人与新生儿说话时，会注视大人的脸；吃饱喝足之后，双眼还会愉悦地打量着周围的世界，不时地晃晃胳膊、蹬蹬腿，偶尔还会发出咯咯的笑声。一旦饿了、渴了、尿布湿了就会满脸涨红地大哭，表达自己的愤怒情绪。如果这种不适的感觉不能得到及时解决，哭闹会进一步升级。厌恶的情绪早在婴儿一出生时就出现了，主要表现为对不喜欢的食物味道或气味的拒绝。比如，给母乳喂养的新生儿换用配方奶或者其他代乳品喂养时，新生儿会以皱眉、耸鼻等厌恶的表情表示拒绝。

2. 婴儿的情绪会逐渐分化

婴儿的情绪分化为愉快和不愉快两种，然后在这个基础上继续分化，愉快的情绪分化为快乐、好奇，不愉快的情绪则分化为愤怒、厌恶、恐惧和悲伤等。3个月的婴儿，每当妈妈亲吻、拥抱他时，脸上会露出微笑，并且咿咿呀呀地发出声音回应妈妈；遇到不如意的事情会通过哭闹或者拍打身边的东西来表达自己的愤怒情绪。如果婴儿正在睡觉或安静地玩耍，突如其来的巨大响声会吓得他两臂一举，哇哇大哭。1岁左右的幼儿快乐的情绪表现得更为明显，每当妈妈突然出现在面前，会高兴地笑着扑向妈妈的怀抱。如果想要做某些事情受到阻挠，或者喜爱的东西被夺走，就会噘起嘴巴，进而大声哭叫，并两手摇动，两脚乱踢，用整个身体表达他的不满和气愤。1岁以后，幼儿害怕的东西越来越多，比如，黑暗、小动物、商场的塑胶模特，甚至一些花花草草……父母的离开，或者上幼儿园带来的分离焦虑等，都会带给幼儿恐惧感。1岁多的幼儿对食物、玩具和周围的其他事物都会表现出明显的偏好，不喜欢的东西会用手推开，或者干脆扔到一边。到2～3岁，幼儿的情绪逐渐成熟，与成人的情绪基本没有太多区别了。所以，2～3岁的幼儿通常都是人小鬼大，喜怒哀乐样样俱全。2～3岁的幼儿更会很明确地表达自己的这种厌恶情绪："我不喜欢这个！""我讨厌那只虫子。"

3.父母要尽量满足孩子合理的需要

多拥抱、抚摸、亲吻孩子，给孩子布置一个整洁舒适的环境，多带他外出，多给他看美好的东西、听令人愉悦的声音等，让他置身于一个适合他身心发展的优美环境，激发他的快乐情绪。还要多观察孩子，及时搞清楚他愤怒的原因，有的放矢地平息其愤怒情绪。尽量及时地满足孩子的生理需要，多给孩子一些自由，可减少愤怒情绪的出现。当孩子因为某些事情感觉愤怒时，父母要平和地对待孩子，冷静地帮助他平息自己的情绪。处于恐惧情绪中的孩子往往会哭闹不安，有的还会伴有面色苍白或赤红、出冷汗、心率加速、呼吸急促、血压升高等一系列生理症状。当孩子感觉恐惧时，父母最好把他抱在怀里，并用温和平静的语言告诉他父母会在身边陪伴他。孩子的恐惧情绪一般来自具体情境、具体事物。因此，父母要及时了解他恐惧的原因，做些说明与解释，帮助他减轻恐惧感。

1～2个月婴儿的养育和早教宜忌

1～2个月婴儿养护宜忌

YES 宜关注婴儿的体重变化

体重是身体各器官、骨骼、肌肉、脂肪等组织及体液重量的总和，是反映近期营养状况和评价生长发育的重要指标。尤其在婴儿期，体重对判断生长发育是否良好特别重要。

正常情况下，婴儿期前3个月体重增长速度最快，3个月末时体重可达出生时的2倍，与后9个月的增加值几乎相等；1岁时增至出生时的3倍，2岁时增至出生时的4倍，2岁后体重增长比较稳定，一直到青春前期。

计算儿童用药量和液体用量时可参照以下公式：

公式1

1～6个月体重（千克）=出生体重（千克）+月龄×0.7（千克）

7～12个月体重（千克）=出生体重（千克）+6×0.7（千克）+（月龄－6）×0.3（千克）

2岁～青春前期体重（千克）=年龄（岁）×2（千克）+8（千克）

公式2

3～12个月体重（千克）=［年龄（月）+9］÷2

1～6岁体重（千克）=年龄（岁）×2+8

同龄儿童体重的个体差异较大，其波动范围可在±10%。

YES 宜培养婴儿良好的睡眠习惯

这个月，婴儿开始显示昼夜规律，晚上睡眠时间可延长为4～5小时，白天觉醒时间逐渐有规律。

睡眠质量的好坏对婴儿的健康影响很大。睡眠质量好是指能按时入睡、按时醒，睡够应睡的时间，睡得深沉，睡醒后精神饱满、情绪愉快，为此从小就要养成不抱、不拍、按时、自然入睡的好习惯。

1. 睡眠环境应安静、舒适

婴儿的卧室要空气新鲜，温暖季节可开窗睡，冬季睡前也要进行通风换气，寒冷新鲜的空气是最好的催眠剂。为新生儿创造一个睡眠的气氛也很重要，当婴儿将要上床入睡时电视的声音要放小一些，灯光也要暗一些，白天应挂上窗帘，大人的说话声应尽可能放低；婴儿睡觉的屋内空气保持清新，被褥枕要干净舒适，与季节相符合，特别是要注意被子不要太厚，避免婴儿有燥热的感觉。

2. 睡前不要让婴儿过度兴奋

快到睡眠的时间就要使婴儿安静下来，这样他才能逐渐有睡意。因此在睡前半小时应让他自己安静地玩一会儿，使其情绪平静下来。

YES 宜做好预防接种前的准备

1.建立儿童预防接种卡

预防接种的各种疫苗都有不同的规定，有了预防接种卡，每次接种后都有明确的记录，可以防止漏种和重复接种，也便于计算接种间隔。此外，儿童患病时预防接种证还可供医生参考，有利于对疾病的正确诊治。

2.预防接种前最好测测体温

婴儿体温正常才能进行疫苗接种，而且正常预防接种后部分婴儿可有轻度发热，但这种发热与疾病引起的发热处理方法不同。如果预防接种前不给婴儿测量体温，预防接种后出现发热就不易查找原因。因为婴儿不会用语言表达感受，有低热时仍可照常玩耍，不测体温，有发热容易被父母所忽视。

3.注意皮肤清洁

保持皮肤清洁可减少预防接种后的细菌感染机会。预防接种后一般24小时内不再清洗局部皮肤。因此，最好在预防接种前洗澡、换内衣。

4.保持良好的精神状态

婴儿在空腹、饥饿和过度疲劳时不宜接受预防接种，应该在进食休息后再接种，这样可减少晕针和低血糖反应。

5. 不要同时使用抗生素

目前使用的预防接种疫苗一般都是减毒活疫苗和细菌病毒的灭活死疫苗。从理论上讲，抗生素对病毒性疫苗或细菌死疫苗都影响不大，也就是说可以同时使用抗生素。因为一般的病毒疫苗，特别是一些半抗原疫苗，对抗生素是没有反应的。但从另一角度看，疫苗作为外来的抗原，接种后机体要产生相应的免疫反应才能达到预防疾病的目的。而抗生素是杀菌剂，对机体的免疫反应有一定的影响。因此，在预防接种期间应尽量避免使用抗生素，特别是对活疫苗。如果在预防接种期间有必须使用抗生素的病症时，最好推迟1～2周再进行预防接种。

YES 宜正确处理预防接种后的反应

预防接种一般反应包括局部反应和全身反应。部分婴儿在接种疫苗后12～24小时，接种部位出现红肿浸润并有轻度肿胀和疼痛，少数婴儿可有局部淋巴结肿大或接种局部出现硬结。全身反应主要是发热，多数为低热（38℃以下），部分婴儿在发热同时伴有头疼、乏力和周身不适，个别婴儿可伴有恶心、食欲不振、腹痛、腹泻等胃肠道反应。预防接种的一般反应通常在2～3天自行消失，无须特殊处理。只是在此期间注意适当休息，多饮开水，注意保暖，防止继发其他疾病。对较重的全身反应可采取对症治疗。

1. 过敏性皮疹

过敏性皮疹多发生于既往有过敏史的儿童，目前使用的几种疫苗都有可能发生过敏性皮疹。一般在预防接种后数小时或数天内发生，皮疹可多种多样，其中以充血性皮疹最多见，大小不等，浅红色或深红色，压之退色。斑疹或丘疹均可见，严重时可融合成片。不需要特殊处理，一般可在1～3天自行消退。较重的过敏性皮疹需马上就医。

2. 局部红肿

预防接种后发生局部红肿是由于个体差异发生的一种局部特异性反应，多见于过敏体质的婴儿。预防注射后2～24小时局部发生红肿，表皮充血，水肿明显，范围逐渐扩大，严重者可蔓延至整个上臂或整个臀部。个别婴儿有局部发痒、麻木感，或伴有其他部位的过敏性皮疹。小婴儿可表现烦躁、哭闹、不爱吃奶。多数红肿在2～3天趋于固定，范围不再扩大。3～7天红肿逐渐消退，且消退后局部无异常痕迹。一般无须特殊处理，反应较严重如婴儿烦躁、哭闹较重者，应马上就医处理。

3. 局部化脓

预防接种后发生局部化脓，多数是由于污染造成的，如疫苗在分装过程中污染了其他化脓菌，或疫苗的包装瓶破裂污染，或疫苗开启后被污染，或由于注射器材及局部皮肤消毒不严格等因素造成污染；另有一小部分属非污染造成，见于注射吸附疫苗后。

临床表现为：预防接种后2～3天局部出现红、肿、热、痛，部分婴儿可同时伴有发热、头疼、乏力及食欲减退等全身症状。1周后炎症趋于局限，可出现大小不等的局部硬结，以后逐渐软化，形成脓肿，轻压局部有波动感。极少数严重者可出现注射侧淋巴管炎、淋巴结炎或蜂窝组织炎。化脓感染的初期局部有红、肿、热、痛表现，此时不宜做热敷，一般先观察不处理，如局部红肿明显可用湿毛巾冷敷。伴有全身症状者应尽快送医院治疗。局部脓肿形成后，如无破溃，禁忌切开排脓。如脓肿已破溃或发生蔓延感染，则需就医处理。

4.无菌性脓肿

无菌性脓肿是指非注射污染造成的化脓感染，多发生于注射吸附剂疫苗后（如百白破三联疫苗、百白破二联疫苗、乙型脑炎疫苗等），是由于注射部位不正确，或注射过浅，或注射剂量过大，或使用疫苗前未充分摇匀等因素所致。

无菌性脓肿一般在注射1周左右局部出现硬结，可有肿胀、疼痛，但炎症反应不剧烈。持续2～3周后局部硬肿可以液化变软，表面轻压有波动感。轻者可自原注射针孔流出略带淡黄色的稀薄脓液，较重者可形成脓肿并破溃。

无菌性脓肿一般不需要抗菌治疗，多数可于脓肿形成后由医生用无菌注射器抽脓，切忌切开排脓。少数严重者脓肿有破溃，或发生潜行性脓肿伴有间隔空腔，则需要由医生切开引流，必要时需外科清创处理。如有继发感染应送医治疗。

YES 宜正确看待婴儿囟门的大小

囟门是婴儿两顶骨和两额骨交接而形成的缝隙，是颅骨生长发育的标志之一。囟门的大小和胎儿发育有关，出生时囟门过大、过小都不能作为疾病的唯一诊断标准，重要的是婴儿出生后头围的生长速度。不论囟门大小，出生后随着月龄增长，头围与该月龄组头围平均值的大小相当即是正常的。若出生时囟门小，每月测量头围又增长缓慢，囟门6个月以内闭合，尤其在4个月以内闭合者，头围又明显小于平均值的可能是小头畸形。若出生时头围过大，囟门3厘米～5厘米或更大，需要每日测量。如果头围超过正常生长速度，要进一步做头颅B超，检查是否有脑积水。

囟门是观察某些疾病的窗口，但也不能孤立地把囟门大小作为诊断的唯一手段，要具体情况具体分析。正常情况下，婴儿囟门大并不一定意味着有病。例如，一个婴儿的囟门大于3厘米，观察时囟门处“呼嗒呼嗒”地跳动着，触摸囟门有搏动感，囟门处搏动感是小血管搏动所致，因此不属异常。若出生时囟门小于0.8厘米，但头围生长速度正常，这也不是疾病。出生时囟门虽小或囟门在6个月几乎闭合的婴儿，只要头围生长速度正常，也不能认为是疾病，但要定期测量头围。若婴儿发热伴有精神不振或烦躁、皮疹等，且触摸囟门时有紧张感、张力高或有搏动感，意味着可能有脑水肿或颅内压增高，表示病情严重；若伴有腹泻，稀水样便，囟门比平常低平或凹陷，可能有脱水。

NO! 忌把婴儿的手包起来

手的技巧与大脑的发育相关，是发育水平的重要标志之一。大约有20万脑神经细胞主宰手的神经韧带、关节和肌肉的活动，所以人们常说“心灵手巧”。孩子在不同的发育阶段都有不同的手技巧表现：如3个月时发现自己的手，开始在胸前玩手，能抓住放入手中的玩具；5个月时能主动够取吊起的小球；6～7个月时会转手；8～9个月时会用食指、拇指捏取；到了10个月，会用左、右手各抓取一小块积木，双手互相敲击积木；1岁前后学会从形板取下形块而后安上；1岁半前后学会摆套叠玩具；2岁前后学习穿珠子和翻书页；3岁前后学会使用剪刀和简单折纸等。按时让孩子进行练习，手会越练越灵活；反之，手的技巧就会赶不上正常水平。

有些家长害怕婴儿会抓破脸而留疤痕，用手套把婴儿的小手包起来，使婴儿丧失了动手练习的机会。我国多数家庭都用筷子吃饭，许多孩子在刚会自己吃饭时就想学家长那样用筷子，这是练习手精细技巧的好机会，应当予以鼓励，但有不少家庭会迟至3～4岁才许可孩子用筷子。更多的家长不允许孩子动用刀剪，这会剥夺孩子使用工具的机会。此外，日常生活中如穿衣、解系扣子、扫地、收拾屋子、帮厨等，如果让孩子参与都能锻炼手的技巧。如果家长样样包办代替，孩子的手就会因缺乏锻炼而显得笨拙。给孩子创造动手的机会才能使其小手灵巧。

NO! 忌衣服穿得太多

婴儿穿多少衣服要看季节及室内温度，根据天气冷暖、室内温度变化加减衣服。在冬季或天凉时，有些家长怕婴儿冷或着凉，总觉得婴儿穿得少，常常给婴儿穿得又多、盖得又厚。其实婴儿比成人活动多，全身及四肢都在不停地运动，吃奶对婴儿来说就是在运动和劳动，如果穿多了就容易出汗。大家都有过这样的经验，如果一个人衣服穿多了，又经过一段时间的运动和劳动，一定会全身出汗，一旦遇到天气凉的时候很容易着凉感冒。婴儿新陈代谢旺盛，出汗多，当婴儿穿得多、出汗多时，如果给婴儿换衣服或尿布时不注意保暖，很容易使婴儿着凉感冒。夏天有些婴儿穿得也很多，捂得婴儿面部出现汗疱疹，重者全身出现汗疱疹或脓疱疹。那么，婴儿到底应该穿多少衣服合适呢？一般来说，平时婴儿穿的衣服应和成人一样，甚至还可少穿一件。但带婴儿外出、让婴儿坐在童车里、婴儿活动量减少或不活动时就要加衣服，避免婴儿受凉感冒。

NO! 忌给6个月以内的婴儿用防晒品

婴幼儿的皮肤黑色素生成少，相对的保护作用也小，易受到阳光中紫外线的伤害。但婴幼儿皮肤肤脂较多，容易吸收过敏物质，导致过敏。6个月以内的婴儿使用防晒品时一定要慎重，最好不要轻易使用。尽量采用遮挡方式防晒，如果一定要使用防晒品，也只能在小范围的皮肤，如脸和脖子上应涂抹较少量的。

1～2个月婴儿喂养宜忌

YES 宜谨慎对待牛初乳制品

正常饲养的、无传染病和乳房炎症的健康母牛分娩后72小时所挤出的乳汁称为“牛初乳”。牛初乳有许多重要功能，因而有人期望通过添加牛初乳提高婴儿的抗感染能力。然而即使是牛初乳，其成分也是很复杂的，经低温真空干燥提炼的牛初乳能否直接食用要审慎思考。医学卫生学认为：只有未曾滥用过抗生素、在饲料中不曾添加激素、有完整、正常的健康记录、产犊3头以上的奶牛所分泌的初乳，经过特殊加工工艺处理后才可以供人直接食用。牛初乳毕竟是母牛产犊后3天内的奶，其蛋白质含量及构成、矿物质和维生素含量并不符合婴儿需要，因此不能直接用来作为婴儿的日常主食乳品。此外，有人宣传可用牛初乳替代人乳，并期望用牛乳或配方奶粉取代人乳，这是违反医学常识的，因为人乳所特有的抗病原体的作用是任何人工加工产物所无法替代的。

NO! 忌过早给婴儿添加果汁

以前医生会建议在婴儿两三个月时就添加新鲜的果汁，因为当时配方奶粉并不普及，鲜牛奶中的维生素C含量很低，不能满足婴儿生长发育的需要，添加一些新鲜的果汁可以让婴儿多摄入一些维生素。但现在提倡至少到婴儿4～6个月再添加果汁，因为过早添加果汁容易造成过敏或消化不良，还会影响奶的摄入量。现在绝大多数婴儿都是吃母乳或配方奶，其中所含的各种维生素和矿物质完全能够满足生长发育的需要，不需要再额外添加果汁。

1～2个月婴儿早教宜忌

YES 宜学习俯卧抬头

新生儿脊柱没有弯曲，仅轻微后凸；出生3个月，当婴儿能够抬头时脊柱出现第一个弯曲，即颈椎前凸；6～7个月会坐时出现胸椎后凸，为第二弯曲；1岁会走时出现脊柱第三弯曲，即腰椎前凸。这种自然弯曲的形成有利于保持身体的平衡。

抬头、挺胸对婴儿第一生理弯曲的形成至关重要。经常让婴儿练习抬头、挺胸，使其自己能用双手或前臂支撑身体的重量，保持头部离床，促进背部肌肉及前臂肌肉的发育，这样才能对脊柱有支撑力，还能扩大婴儿的视野，促进头眼协调以及胸廓的正常发育。

出生第二个月就应开始训练婴儿抬头：让婴儿趴在斜躺着的大人的胸腹部，大人双手放在婴儿头侧，唤婴儿的名字并帮他抬头看大人的脸。让婴儿俯卧床上，在婴儿头顶上方摇动玩具逗引他抬头观看。将婴儿竖抱起来，让他的脸向着前方。另一个人在婴儿的背后忽左忽右地伸头、摇铃或呼唤婴儿的名字，逗引他左右转头，以增强其颈部肌肉的控制力。每天练习2～3次，可以增强婴儿的颈部力量，同时也可扩大婴儿的视野。

YES 宜练习踢蹬彩球

在婴儿床的上方挂几个大彩球，或妈妈用手拿着一个大彩球。婴儿仰卧，让他蹬踢吊在上方的大彩球或吹满气、内有小铃铛的大塑料袋。婴儿很喜欢活动双腿，当他蹬到大彩球并看到球在跳动，或蹬踢吹气的塑料袋并听到铃铛响时会很兴奋，更努力蹬踢。婴儿在蹬动时屈伸膝盖，双腿上举或随球而动，会使婴儿兴奋、快乐。

这个游戏可以锻炼婴儿的下肢肌肉，使婴儿的下肢活动幅度加大。有时手和脚能同时碰到球，使下肢运动扩大到四肢和全身运动，促进婴儿肌肉发育和新陈代谢。

YES 宜促进婴儿的听觉发育

父母要多和婴儿说话，虽然这时他还不能用语言回答，但是家人，特别是妈妈的亲热话语会使婴儿感受到初步的感情交流。当妈妈面对婴儿亲切地说着、笑着、和婴儿交谈时，婴儿会紧盯着妈妈的脸，似乎已懂得妈妈发出的身体语言。

每天为婴儿放音乐。人的左脑是逻辑脑，而右脑是感受音乐的艺术脑。在婴儿学会说话之前，优美健康的音乐能不失时机地为婴儿右脑的发育增加特殊的“营养”。给婴儿听的音乐要优美、轻柔、明快，最好每天固定一个时间听音乐，每次播放一首乐曲，一次5～10分钟。播放音乐时要注意音量大小的调节，可以先将音量调到最小，然后逐渐增大音量，直到比正常说话的音量稍大一点儿即可。

还可以在婴儿的小床上系上不同音质或音调的发声玩具，刺激婴儿的听觉细胞，促进听觉发育。用摇铃轻轻在婴儿的一侧摇动，发出声响，婴儿听到声音后会转头寻找；然后再在婴儿的另一侧摇动，婴儿也会继续寻找。

YES 宜丰富婴儿的触觉体验

妈妈要多为婴儿创造一些机会，让婴儿接触各种不同质地、形状的东西，如硬的小块积木、塑料小球、小瓶盖和小摇铃，软的海绵条、绒毛动物、橡皮娃娃、吹气玩具、衣领、被角、蔬菜、水果……在天气好的时候可以带婴儿到户外去触摸大自然，或干脆带些大自然里的东西回来让婴儿触摸，如干净的树叶、小草、小石头等，妈妈可以握着婴儿的小手，让婴儿摸一摸，一边摸一边说："毛线团，软软的；小钢球，硬硬的，凉凉的……"以丰富婴儿的触觉，促使婴儿产生抓物的欲望，锻炼手的抓握能力。

YES 宜每天为婴儿做手指按摩操

妈妈每天都应该给婴儿做手指按摩操。按摩的部位可以是手指的背部、手指肚及两侧，但重点是指端。因为指尖布满了感觉神经，是感觉最敏锐的部位，按摩指端更能刺激大脑皮层的发育。按摩可以在洗澡或洗手时进行，也可以在喂奶时进行。妈妈要用自己的拇指和食指捏住婴儿的某根手指，从指根轻轻滑向指尖，一根手指一根手指地轮流做，每个指头每回按摩两个8拍，每天1～2次。

NO! 忌为婴儿选择不合适的玩具

在婴儿的发育过程中，玩具能够带给婴儿新鲜的刺激，是促进其智力发展的重要工具之一。婴儿的生活除了吃、喝、拉、撒、睡就是玩耍，玩的过程正是婴儿智力发展和能力不断进步的过程。妈妈或其他照顾婴儿的人要说、要笑、要逗婴儿，但单纯用言语交流是不够的，还要借助玩具和婴儿一起玩。玩具是婴儿快乐的源泉之一，没有玩具婴儿会感到寂寞，会产生厌烦情绪，有的会吃手指。

为了满足婴儿玩耍及玩玩具的要求，应为婴儿选择合适的玩具。选择婴儿玩具要结合婴儿的月龄特点，超前的玩具婴儿不感兴趣，太单调的玩具不久就会玩腻了。常玩的玩具会对婴儿失去吸引力、新鲜感，可以收起来放置一段时间后再拿出来玩，他又会重新喜欢。总之，为婴儿选玩具以适龄、安全、卫生、美观、能引起婴儿愉快情绪为宜。

父母在选择玩具时必须结合婴儿的年龄特点。婴儿在满月至2个月时才能较好地集中视线，看清一种物体。这个时期，他们能安静地听周围的声音，但色觉差。有位心理学家曾用红、绿、蓝三色对1～3个月的婴儿进行试验，结果表明，他们对红色、绿色都有感受，而对蓝色没有反应。所以，这时候，父母要给他们选择色泽鲜艳、体积较大、最好带有好听的音响的玩具，并挂在适当的高度，使婴儿容易看到，小手便于抓到或碰到。玩具动了，铃声响了，婴儿的四肢活跃，表情喜悦，还能促使他再去抓、碰玩具。

2～3个月婴儿的养育和早教宜忌

2～3个月婴儿养护宜忌

YES 宜重视婴儿运动发育异常

1. 身体发软

正常的婴儿刚出生时四肢屈曲，而先天性重症肌无力等患儿出生后却表现为四肢松软，好似平摊在床上。而且，不仅肢体活动少，活动幅度也小，学会抬头的时间明显过晚。

2. 踢蹬动作少

正常的婴儿在出生后常常做踢蹬动作，并两侧交替进行。脑瘫患儿在3～4个月时踢蹬动作明显少于正常的婴儿，而且很少出现交替动作。患儿的上肢常常向后伸，也不会向前伸取物，会坐、会走的时间明显落后于同龄孩子。

3. 行走步态异常

患有先天性髋关节脱位的婴儿虽然学会走路的时间并不晚，但患儿在行走时会表现出异常的步态，像鸭子走路一样。

4. 两侧运动不对称

身体两侧运动明显不对称，常常提示婴儿有运动功能异常。正常情况下，6个月的婴儿会用手抓掉蒙在脸上的手帕，当压住一侧上肢时会用另一只手去抓。父母可以先按住婴儿一侧上肢，看他能不能用另一侧将手帕抓掉，如果不能，提示另一侧上肢可能有问题。分别挠婴儿的两侧脚心，如果一侧总是活动度小或不活动，提示该侧下肢可能不正常。

5. 不会伸手够物

一般4～5个月的婴儿已经会抓玩具了，7个月时还会将玩具从一只手换到另一只手上。如果一直不会准确抓握眼前的玩具，提示有运动障碍，但也可能与智力发育落后及视觉障碍有关。

有些运动发育落后不一定是异常情况。如果从一出生就把婴儿的四肢包裹得很紧，就会限制婴儿的活动，造成运动发育落后。另外，缺乏训练也会影响婴儿运动发育。而且，婴幼儿的运动发育在遵循一定规律的前提下存在一定的个体差异。比如，婴儿学会自己走的时间不仅与运动发育有关，还与心理及气质特点有一定关系。有些婴儿胆小或特别小心，学会走路的时间相对会晚一些。再有，虽然所有小儿运动发育的顺序是一样的，但发育速度却不尽相同，在每个运动项目上的发育都存在着或多或少的差异。

NO! 忌婴儿抓物入口

3个月龄前后的婴儿虽然手还不太灵活，但看到什么都想抓，抓到马上放入嘴里啃，这是一种生存本能，叫觅食反射。婴儿只要无意中抓到东西，马上就会放入口中啃咬，看它能不能吃，这就是生存本能。大人应将婴儿身旁不洁之物统统收去，经常更换床单，每天清洗玩具，不能清洗的玩具不要让婴儿够到。要特别注意的是大人床上不宜放一些危害婴儿之物，曾经发生过婴儿在大床上玩耍，将枕头下面的避孕药放入口中吞服的事情。直径小于2厘米的东西都有可能被婴儿吞下而发生危险，父母一定要特别注意。

婴儿放东西入口是一种探索行为，用嘴去啃咬，看看能不能吃。有时把东西翻过来转过去地啃咬，知道真的不能吃才罢休。家长应当理解，所有婴儿都会经历这个过程，直到真正学会咀嚼，分清哪些能吃、哪些不能吃。

3个月～1岁的婴儿都会抓物入口，要容忍婴儿这一漫长的探索过程，做好安全防护。不要因为婴儿抓物入口就禁止他拿东西，甚至用手套把他的手包起来，限制或剥夺他手技巧的发展。可以给一些专供啃咬的用具，如咀嚼环让婴儿啃咬。

NO! 忌忽视婴儿安全问题

2～3个月的婴儿生活全部由家长照料，会有安全问题吗？当然有，并且大多数不安全因素是由家长照料不当引起的。照料者要特别注意以下几点：

1.卧室的安全

睡觉可是婴儿的头等大事，首当其冲就要检查卧室的安全，要让婴儿睡得舒服、睡得安全。

■ 床周围要干净，要远离窗户、电器、窗帘、垃圾桶等会对婴儿造成危险的物品。

■ 有些婴儿和妈妈一起睡，这样夜里能随时吃到妈妈的奶。方便之余也存在一些安全隐患。比如，大人盖的被子，甚至妈妈的乳房，都有可能盖住婴儿的鼻子和嘴，导致婴儿意外窒息。因此，妈妈最好不要养成夜间躺在床上给婴儿喂奶的习惯，应该坐起来喂奶，避免喂奶时妈妈熟睡，将婴儿鼻口堵塞造成窒息。

■ 有些婴儿喜欢趴着睡，小床上松软的被褥、可爱的毛绒玩具都有可能成为睡眠中的杀手，使婴儿窒息。因此，婴儿的被褥、枕头等不宜过于松软，床上不要放置毛绒玩具。

■ 婴儿的床上不要放塑料袋或塑料布，以防婴儿舞动手臂时，将其盖在脸上导致窒息。

■ 不要在婴儿床上堆叠衣物，以免堆叠的衣物倒下盖住婴儿的口鼻，引起窒息。

■ 尽管婴儿此时还不会爬，但也有坠床的危险。因此，婴儿睡觉的床要牢固稳当，床边要有护栏，以避免婴儿坠床。床脚周围最好能放置一些柔软的地毯，一旦婴儿摔下床也不会摔得过猛。

■ 床挂玩具的绳长不能超过婴儿颈部的周长，以免绳子缠绕住婴儿的脖子，发生危险。

■ 家中不要养带刺、易使人过敏的植物，避免婴儿扎伤、过敏。

■ 有婴儿的家庭最好不要养宠物，特别当婴儿是过敏体质或患有哮喘时。如果养宠物，要特别注意卫生，不要让婴儿与宠物密切接触，防止被咬伤或传染上疾病。

■ 不要在婴儿的脖子上系任何饰物，以免这些饰物勒到婴儿的颈部。

■ 使用家居清洁产品时要注意通风，将婴儿抱到别的房间躲避，以免婴儿吸入混杂在空气中的气体而中毒。

■ 婴儿卧室用品和婴儿衣物不要直接与樟脑球等防蛀剂接触，即使是大人存放衣物也应尽量避免直接使用卫生球或樟脑丸，以免衣服上的气味直接影响婴儿的健康。

2.喂养安全

■ 用奶瓶给婴儿喂奶时水温要适宜，水温过高会烫伤婴儿的口腔黏膜，过凉则会引起婴儿腹泻。

■ 奶嘴的开口大小要适宜，若奶嘴开口过大，婴儿吃奶时容易引起呛奶，甚至窒息。

■ 婴儿用药一定要在专科医生指导下服用，避免过量或误服。

3.浴室的安全

洗澡是婴儿最舒服的时候，如何让婴儿安全沐浴，快乐嬉戏呢?

■ 浴室地面要有防滑垫，及时擦干浴室地面，防止大人抱婴儿时摔倒。

■ 不要直接用热水器给婴儿洗浴，热水器的水温可能不稳定，有可能烫伤婴儿。给婴儿洗浴最好选用澡盆，并且事先将水温调节好再将婴儿抱入，放水在澡盆时应先放冷水后放热水。

■ 冬天水温下降比较快，临时需要往浴盆里加热水时，一定要先抱出婴儿，然后再往浴盆里加热水，把冷热水搅匀了才可以将婴儿再次放入。

■ 浴缸内要有防滑垫和扶手，防止婴儿洗浴时整个跌入水里。即便是仅仅3厘米深的水，婴儿就有可能在1分钟内窒息而死。当婴儿在浴缸里洗浴时，父母哪怕只离开一两分钟，婴儿也有可能出现险情。

■ 水龙头处要安装橡胶防护，防止撞伤婴儿的头部。

■ 浴室中最好安装一部电话分机，在与外界联络的同时，不影响给婴儿洗澡。

■ 浴室中的电线一定要定期检查，保持干燥，防止因潮湿而漏电。

2～3个月婴儿喂养宜忌

YES 宜调整哺乳时间

母乳的成分是随着婴儿月龄的增加而不断变化的，一般产后15～30天后母乳进入分泌旺盛期，成分由原来的富含抗体、蛋白质和矿物质转变为富含脂肪，分泌量也由原来的每次18毫升～45毫升、每日总量 250毫升～300毫升增加到每日总量500毫升～800毫升，3个月后甚至可达1000毫升。

如果产假在家或是全职妈妈，可安排定时哺乳，这样可以培养婴儿定时睡觉、定时醒来、定时吃奶的好习惯，有利于妈妈休息和生活安排。当然，在具体实施时妈妈还可以根据自己和婴儿的具体情况进行调整。

另外，妈妈要注意减少晚上哺喂的次数，渐渐地改为到晚上不用喂、让婴儿能一觉睡到天亮，这样母子都可安睡一整夜，有利于母子健康。如果婴儿已养成晚上吃奶的习惯，他到时就会醒来哭闹着要求吃奶，不喂他无法再入睡，妈妈就只好起来喂奶。所以最好从3个月之后就开始逐渐减少夜间哺喂次数，以培养婴儿夜间不吃奶的习惯，以使母子、家人都能安静地睡一整夜。

YES 宜认识到婴儿补钙，吸收是关键

进行母乳喂养的妈妈应该注意补钙，哺乳期间每日应保证摄入1200毫克钙。人工喂养的婴儿，如果每日能喝800毫升的配方奶粉，就能够满足机体对钙的需要。如果婴儿还是缺钙，首先要想到的不是给婴儿

吃何种钙剂，钙含量是多少，而是吸收的问题。同样是100毫克的钙，母乳中钙的吸收率为80%，食物中的钙如果搭配合理吸收率在50%左右，其他钙元素大多在30%左右，只不过数量占优势而已。但钙是矿物质，高单位、密集型摄入是非常不容易消化吸收和沉积的，这就是很多脾胃虚弱的婴儿补钙效果不好的原因，而且非常容易导致婴儿大便干结、消化不良，甚至导致脾胃不合。

排除了孩子生病的原因，可以考虑添加维生素D，同时需要增加孩子晒太阳的时间和活动量，促进钙的吸收。最后，才是针对孩子体质开出适合孩子肠胃吸收的钙剂。

YES 宜学习如何判断婴儿是否缺钙

可从以下几个方面观察判断孩子是否缺钙:

1. 枕秃

孩子因汗多而头痒，躺着时喜欢磨头止痒，时间久了后脑勺处的头发被磨光了，就形成枕秃圈（医学上称“环形脱发”）。但不能说有枕秃的婴儿都缺钙，有些婴儿在夏季出汗或家长为婴儿着装过多，容易出汗，出汗过多会引起皮肤发痒。还有些婴儿头面部有湿疹，也会引起皮肤发痒。这些原因均可使婴儿在枕头上蹭头，出现枕秃。确实是因为缺钙引起的枕秃，要在医生指导下补充维生素D及钙制剂。

2. 精神烦躁

孩子烦躁磨人，不听话，爱哭闹，对周围环境不感兴趣，不如以往活泼、脾气怪等。

3. 睡眠不安

孩子不易入睡，易惊醒、夜惊、早醒，醒后哭闹难止。

4. 出牙晚

正常的婴儿应该在4～8个月时开始出牙，而有的孩子因为缺钙到1岁半时仍未出牙。

5. 前囟门闭合晚

正常情况下，婴儿的前囟门应该在1岁半左右闭合，缺钙的孩子则前囟门宽大，闭合延迟。

6. 其他骨骼异常表现

方颅；肋缘外翻；胸部肋骨上有像算盘珠子一样的隆起，医学上称作“肋骨串珠”；胸骨前凸或下缘内陷，医学上称作“鸡胸”或“漏斗胸”；当孩子站立或行走时，由于骨头较软，身体的重力使孩子的两腿向内或向外弯曲，就是所谓的“X”形腿或“O”形腿。

7. 免疫功能差

孩子容易患上呼吸道感染、肺炎、腹泻等疾病。

家长如果观察到孩子在以上项目中占了2项以上，就要带孩子去医院，由医生根据孩子出现的症状、体征及血钙化验等判断孩子是否缺钙，以便及时治疗。

2～3个月婴儿早教宜忌

YES 宜让婴儿感受爸爸、妈妈不同的爱

爸爸要主动同婴儿玩耍，婴儿会感到父母是不同的。爸爸的手强健有力，抱他的方式与妈妈不同；爸爸亲婴儿，脸上有胡须，与妈妈光滑的脸不同；爸爸的气味与妈妈不同；爸爸讲话时声音低沉；爸爸不但会唱歌还会吹口哨。多数婴儿都喜欢让爸爸抱，举高高，被举到空中使婴儿感觉很刺激。男婴很喜欢爸爸豪爽的笑，也更喜欢多一些惊险和刺激。婴儿开始觉察到有两种不同的人，一种像妈妈，一种像爸爸，都很爱婴儿。让婴儿体会母爱和父爱，使他感受到家庭的温暖。父母都爱护自己，自己属于这个家庭，这种家庭观念会影响孩子的一生。

YES 宜学习俯卧用肘撑起

俯卧用肘撑起可以锻炼婴儿颈部、上肢和胸部的肌肉，扩大婴儿的视野。让婴儿俯卧，把可移动的镜子摆在婴儿头侧。婴儿喜欢看镜中的自己，会努力把上身撑起来。大人帮助婴儿把一侧肘部放好，婴儿会主动把另一侧也放好，使整个胸部都撑起来。婴儿很喜欢用肘和前臂将上半身撑起，这时能看到过去看不见的事物。如把镜子放在婴儿面前，让他能看到身后的事物会使他十分高兴。他还会伸一只胳膊去够身旁的玩具。

YES 宜提高感觉统合能力

让婴儿仰卧，把系上铃铛的大花球吊在婴儿能看到的地方。拉一根

绳子，一头系在球上，另一头系一个松紧带环套在婴儿左侧手腕上。大人扶着婴儿的左手摇动，会牵动大花球上的铃铛作响。大人松手让婴儿自己玩，婴儿会舞动四肢，甚至晃动身体使铃铛作响。以后会试着动腿或动胳膊，逐渐知道只挥动左臂就能使铃铛作响。婴儿学会后，家长可把松紧带环套在婴儿的右腕上，婴儿会重新晃动身体，最后会知道只动右腕也可使铃铛作响。这样再把松紧带环轮流套到左、右脚踝上，婴儿也能经过几次试验而找出该动哪一个肢体使铃铛作响。

这是锻炼感觉统合和选择专一性的游戏：从看到花球、听到铃响到支配全身无选择运动是感觉统合过程；再到试验支配哪一个肢体才能收效，是锻炼大脑专门指使选择哪一个肢体活动的专一过程。

YES 宜拍打吊起之物

练习拍击一个活动的目标可进一步练习手眼协调，为4～5个月时抓住吊起的玩具做准备。将吊挂玩具改成带铃铛的小球，妈妈扶着婴儿的小手去拍击小球，球会前后摇摆并发出声音，吸引婴儿不断去击打它。婴儿这时还不会估计距离，手的动作也欠灵活，经常拍空，好不容易击中球又跑了，再想击中就十分困难了。球的摇摆和铃声吸引着婴儿，婴儿可以连续玩十几分钟。

注意每次玩时要改变小球悬吊的位置，今天在婴儿左边，明天偏右，后天居中，以免婴儿长时间注视引起眼睛内斜（对眼）。玩完后把小球收起来，防止婴儿盯着去看。

3～4个月婴儿的养育和早教宜忌

3～4个月婴儿养护宜忌

YES 宜预防佝偻病

本月易出现佝偻病体征，如枕秃、肋外翻、乒乓头等，并伴有多汗、易惊等症状。佝偻病是婴幼儿的常见病，主要是由于缺乏维生素D，使食物中钙和磷不能充分被利用，肠道吸收钙的能力降低，肾脏吸收磷的功能减弱，造成钙和磷的代谢失常，钙不能正常地沉着在骨骼的生长部位，以致骨骼软化变形。因此，每天应带婴儿到户外晒太阳1～2小时，继续加喂鱼肝油。

YES 宜开始给婴儿用枕头

3个月以后，婴儿颈部脊柱开始向前弯曲，应开始让他睡枕头。一开始，枕头的高度以3厘米～4厘米为宜，根据婴儿发育情况，可逐渐调整枕头的高度。枕头的长度应与婴儿的肩部同宽。枕芯质地应柔软、轻便、透气、吸湿性好，可选择蒲绒等作为材料填充，民间常用的荞麦皮和茶叶也都是很好的填充物，可以防止婴儿生痱子或长小疖肿。枕芯的软硬要适中。过去一些家长爱给婴儿睡硬一点儿的枕头，认为可以使头骨长得结实，脑袋的外形长得好看，其实这是没有科学道理的。枕套最好选用半新的棉织品制作。

婴儿新陈代谢旺盛，头部出汗较多，睡觉时出汗易浸湿枕头，汗液和头皮屑混合易使致病微生物黏附在枕面上，极易诱发颜面湿疹及头皮感染。因此，婴儿的枕芯要经常在太阳底下暴晒，枕套要常洗常换，保持清洁。

YES 宜训练婴儿大小便

大小便习惯的形成必须通过培养和训练，使婴儿在大小便过程中建立起良好的条件反射。要仔细观察婴儿排尿时的表情，记下间隔时间。半岁以内的婴儿一昼夜要排尿20次左右，每次约30毫升。把尿可以在婴儿睡醒后、喂奶和喂水后10分钟、饭前、外出回来尿布未湿时进行。把尿时可以发出一种信号如“嘘嘘”声，逐渐使婴儿形成听声排尿的条件反射。如果把1～2分钟婴儿不尿就过一会儿再把，把的时间太长婴儿感到不舒服，容易造成拒把，习惯也不易养成。把屎可在早、晚进食后进行，用“嗯嗯”的声音提醒他排便。大小便均应把在盆里。

YES 宜及时发现婴儿的先天眼疾

每次带婴儿进行体检的时候都注意检查一下眼科。医生会检查婴儿的眼部结构和眼球转动是否正常，及其可能存在的先天眼部疾患。如果妈妈平时注意到婴儿的眼睛出现如下异常情况，一定要及时与医生联系：

- 婴儿到三四个月的时候仍然不用视线追踪妈妈的脸或者眼前晃动的摇铃。
- 婴儿无法上下左右全方位地转动一个或两个眼球。
- 婴儿的眼球总是微微晃动，无法保持静止。

- 婴儿的双眼大多数时候都是呈对视的状态。
- 婴儿的一只眼睛或双眼出现下陷或外突的症状。
- 婴儿一只眼睛的瞳孔出现白色。

如果婴儿出生时早产、曾经有过感染、接受过人工补氧，那么出现视力问题的可能性就更大，比如散光、近视、斜视等。儿科医生在检查诊断的时候会将这些因素都综合考虑进去，然后给予恰当的建议和治疗。

NO! 忌不了解婴儿流口水的现象

婴儿出生时唾液腺发育差，分泌消化酶的功能尚未完善，到了3～4个月时唾液腺分泌增多，但还未具备吞咽唾液的能力，故经常发生生理性流涎，即流口水。随着月龄增加，到出牙和增添辅食时口水会明显增多，这不是病态，而是正常的生理现象。6个月以后随着咀嚼、吞咽动作的协调发育，流口水的现象会逐渐消失。

若在这一时期患口腔炎，婴儿的口水会突然增多，常伴有食欲不振或哭闹等症状，需要到医院就诊治疗。

3～4个月婴儿喂养宜忌

YES 宜重视婴儿为什么会厌奶

很多婴儿都经历过类似的情况，突然间不爱吃奶了，持续的时间有长有短，一般为半个月到1个月，也有持续两个月的，这就是我们所说的“厌奶”。厌奶的原因是多种多样的，生病、使用抗生素、内热体质或者是气候（夏季湿热、秋冬上火等）都会导致厌奶，家长要辩证对待，不能一概而论。疾病导致的厌奶称为“病理性厌奶”，要及时治疗疾病，病好了婴儿的饮食也就恢复正常了。

除了疾病之外，导致厌奶的另一个重要原因是婴儿的肠胃在适应新的营养需求，处于吸收转型期，称之为“生理性厌奶”，无须治疗。婴儿3个月前主要以消化吸收奶里的脂肪为主，身高、体重增长很快，这一时期的体形被称为“婴儿肥”；3个月以后，婴儿的身体自动调整，增加吸收奶里的蛋白质和矿物质的比例，这个时候就可以添加铁、锌和维生素丰富的食物了。这样的转型时间段分别是3个月、6个月、12个月，随着时间和吸收营养素比例的逐渐改变，小婴儿会脱去“婴儿肥”，进入幼儿体形阶段，这个时候就会显得比婴儿阶段瘦一些，这属于自然规律，很正常，父母们不要过分担心。吸收转型期对婴儿小小的胃肠和肝肾都是一种挑战，最好让婴儿自己适应，这样激发出来的免疫力非常强。

1. 不要强迫婴儿吃

很多妈妈对婴儿厌奶很着急，千方百计要婴儿吃，可以越急婴儿越不吃，针管、喂药器、勺子等“十八般武器”一一上阵，最后弄得婴儿一见奶就哭（恭喜妈妈，婴儿学会表达自己的感情了），妈妈产后身体虚弱还没补过来，一着急奶水里就带有很大的火气，婴儿吃了肠胃不适（里面就和有团火似的，难受死了），奶水甚至会因为着急上火消退了，这样更延长了婴儿的厌奶时间，得不偿失。婴儿出现生理性厌奶说明他的身体开始自我调整了。是为6个月后母体带来的抵抗力消失、启动自己的免疫力进行预演呢。所以，深呼吸，调整好心情，妈妈的温柔和耐心是对婴儿最大的鼓励与支持。

2. 捏脊疗法治厌奶

妈妈可以适当给婴儿按摩腹部和捏脊，帮助婴儿快速恢复。婴儿俯卧位，妈妈用两手拇指指腹与食指、中指、无名指指腹相对用力轻轻捏起婴儿背部脊柱两侧的皮肤，从龟尾穴（尾骨）开始，随捏随提，沿脊柱向上推移，至大椎穴止。也可以采用手握空拳状，食指屈曲，以拇指指腹与食指中节桡侧面相对用力，将皮肤轻轻捏起。双手交替捻动，从龟尾穴开始沿脊柱向上至大椎穴止。捏脊最好在上午做，因为上午阳气生发，效果更好。每天3次，每次捏拿10遍，连续6天是1个疗程。一般情况下，做到三四天时，厌奶的孩子就会有饥饿感了。

一开始孩子可能会因为不习惯而拒绝，妈妈不要着急。孩子睡觉前先搓热双手，上下抚摩孩子后背，等孩子不排斥的时候一点一点地捏。不要把孩子捏疼了，孩子的自我保护意识很强，捏疼一次，下次就很有可能开始排斥。

3. 应对厌奶的小妙招

■ 将配方奶调浓一点或调稀一点。

■ 把奶晾凉一点，温度在35℃左右，这一点很重要，有很多有上呼吸道问题的孩子，就是因为小的时候吃太热的奶，咽喉和口腔的黏膜受到长期刺激充血造成的。

■ 换奶嘴。聪明的婴儿嘴巴特别敏感，奶嘴软硬是否合适一尝就知道了。

■ 如果还不行，就看看婴儿的生长曲线，看看婴儿是不是有一段时间长得特别快，如果是这样，就是在那段时间内过量地吃配方奶，婴儿的内脏非常累，厌奶是在告诉妈妈“配方奶太多了”。千万不能急，婴儿只要生长得好就应该没有多大的问题。除非是有大问题了，一般不建议经常去医院，医院的环境过于复杂，病毒相对较多，本来婴儿没有病，去医院传染上病就不好了。

NO! 忌过早给婴儿添加辅食

辅食即母乳或配方奶以外的富含能量和各种营养素的泥状食物（半固体食物），它们是母乳或配方奶和成人固体食物之间的过渡食物，能为婴儿的生长发育提供更丰富的营养。有些妈妈看到别人家的婴儿吃辅食了，也急着给自己的孩子加。其实，辅食并不是加得越早、越多越好。如果辅食添加的时机掌握不好，短期内有可能对婴儿的生长发育和妈妈的身体恢复带来不利的影响。0～4个月的婴儿消化吸收系统发育尚不完善，尤其是消化酶系统功能不完善，4个月以内的婴儿唾液中淀粉酶低下，胰淀粉酶分泌少且活力低，过早添加辅食会增加婴儿胃肠道负担，出现消化不良及吸收不良，而且可能还会影响母乳喂养，甚至使婴儿在短期内出现生长发育迟缓。因此，不要过早给婴儿添加辅食。纯母乳喂养的婴儿，如果体重增长正常，完全可以到6个月时再添加辅食，混合喂养或人工喂养的婴儿也要等到满4个月以后再加。

3～4个月婴儿早教宜忌

YES 宜培养婴儿的自我服务能力

要从婴儿阶段起重视孩子自我服务意识的培养，通过婴儿的社会行为着手发展和培养婴儿的自我服务意识，如在婴儿喝水或吃奶时，把婴儿的小手放在奶瓶上，让他触摸，帮助婴儿开展早期的感知活动，这是生活自理能力的最初培养。婴儿自己动手的意识是很可贵的，如果这时阻止他的主动意识，将影响学龄前及学龄期的动手能力，导致学习困难。

YES 宜多和婴儿一起游戏

婴儿出生的前3个月，父母的主要精力一般都会放在婴儿的喂养和睡眠方面，父母的主要任务是帮助婴儿建立良好的生活规律和生活习惯。从这个月开始，婴儿的精力更加充沛，哭闹逐渐减少，内心的要求开始通过动作、声音和表情传达出来。虽然婴儿还不太会玩，但他非常喜欢玩，特别是喜欢和父母一起玩。因此，从这个月开始，父母应该把育儿的重点转移到帮助婴儿建立良好的游戏习惯上。父母应该从对婴儿生活上的照顾中解脱出来，相信婴儿有能力自己决定吃或不吃、睡或不睡，把更多的时间用于和婴儿一起游戏。父母应该给婴儿布置丰富多彩的环境，了解婴儿最喜欢哪种游戏，最好每天能和婴儿玩1小时以上。特别是爸爸如果能有时间和婴儿一起做游戏，婴儿会特别高兴，能够有效地激发婴儿学习新本领和探索新事物的欲望。

在这个阶段玩本身比玩什么和怎么玩更加重要。

YES 宜选择适合的玩具

可以给3～4个月的婴儿容易抓住的、能发出不同声响的（手镯、脚环、拨浪鼓）、具有不同颜色、图案以及不同质地的玩具，可发声的塑料挤压玩具是这个月婴儿的最爱。随着视、听、触觉协调能力的发展，玩具应该色彩鲜艳、带有声响，便于抓、拿、摇、捏。如果婴儿在专心玩一件玩具，就不要再给他其他玩具，否则哪样玩具他都不会专注地玩。

YES 宜鼓励婴儿发辅音

大人用口唇使劲发“爸”的音，用手指着爸爸或爸爸的照片，尽量使声音与人联系。妈妈为婴儿做任何事都要说“妈妈来啦”“妈妈喂宝宝吃奶”“妈妈给宝宝换尿布”“妈妈给宝宝洗澡”等。有时婴儿伸手去够取玩具，妈妈赶快说“拿拿”；当婴儿拍打吊起来的玩具时，妈妈说“打打”。出生100天的婴儿大多数都会用口唇发出辅音，有时会自言自语地说“啊不”或“啊咕”，大人也应同时与他呼应地说“啊不”或“啊咕”，让他多说几声。婴儿知道大人喜欢听他发音就会使劲说，把声音拉长或者重复说，大人可用鼓掌表示欢迎，使婴儿经常自己大声发音。

虽不可能要求婴儿马上懂得音的含义，但经常重复的联系会使婴儿渐渐懂得“爸、妈”是指人，而且能慢慢分清指的是哪一个人。懂得说“爸”时看爸爸，说“妈”时看妈妈。当然这要到出生150天前后才可能学会，但必须从出生120天前后开始练习，否则懂话的能力会延迟。学习发辅音对以后称呼大人和物品、动作名称都有帮助。

YES 宜培养婴儿语言和动作的协调能力

让婴儿背靠在妈妈怀里，妈妈两手抓住婴儿的小手，教他把两个食指对拢再分开，食指对拢的时候“虫虫——”，食指分开的时候说“飞”。也可以举着婴儿的小手教他做抓挠的动作。这些是我国民间常用的亲子游戏，可以训练婴儿的手眼协调能力和语言—动作协调能力。

NO! 忌不正确对待婴儿吃手现象

婴儿总喜欢将自己的小手放入嘴里，许多家长担心这样会对婴儿的健康造成不利影响，但是又不知如何纠正婴儿的这种行为。

专家指出，在这个年龄段吃手是一种正常的生理现象，一般不需要纠正。但如果把婴儿的手拿开会引起他强烈的不满，甚至哭闹并形成吃手或吮手的习惯，则应寻找原因，予以矫正。婴儿吃手的原因主要有两种:

- 人工喂养时奶嘴孔太大或母乳喂养乳量不足，哺乳时间太短，未能满足婴儿吸吮的需要，或婴儿饥饿时不能及时喂奶，便以吮手作为抑制饥饿的方法。

- 婴儿缺少父母或照看者的关爱，生活单调，清醒时较长时间处于孤独状态，又缺少玩具，使婴儿感到寂寞无聊而以吮手自我抚慰。

了解婴儿吃手的原因就可以采取相应的解决措施，纠正婴儿的习惯。在这里需要提醒父母注意的是，纠正婴儿吃手的习惯要注意方法，如果强制性地制止婴儿吃手，会使婴儿产生焦虑情绪，反而会使吃手的现象更严重。

4～5个月婴儿的养育和早教宜忌

4～5个月婴儿养护宜忌

YES 宜让婴儿学习双手扶奶瓶

用奶瓶喂水或喂奶时鼓励婴儿双手把奶瓶抱住，并自己将奶嘴送入口中。由于婴儿的双手还托不起奶瓶，大人要帮助托住瓶底，使液体充满奶嘴，避免吸入空气。也可以用轻一些的小塑料瓶代替玻璃奶瓶，因婴儿有时会失手，塑料奶瓶不易破碎。

YES 推婴儿外出宜注意安全

天气好的时候，每天都应该推着婴儿出去晒晒太阳、呼吸呼吸新鲜空气。但是，现在的城市环境、交通和路面状况都很复杂，推孩子外出也会遇到许多安全问题，要特别注意。

1. 避免吸入太多尾气

婴儿坐或躺在童车里的高度与汽车尾气管的高度很接近，特别是推婴儿过马路时，从发动着的汽车尾部推过去，汽车尾气的浓度最高，会让婴儿吸入更多有害物。因此，要尽量避免在汽车最多的时候带婴儿外出，绕开狭窄又经常堵车的街道，过马路时最好把婴儿抱起来，不要让婴儿坐或躺在童车里。

2. 推车上下台阶要小心

不能直接推着童车上下台阶，尤其是下台阶，强烈的震荡有可能伤到婴儿的大脑。遇到台阶时最好是将婴儿抱出来，再将童车推上或推下。如果只有一个人，可以把婴儿与童车一起抬起，但要注意不要抓童车的可活动部位，否则童车就有可能突然折起，夹伤婴儿。

3. 下坡要注意控制速度

最好使用有减速功能的童车，如果没有，在下坡时要尽量控制好车速。

4. 过马路时不要抢路

推着童车过马路时一定要等绿灯亮时再走，不要在红灯变成绿灯，或绿灯变成黄灯时抢行。如果是十字路口，当你面对的方向在变灯的时候，左右方向也在变灯，有些司机或是骑自行车、电动车的人也有可能想抢在变成红灯之前通过，很有可能发生交通事故。

5. 进出楼门防止婴儿被撞着

有的人推着童车进出楼门时喜欢用童车顶开楼门，或是把童车的位置放在距楼门最近的地方，这样对于坐在童车里的婴儿来说是非常危险的。若有人在前面推开门或是从对面推门进入，关回来的门会与童车发生碰撞，容易伤到婴儿。因此，在推童车进出楼门时要把童车放在推车人的身后，先打开楼门，用身体挡住门，让童车从身前通过。把童车推到门打开不会碰到的安全区，推车人再进出楼门。要看看门口进出的人是否很多，人多时可在一旁等一会儿，待人少了再走。

NO! 忌不了解此阶段婴儿的动作发育

1. 大动作发育

■ 在俯卧时能够把头、胸抬离床面，抬头角度与床面呈90° 左右，并能两眼朝前看，保持这个姿势。

■ 4个月后拉手成坐位时头部不再向后仰。

■ 用手将婴儿的胸腹托起悬空时，婴儿的头、腿和躯干能保持在一条直线上。

■ 俯卧位，当头保持在90° 时，如果一只手臂伸直而另一只手臂弯曲，可不自主地滚向伸出手臂的一侧，从俯卧位变成仰卧位。早的2个月时就能做到，晚的要到7个月才能达到该技能，但只要在这个时间段都属于正常。

■ 能靠坐。

■ 仰卧时会出现抬腿动作。

2. 精细动作发育

■ 平躺在床上时双手会自动在胸前合拢，手指互相接触，双手呈相握状。

■ 在握住拨浪鼓后能将它保留在手中1分钟左右。

■ 能够摇动和注视拨浪鼓，但如果拨浪鼓掉下去不能再把它拿起来。

■ 会用5根手指和手掌心抓握小玩具，5根指头几乎并拢，将东西紧贴手心，这种拿法叫作“大把抓”。

■ 能抓住近处的玩具。抱婴儿坐在桌子旁，在桌子上离婴儿小手2厘米~5厘米处放一玩具，鼓励他去抓取，观察他能否用一只手或双手取到玩具。

■ 在探究物体时双手已能互相调节，可以用一只手拿着一个东西，用另一只手的手指指点着看这个东西。有些婴儿在双手合抱吊起的物品时学会用两只手同时抓住一个玩具，在玩的过程中会放掉一只手，只用其中一只手握住玩具，一会儿又双手合握，玩一会儿再放掉另一只手，使玩具传到不同的手上。这种传手发生在婴儿出生140~150天，是无意的传手。有意地将物体从一只手放入另一只手中发生在婴儿出生170~180天或者更迟一些。传手是手技巧进步、双手协调的标志。

■ 无论拿到什么东西都会和手一同塞入嘴里。

4~5个月婴儿喂养宜忌

YES 宜为婴儿准备辅食餐具

1.汤匙

最好选择边缘较薄、容易舀起各种食物的塑料软勺，汤匙前端必须圆滑，匙面大小必须可以放进婴儿嘴里。如果选用的汤匙面积过大，很可能在进食时引起婴儿反胃。握柄应该是婴儿容易掌握的粗圆形。

2. 碗

使用深一点且底部稍宽的碗。

3. 盘子

平底，深度为2厘米～3厘米，与盘底越垂直越好。因为婴儿在使用汤匙时会把食物推向盘子的边缘，让食物落入匙面。若盘底有斜度会让食物往回滑，太浅则会让食物掉到盘子外面。若需要使用有图案的餐具，最好选用较有名的品牌。材质最好是能经过高温煮沸而不变质的，以免掉漆而让婴儿误食化学颜料。

YES 宜为婴儿准备餐桌椅

一般情况下，4个月时就要为婴儿添加辅食了（母乳喂养的婴儿可以推迟到6个月左右再添加），最好从一开始添加辅食就让婴儿坐在专门的餐桌椅上，有利于婴儿建立良好的用餐习惯。婴儿一坐上餐桌椅就知道该吃饭了，不会养成到处乱跑、大人追着喂的坏习惯。为婴儿选购餐桌椅要注意以下4点：

1. 安全、稳固

首先要看餐桌椅的设计是否安全牢固。重心一定要稳固，这样不会因婴儿的晃动而轻易被扳倒。安插连接处要紧密，可折叠的要有防止意外收合的装置；带滚轮的最好有刹车或锁定装置。不能有尖锐的棱角，小配件和连接点等要平滑无突起。

2. 环保、健康

餐桌椅的材质要环保、无毒。最好选择木质材料，非木质材料的要保证无铅、无毒、无刺激性。

3. 可持续使用

设计上要符合婴儿身体成长的需要，高度、角度最好可以根据婴儿的需要调节，以适应不同年龄的需要。

4. 装卸简便、易收纳

可折叠或可拆卸的餐椅，在婴儿就餐结束后可以很快收拾起来，不占用室内空间。

YES 宜掌握辅食添加的基本原则

1. 添加数量要由少到多

所谓“由少到多”是指食物量的控制，因为此前婴儿还没有接受过除奶制品以外的其他食物，最初1～2周内辅食的添加只是尝一尝、试一试。比如添加米粉，最初每次给5克～10克，稀释后用小勺喂给婴儿吃。如果第一次想给婴儿添加少量鸡蛋黄，一次也只能喂1/8个煮熟的鸡蛋黄，用奶稀释或用温开水稀释后用小勺喂食，每天只添加1次，观察婴儿对新添加食物的反应，能不能消化吸收，大便有无变化。例如，辅食添加后大便次数有没有明显增加；大便中的水分有没有明显增多，甚至出现水样便；大便的颜色有没有明显变化，如大便的颜色由黄色、棕黄色变成绿色、墨绿色，甚至出现许多泡沫。有时婴儿会有腹胀感，屁比较多。以上现象均说明婴儿对添加的食物不太适应，可以减少辅食的量，如果减量后大便仍然不正常，可以在征得医生的同意后暂停添加辅食。也可以参考婴儿身高、体重增长指标进行判断，这些体格发育的指数应该到医院保健科定期测查。

2.添加速度要循序渐进

所谓“循序渐进”是指食物添加量的进程，添加的速度不宜过快，一般可以从每日添加1次过渡到每日添加2次，每次添加的数量不变；也可以每日添加的次数不变，只改变每次添加食物的数量，使婴儿的消化系统逐渐适应新添加的食物。一般如果添加了三四天或1周左右婴儿很适应，可以考虑添加另外一种新的辅食。婴儿生病时或天气太热应该延缓添加新的品种。

有的妈妈生怕婴儿营养不足影响了生长，早早开始添加辅食，而且品种多样，使劲儿喂，结果使婴儿积食不化，连母乳都拒绝了，这样反而会影响婴儿的生长。开始先添加稀释的配方奶，上午、下午各添半奶瓶即可，或者只在晚上入睡前添半奶瓶配方奶，其余时间仍用母乳喂养。如半瓶吃不下可适当减少。

3.食物性状要由稀到稠

辅食的添加应由流质到半流质，然后再到半固体和固体，辅食中食物的颗粒也要有从细小到逐步增大的一个演变过程，使婴儿逐渐适应。

4. 辅食应该少糖、无盐

12个月以内的婴儿制作辅食应少糖、无盐。

"少糖"即在给婴儿制作食物时尽量不加糖，保持食物原有的口味，让婴儿品尝到各种食物的天然味道，同时少选择糖果、糕点等含糖高的食物作为辅食。如果婴儿从加辅食开始就较少吃到过甜的食物，就会自然而然地适应少糖的饮食；反之，如果此时婴儿的食物都加糖，他就会逐渐适应过甜饮食，以后遇到不含糖的食物自然就表现出拒绝，形成挑食的习惯，同时也为日后的肥胖埋下了隐患。

"无盐"即12个月以内的婴儿辅食中不用添加食盐。因为12个月以内的婴儿肾脏功能还不完善，浓缩功能较差，不能排出血中过量的钠盐，摄入盐过多将增加其肾脏负担，并养成孩子喜食过咸食物的习惯，不愿接受淡味食物，长期下去可能会形成挑食的习惯，甚至会增加成年后患高血压的危险。12个月以内的婴儿每天所需要的盐量还不到1克，母乳、配方奶、一般食物中所含的钠足以满足婴儿的需求。给1岁以上的幼儿制作食物时可以加一点儿盐，但量一定要适当。需要提醒的是，酱油、鸡精等调味品以及买回来的现成食品中都含有盐。所以，如果添加了这类食品或调味品，还要再减少盐量。

5. 最好不添加味精和其他调味料

婴儿的辅食最好不添加味精、香精、酱油、醋、花椒、大料、桂皮、葱、姜、大蒜等调味品。因为辛辣类的调味品对婴儿的胃肠道会产生较强的刺激性，而且有些调味品（如味精）在高温状态下将分解释放出毒素，会损害处于生长发育阶段婴儿的健康。另外，浓厚的调味品味道会妨碍孩子体验食物本身的天然香味，长期食用还可能养成挑食的不良习惯。许多妈妈担心辅食中不加调味品，婴儿会不爱吃，其实母乳或配方奶的味道都比较淡，如果从最初加辅食开始就做到少糖、无盐、不加调味品，婴儿自然会适应清淡的食物口味，因为比起母乳和配方奶，辅食的味道已经丰富多了。如果开始添加的辅食含有盐和调味品，婴儿适应了味重的食物，很可能不愿尝试清淡的食物了。

6. 可适量添加植物油

植物油主要供给热量，在烹调蔬菜时加油，不仅使菜肴更加美味，而且有利于蔬菜中脂溶性维生素的溶解和吸收，可酌情、适量添加。一般6～12个月每天5克～10克为宜；1～3岁每天20克～25克；学龄前儿童每天25克～30克。各种植物油的营养特点不一样，植物油中葵花子油、大豆油、花生油、玉米油必需脂肪酸的含量较高；橄榄油、茶树油、核桃油不饱和脂肪酸的含量较高。因此，应经常更换种类，食用多种植物油。

YES 宜掌握辅食添加的具体方法

1. 从含铁米粉开始添加

在过去很长一段时间，婴儿第一次添加的辅食大多是蛋黄，那时普遍认为蛋黄可以补铁。但近年研究发现，蛋黄虽然含铁量很高，但不容易被小婴儿吸收，过早为婴儿添加蛋黄容易造成过敏，表现为呕吐、皮疹，甚至是腹泻。因此，2002年世界卫生组织提出，谷类食物应该是婴儿首先添加的辅食，最开始可以从小婴儿阶段专用的含铁米粉起步，因为在谷类食物中，米比面更不容易引起过敏，而且一般4个月后婴儿体内储存的铁已经逐渐消耗完了，而母乳中的铁不能完全满足婴儿生长发育的需要，此时强化铁的米粉可以弥补这方面的不足。

2.逐步添加泥糊状食物

4～6个月添加辅食的目的主要是让婴儿逐渐熟悉各种食物的味道和感觉，适应从液体向半固体食物的过渡。可添加的食物主要有泥糊状食物，如婴儿米粉、蔬菜泥、水果泥、蛋黄泥（有过敏家族史的婴儿要到6个月以后再喂蛋黄）等，也可以添加一些果汁。

3.开始辅食添加不宜给肉类

肉类食物，特别是瘦肉，也含有丰富的铁，但即使制作成糊状也需要咀嚼后才能咽下，而且肉类食物中含有较多的饱和脂肪酸（鱼除外），不易消化，小婴儿消化酶的数量和活性都没有发育完善，过早吃肉会增加其消化系统的负担。因此，不满6个月的婴儿不要添加肉类辅食。

4.奶和奶制品仍然是婴儿的主食

开始添加辅食时仍要保证以母乳喂养为主，一般每日哺乳5次，每4小时一次。每日饮奶量应保证在600毫升～800毫升，但不要超过1000毫升。切记不论母乳多少一定不要轻易、过早地放弃母乳喂养，此时的辅食添加一定要处于“辅助不足”这一点上。

5.使用小勺而不是奶瓶喂食

可选择大小合适、质地较软的勺子，开始时只在勺子的前面装少许食物，轻轻地平伸，放到婴儿的舌尖上，不要让勺子进入婴儿口腔的后部或用勺子压住婴儿的舌头，否则会引起婴儿的反感。

6.添加速度不要太快

第一次添加一两勺（每勺3毫升～5毫升）、每日添加一次即可，婴儿消化吸收得好再逐渐加到2勺～3勺，观察3～7天，没有过敏反应，如呕吐、腹泻、皮疹等，再添加第2种。如果婴儿有过敏反应或消化吸收不好，应该立即停止添加的食物，等一周以后再试着添加。食欲好的婴儿或6个月的婴儿可一日添加两次辅食，分别安排在上午九十点钟和下午起床后。

YES 宜了解几类主要辅食的制作方法

1.米汤类辅食的制作方法

米汤类辅食主要是给婴儿补充一定量的碳水化合物、矿物质及少量维生素、食物粗纤维。在婴儿适应了单一品种粮食煮的米汤后可以用两种以上粮食一起煮，以充分发挥蛋白质的互补作用。

补脾和胃：大米汤、小米汤

制作方法：取少许大米或小米用清水淘洗两遍，加水煮成稍稠的粥，晾温后取津汤（米粥上的清液）30毫升～40毫升喂婴儿。

营养点评：大米汤具有补脾、和胃、清肺等功效；小米不需精制，保存了许多的维生素和矿物质，有清热解渴、健胃除湿、和胃安眠等功效。

增强脑力：小米+玉米汤

制作方法：取小米和细玉米少许，用清水淘洗两遍，加水煮成粥，晾温后取适量津汤喂婴儿。

营养点评：经测定，每100克玉米能提供近300毫克的钙，几乎与乳制品中所含的钙差不多；多吃玉米还能刺激大脑细胞，增强脑力和记忆力。

健脾清肺：小米+薏米汤

制作方法：将薏米提前3小时用温水浸软，然后与小米一同煮成粥，取适量津汤喂婴儿。

营养点评：薏米营养价值很高，其蛋白质、脂肪、维生素B_1的含量远远高于大米，具有利水渗湿、健脾胃、清肺热、止泻等作用，但多食易引起大便干燥，婴儿应适量而食。

2.汤汁类辅食的制作方法

添加汤汁类辅食主要是为了给婴儿补充水分、少量矿物质、维生素和食物粗纤维，让婴儿品尝食物的多种味道，给婴儿多种感知觉的刺激。对于6个月以内的婴儿来说，鲜榨的蔬菜汁和果汁一定要用温开水稀释，否则婴儿不容易消化吸收，易导致胀气或腹泻。另外，每天添加的量不要超过120毫升，以免影响奶及其他食物的摄入。

清热止渴：西红柿汁

制作方法：取一个西红柿洗净，去皮，切碎，榨取汁；加入2倍于西红柿汁的温开水，当作饮品喂食。要强调现吃现挤/榨，以防止维生素过多丢失。

营养点评：据营养学家测定，一个中等大小的西红柿维生素C含量与半个柚子相等，维生素A的含量是人体每日所需的1/3，此外还含有钾、磷、镁及钙等微量元素。

东方小人参：胡萝卜汁

制作方法：取新鲜胡萝卜洗净、去皮，切成条状或片状；锅内放入清水，水煮开后放入胡萝卜条或片，煮沸5～8分钟，晾温饮之，无须额外兑水，现煮现饮。

营养点评：胡萝卜被誉为“东方小人参”，所含的β–胡萝卜素比白萝卜及其他蔬菜高出30～40倍。β–胡萝卜素进入人体后能转化为维生素A，然后被身体吸收利用，具有促进机体生长、防止呼吸道感染与保持视力正常等功能。

全科医生：苹果汁

制作方法：可以煮苹果水喝，也可以榨苹果汁，再兑些温水给婴儿喝，应视婴儿的月龄和他们的消化功能而定。取应季新鲜苹果一个，洗净，去皮，切片，放入开水中煮沸5分钟，晾温后即可给婴儿饮用，随饮随煮。或取应季的新鲜苹果一个，洗净，去皮，切块放入榨汁机，榨出鲜果汁，兑入2倍于果汁的温水，给婴儿喝，随吃随榨。

营养点评：苹果汁有很强的杀灭传染性病毒的作用，爱吃苹果的人不容易得感冒。多给婴儿吃苹果可改善呼吸系统和肺功能，保护肺部免受污染和烟尘的影响。

3.泥糊类辅食的制作方法

这类食品主要是补充蛋白质、碳水化合物、脂类、矿物质（铁、钙、钾等）、少许维生素和食物粗纤维，同时有利于婴儿面部肌肉、舌部运动和吞咽功能的训练。另外，此阶段常给婴儿吃些含铁食物可以预防缺铁性贫血的发生。

健脑益智：蛋黄泥

制作方法：鸡蛋煮熟后立即剥掉蛋清，按哺喂量取蛋黄（第一次添加取1/8个即可），加入少许母乳或配方奶粉或温开水，碾成糊状，用小勺喂食。

营养点评：每100克蛋黄含蛋白质7克、脂肪15克、钙67毫克、磷266毫克、铁3.5毫克，蛋黄中还含有大量的胆碱、卵磷脂、胆固醇和丰富的维生素以及多种微量元素，这些营养素有助于增进神经系统的功能，所以蛋黄是很好的健脑益智食物。

润肺滑肠：香蕉泥

制作方法：取香蕉1/2根，剥开皮，用小勺直接刮取果肉给婴儿吃即可。第一次给婴儿吃要适量，只喂一小勺（5克~10克）即可。

营养点评：香蕉富含碳水化合物，并含有维生素A原（胡萝卜素）、维生素B_1、维生素B_2、维生素C等多种维生素。此外，还有人体所需要的钙、磷和铁等矿物质，具有清热、生津止渴、润肺滑肠的功效。

补钙补铁：鸡汁豆腐泥

制作方法：取北豆腐一块切成小块，加入鸡肉汤中煮熟，取一块板栗大小的煮熟的豆腐碾碎喂婴儿吃。初次尝试时不宜多吃，且在婴儿月龄满5个月时再吃，以免婴儿出现腹胀。

营养点评：豆腐及豆腐制品的蛋白质含量丰富，丰富的大豆卵磷脂有益于神经、血管、大脑的生长发育；两小块豆腐即可满足一个人一天钙的需要量，对牙齿、骨骼的生长发育颇为有益；还可增加血液中铁的含量。

4.蛋羹类辅食的制作方法

这类辅食主要是补充优质蛋白、脂类、碳水化合物、矿物质（尤其是其中的有机铁，利于婴儿吸收利用）、少量维生素等营养素。

家常蛋羹

制作方法：取蛋黄一个，打匀，加入适量凉开水，稍微搅拌一下，上锅蒸10~15分钟，晾温后按应添加量用小勺喂之（其中也可以加几滴香油或葱花，但不加盐）。

薯泥蛋羹

制作方法：取蛋黄一个，打匀，加入适量凉开水，稍微搅拌一下；再加入少许已煮熟的红薯泥、土豆泥、山药泥、芋头泥中的一种，搅匀后上锅蒸10～15分钟，按应食用量喂之。

营养点评：红薯含有多种人体需要的营养物质，一个约1两重的小红薯即可满足人体每天所需的维生素A，一个约2两重的小红薯可提供人体每天所需维生素C的1/3和约50微克的叶酸。

水果蛋羹

制作方法：取蛋黄一个，打匀，加入适量凉开水，稍微搅拌一下；加少许应季水果泥，打匀后上锅蒸，按应食用量喂之。或先将蛋黄蛋羹蒸熟后，刮一些新鲜水果的果泥摆放在熟蛋羹的表面上，且可堆成各种图形，甚是诱人！色、香、味、形俱佳，婴儿自然乐于接受。

NO! 忌给婴幼儿饮茶

现代中西医药理研究表明，适量饮茶可以消脂减肥、美容健身，具有抗菌解毒、抗辐射、增强微血管的弹性、预防心血管病、兴奋神经系统、加强肌肉收缩力等功效。但对于婴幼儿来说，饮茶是没有好处的。因为茶中的咖啡因会使人的大脑兴奋性增加，婴幼儿饮茶后不能入睡，烦躁不安，心跳加快，血液循环加快，心脏负担加重；而且，茶水具有利尿作用，而婴幼儿的肾功能尚不完善，所以婴幼儿饮茶后尿量增多，会影响婴幼儿肾脏的功能。

美国科学家与研究人员曾对122名儿童进行调查，结果表明饮茶组儿童缺铁性贫血的发生率明显高于非饮茶组儿童，贫血的发生与性别、哺乳时间长短无明显关系，说明儿童饮茶在缺铁性贫血的发生中有重要作用。茶叶中含有的鞣酸、茶碱、咖啡因等成分，能刺激胃肠道黏膜，阻碍营养物质的吸收，造成营养障碍。因此请家长不要给婴幼儿饮茶。

4～5个月婴儿早教宜忌

YES 宜发展婴儿的自我意识

人们不仅能认识周围世界，还能认识自己，既知道自己的身体外貌，又能意识自己的各种心理活动，并对此进行评定，这就是自我意识。自我意识的发展是大脑成熟的标志，积极的自我意识表现使婴儿有较多的自我认识的能力和自我价值感，自信心强，独立性强，可以避免或减少儿童的社交退缩行为。

出生第一年虽然自我意识不强，但能意识到自己的存在，多让婴儿照镜子可促进自我意识的发展。妈妈可抱着婴儿，让他面对着一面大镜子，敲敲镜子，叫他看镜子里面的自己。婴儿看到镜子里的人会感到很惊奇，他会注视着前面的镜子。妈妈对着镜子笑，婴儿看着镜子里有他熟悉的妈妈的面孔，他会感到愉快，也会对镜子里自己的影像感兴趣，并用手去拍打镜中的自己。经常让婴儿照镜子，让他摸摸镜子中自己的脸、妈妈的脸，教他说“这是婴儿，这是妈妈”。随着月龄的增长，婴儿逐渐会对镜中人表现出友好和探索的倾向，渐渐认识到镜中的妈妈和镜中的自己，对自我意识的萌芽有重要意义。

YES 宜练习向两侧翻身

让婴儿仰卧在床上，妈妈轻轻握着婴儿的两条小腿，把右腿放在左腿上面，这样会使婴儿的身体自然地扭过去，变成俯卧，多次练习婴儿就能学会翻身。

婴儿先学会向一侧翻身，以后他会熟练而且主动地向习惯的一侧翻身，有时不用逗引也会自己将身体翻过去变换体位。这时大人要有意识地在他不熟练的一侧逗引，让他练习翻身。可将婴儿一侧的腿搭在翻身一侧的腿上，用玩具逗引并扶着他的肩朝要翻的一侧转动，使婴儿向不熟练的一侧翻身。婴儿有了侧翻的经验，练几次之后不用帮助就能自己翻过去。熟练地向两侧翻身是为下个月做180°翻身做准备，要让婴儿自如地向两侧翻身才有可能顺利地做双侧180°翻身。

YES 宜主动抓握

把拨浪鼓拿到婴儿面前摇晃，然后将拨浪鼓放在婴儿胸前伸手即可抓到的地方，诱导他去碰和抓。如果婴儿抓了几次都没抓到，可直接放在他的手中让他握住，然后再放开，教婴儿继续学抓。如果婴儿只看拨浪鼓而不伸手抓，可用拨浪鼓触他的小手，逗引他伸手去抓；或把拨浪鼓放在他手中，然后摇晃他的手，让拨浪鼓发出响声，引起他的兴趣。

抱婴儿靠在桌前，在距其1米远处用拨浪鼓逗引婴儿，观察他是否注意。将拨浪鼓逐渐靠近婴儿，让婴儿一伸手即可触摸到拨浪鼓。如果婴儿不主动伸手朝拨浪鼓接近，可引导他用手去抓握、触摸和摆弄拨浪鼓，这样可以培养婴儿接近、触摸和摆弄物体的能力。

YES 宜练习循声找物

抱婴儿坐在矮凳上，用带铃铛的玩具同婴儿玩耍。玩具越放越低，最后掉到地上发出声音，看婴儿是否用眼睛去寻找玩具。有过上述经验之后，抱婴儿坐在桌旁摆弄玩具，有意把带铃铛的玩具掉落地上，看婴儿是否用眼睛循声寻找。也可以把金属制的小勺、小锅掉到地上发出声音，看婴儿是否寻找。

在婴儿出生120天之前不会去寻找看不见的东西，因为他认为看不见的东西并不存在。玩藏猫猫儿游戏之后，婴儿知道毛巾的后面有人；现在又看到物品落地会发出声音，便会循发出的声音去寻找落地之物。让婴儿听到物品落地时会发出声音，再用同样的声音吸引婴儿用眼睛在地上寻找发出声音的物品，使婴儿记住物品落地发声的过程，学会循声找物。

YES 宜学认第一种物品

出生130～140天的婴儿可以学认某一种物品。有些婴儿喜欢猫或汽车。家长要观察婴儿常看什么，或对哪种东西最喜欢，就可先教哪一种。每次说物名时婴儿用眼去看就表示婴儿认识了该种物品。

抱婴儿到台灯前，用手打开或熄灭台灯。开始时，婴儿只盯着妈妈的脸，继而看妈妈的手，他会注意到手动一下灯就亮了，再动一下灯就灭掉了，这时他的注意力已被这一亮一灭的灯所吸引。当抱婴儿离开灯时，问婴儿“灯呢？”看他是否能用目光盯住灯的方向。如果抱他到不同的位置，他的目光仍盯住灯，就说明他学会了。以后每天复习2～3次，再反复问几次，看看他是否真正记住了。

有些婴儿特别喜欢门，因为出了门就能到外面去玩，这时可以先教他认“门”；有些婴儿喜欢看汽车在马路上跑，教他先认“嘀嘀”就认得快；还有些婴儿喜欢看他爱看的那幅彩图，教他先认彩图会记得最快。让婴儿将声音与某一种物品联系起来，听到声音会用目光盯住这种物品。婴儿也很容易记认爱吃的香蕉或苹果，有些婴儿认得奶瓶，会转头去找。

NO! 忌不了解婴儿的社会性发育

■ 此阶段的婴儿已能识别高兴、悲伤、生气和恐惧等面部表情，但还不能把照片上的表情同生活中成人的相应情绪联系起来。

■ 已经能认识亲人，见到熟人时能自发地微笑，出现主动的社交行为。

■开始对周围的一切事情发生兴趣，还会表现出满意或不满意的表情。

■ 如果大人抱着婴儿坐在镜子对面，轻轻敲动玻璃，吸引婴儿注意镜子中的影像，婴儿能明确地注视自己，并与镜中的自己微笑或“说话”。

■ 喜欢被别人抱起来，仰卧时大人与婴儿说话并将他拉坐起来时会发出声音或微笑。

■吃奶时会将自己的双手放在妈妈的乳房或奶瓶上轻轻地拍打。

■看到大人在为其准备食物或玩具时会露出兴奋的表情。

■仰卧时会拉长衣服遮盖自己的脸。

5～6个月婴儿的养育和早教宜忌

5～6个月婴儿养护宜忌

YES 宜帮助婴儿适应新的照看者

当产假结束、面临着重返工作岗位的问题时，妈妈总会舍不得自己的小宝宝。婴儿也同样面临着妈妈整个白天都不在自己身边，不能随时关心、照顾自己的问题。妈妈上班后肯定需要请别人照看婴儿，在这之前，就应该让婴儿跟新的照看人渐渐熟悉，让他们彼此之间相互了解，为妈妈和婴儿的第一次暂时性分离做好准备。比如，可以提前两周让婴儿认识新的照看者，妈妈每天都离开一小会儿，让婴儿与照看者单独相处，并逐渐加长每次离开的时间。让照看者像妈妈那样陪婴儿玩游戏，比如，给婴儿讲故事、念儿歌、做操等，增加他们之间的感情。

YES 宜帮助婴儿睡一夜整觉

刚出生的婴儿没有日夜节律，白天和晚上的活动相似，所以还不能在晚上的时候睡长觉。但随着月龄的增加，到了5个月时，大部分的婴儿夜里一觉可以睡上5～8小时，有的婴儿能一觉睡到天亮。在这个过程中，很多时候婴儿看上去像要醒了，但是未必会真正醒来。因为婴儿的一个睡眠周期包括深睡和浅睡两个阶段。浅睡的时候，婴儿会有一些微笑，或者噘噘嘴，做一些鬼脸，呼吸不均匀，胳膊腿动一动，有时哼哼出点声音，这都是正常的现象。不必担心婴儿是不是又醒了，这些声音可能会持续几分钟，一会儿就又安静下来，婴儿会自然过渡到深睡阶段。

NO! 忌还没有给婴儿开辟一个游戏区

有条件的家庭可以为婴儿准备一个游戏室，没有条件的可以在客厅一角给婴儿开辟一个游戏区，让婴儿在游戏区内玩玩具，这样既安全又可以保持客厅的整洁。玩具最好放在婴儿随手就可以拿到的地方，不要把玩具放在抽屉或者高处，防止夹伤婴儿的手指。要定期检查玩具的完整性，是否有脱落、解体、棱角损坏，避免婴儿吞食，或者被破损处划伤。

5～6个月婴儿喂养宜忌

YES 宜给婴儿补充含铁食物

此时，孕后期储存在婴儿肝脏的铁已接近耗竭，需补充含铁食物。补铁能使婴儿髓磷脂合成加快，促进神经系统发育，促进婴儿的学习和记忆。可以给婴儿加喂一些熟枣泥、动物肝泥、蛋黄、菠菜泥、青菜泥等，可以在上午、下午两次喂奶之间加喂一两勺含铁丰富的食物泥，也可找医生开一些适合婴儿服用的含强化铁的补剂，但两者之间，食补总比药补好，所以应首选食补。

蛋黄含铁量较高，婴儿也较易接受。将鸡蛋煮熟后剥出蛋黄，将蛋黄放在碗里用勺子研碎即可。注意不要直接用蛋黄泥喂婴儿，蛋黄泥太干，容易噎着婴儿，可用温开水或橙汁稀释喂婴儿。4个月的婴儿先每日1／4个，如无消化不良或减少奶量等情况发生，2周后或1个月后可适当增加至1/2个，婴儿的食量差异很大，尤其是体质较瘦弱的女婴，会比同月龄较胖的男婴食量小很多。所以如是食量大的婴儿可以增加得多一些、早一些，而食量小的婴儿就可少增加或减少一些。蛋黄泥喂得过早会使婴儿胃中积食，出现食欲下降、不想吃奶等症状。一旦给婴儿喂食蛋黄后出现这样的情况，可以先停喂蛋黄；如果婴儿的食欲还是没改善，可以先饿婴儿一天，等他很饿、急于进食时再开始喂奶。

蛋黄不宜与各类辅食及奶类同时吃，以免谷类的植酸及奶中有机物干扰铁的吸收。

除了蛋黄之外，动物肝脏也是很好的补血食物，可以给婴儿吃一些肝泥。将鸡肝或猪肝煮熟后，取一小块放碗里用勺子研碎。最好选择鸡肝，因为鸡肝质地细腻，味道比别的肝类鲜美，婴儿喜欢吃，也容易消化。猪肝相对比较硬，即使捣碎成泥后还会有硬颗粒，吃起来口感不如鸡肝，也容易出现积食。用粥汤或牛奶将肝泥调成糊状喂婴儿，也可加入粥中喂婴儿。注意同样不要直接用肝泥喂婴儿，肝泥由于质地较干也易噎着婴儿。喂肝泥后婴儿如果出现与喂蛋黄后一样的积食症状，处理方法同上。

YES 宜让婴儿爱上粗粮

所谓粗粮是指除精白米、富强粉或标准粉以外的谷类食物，如小米、玉米、高粱米等。婴儿从4～6个月加辅食后就可以考虑吃点粗粮了。

1. 常吃粗粮、果蔬的6个好处

清洁体内环境

各种粗粮以及新鲜蔬菜和瓜果，含有大量的膳食纤维，这些植物纤维具有平衡膳食、改善消化吸收和排泄等重要生理功能，起着“体内清洁剂”的特殊作用。

预防婴儿肥胖

膳食纤维能在胃肠道内吸收比自身重数倍甚至数十倍的水分，使原有的体积和重量增大几十倍，并在胃肠道中形成凝胶状物质而产生饱腹感，使婴儿进食减少，利于控制体重。

预防小儿糖尿病

膳食纤维可减慢肠道吸收糖的速度，可避免餐后出现高血糖现象，提高人体耐糖的程度，利于血糖稳定。膳食纤维还可抑制增血糖素的分泌，促使胰岛素充分发挥作用。

解除便秘之苦

在日常饮食中只吃细不吃粗的婴儿，因缺少植物纤维，容易引起便秘。因此，让婴儿每天适量吃点儿膳食纤维多的食物，可刺激肠道的蠕动，加速排便，也解除了便秘带来的痛苦。

有利于减少癌症

儿童中癌症发病率上升，与不良的饮食习惯密切相关。英国剑桥大学营养学家宾汉姆等曾分析研究，食用淀粉类食物越多，大肠癌的发病率就越低。

预防骨质疏松

婴儿吃肉类及甜食过多，可使体液由弱碱性变成弱酸性。为了维持人体内环境的酸碱平衡，就会消耗大量钙质，导致骨骼因脱钙而出现骨质疏松。因此，常吃些粗粮、瓜果蔬菜可使骨骼结实。

2. 科学合理吃粗粮

适量

对正处于生长发育期的婴儿，每天推荐摄入量为年龄加上5克~10克。对于经常便秘的婴儿，可适当增加膳食纤维摄入量。有的婴儿吃粗粮后会出现一过性腹胀和过多排气等现象，这是一种正常的生理反应，逐渐适应后，胃肠会恢复正常。婴儿患有胃肠道疾病时要吃易消化的低膳食纤维饭菜，以防止发生消化不良、腹泻或腹部疼痛等症状。

粗粮细作

把粗粮磨成面粉、压成泥、熬成粥或与其他食物混合加工成花样翻新的美味食品，使粗粮变得可口，增进食欲，能提高人体对粗粮营养的吸收率，满足婴儿生长发育的需要。

NO! 忌让婴儿吃蜂蜜

蜂蜜对成人是一种很好的滋补品，它不仅含有丰富的维生素、葡萄糖、微量元素和某些有利于促进新陈代谢的生长素与抗氧化元素，而且它味道甘美，又有润肠、滋阴的功效，中医认为有利于保持肠道的畅通。

有些父母用温开水将蜂蜜冲淡了喂给婴儿喝，把它当成如葡萄糖类的营养品，或调在配方奶中给婴儿食用。其实，婴儿不适合吃蜂蜜。蜂蜜中含有对人体不利的肉毒杆菌芽孢，成人抵抗力强、排毒能力强，这种芽孢无法在成人体内繁殖，但婴儿抵抗力弱，芽孢能得以生存并繁殖。婴儿稚嫩的肝脏无法排解芽孢繁殖时产生的肉毒素，容易出现中毒症状。

5～6个月婴儿早教宜忌

YES 宜让婴儿练习由蛤蟆坐到坐稳

6个月左右应该重点训练婴儿坐起的能力，从靠着坐、扶着坐到独立坐，从光能坐起，到学着逐渐坐稳，并且能坐着自如地变换姿势。

先让婴儿练习靠着坐，前面放几个玩具让婴儿拿着玩。婴儿要够取玩具就会离开靠垫，由于婴儿的头太重身体就会前倾，如同蛤蟆一样有时要用手去支撑。大人将他扶到靠坐的垫子上，不一会儿婴儿身体又再度前倾。这种状态要过1～2周，待婴儿的颈部能完全支撑头的重量时就能离开靠垫完全坐稳。

练习蛤蟆坐是为独坐做准备。婴儿都喜欢坐起来，因坐着比躺着看得远。蛤蟆坐起时仍可伸一只手去够东西，也可坐着转动方向。但大人要在旁边陪着，防止婴儿跌倒或者扑向前方，蛤蟆坐只能坚持10分钟，不宜过久，要注意防止跌倒或疲劳。

YES 宜发展拇指的能力

人类的许多技巧都要用手去完成，操纵手的脑神经细胞达20余万个，而活动躯干的脑神经细胞仅5万个，所以人们都说“心灵手巧”。出生5～6个月的婴儿开始发展拇指的能力，经过大把抓式握物之后会进一步以拇指和其他4根手指相对将物握稳，这种握物法称为“对掌握物”。学会对掌握物后两手可各拿一个玩具而且对敲起来，婴儿会高兴地听着它们发出的声音，拿着玩具到处敲打。如果大人再给他一个玩具，他会扔掉手中的去拿新的。大人将他扔掉的玩具收走，使他不敢再扔，于是他会把手中的玩具放在胳臂上抱着，再去拿一个。胳臂抱不住东西，婴儿会用手尝试多种办法，最后学会将左手拿的玩具放下，将右手拿的玩具传到左手，再伸右手去取第三个。

YES 宜让婴儿同妈妈玩藏猫儿游戏

妈妈和婴儿面对面坐好，妈妈一边温柔地说："宝宝不见了！"一边用一块手绢把婴儿的脸遮住，观察婴儿是否会用手把布拽下。如果婴儿把布拿下了来，妈妈要用愉快的声音说："宝宝又出来了，太棒了！"然后再重复进行。如果婴儿不会用手拽下手绢，妈妈就拿着婴儿的小手，帮他拽下来，并愉快地说："宝宝出来了。"妈妈也可以自己用手绢盖住头，说："妈妈不见了！"几秒钟后自己拿下手绢，逗婴儿说："妈妈又变出来了！"然后再用手绢盖住自己的头，问婴儿："妈妈去哪里了？"鼓励婴儿用手拉下妈妈头上的手绢。

NO! 忌躲避生人

出生6个月前后的婴儿能区分生人和熟人，明显依恋妈妈。怕生是一种保护自己寻求生存的防御性反应，妈妈要理解婴儿保护自己的意识，同时要逐渐让他能接受生人，适应人多的社会环境。

来客人时妈妈抱婴儿去迎接客人，暂时不让客人接近婴儿，让婴儿有机会观察客人的说话和举止。适应一会儿后，妈妈再抱婴儿接近客人，这时只让客人同妈妈对话，偶尔看婴儿笑笑，不接触婴儿，使婴儿放松戒备。告别时只要求婴儿表示"再见"，客人并不接触婴儿。第二次或第三次再见面时，客人可拿个小玩具递给婴儿。如果婴儿表示高兴，客人把手伸向婴儿，看婴儿是否愿意让客人抱一会儿。客人抱婴儿时妈妈一定不要离开，使婴儿感到可以随时回到妈妈怀抱。有过这种经历，婴儿就会从躲避到接受生人。如果不采取稳妥的步骤，让客人突然抱起婴儿，会使婴儿产生恐惧和害怕，以后就更加躲避生人并且难以纠正。依恋妈妈是正常的现象，让婴儿接受其他人要慎重并且有个过程，才能使婴儿顺利地进入社会。

6～7个月婴儿的养育和早教宜忌

6～7个月婴儿养护宜忌

YES 宜缓解婴儿的出牙不适

每个婴儿出牙的时间不完全相同，早一些的在出生4个月后，晚一些的大约在10个月时，大多数婴儿都是在出生6～7个月长出第一颗乳牙。乳牙分为切牙、尖牙和磨牙，下牙要比上牙先萌出，并成双成对，即左右两侧同名的乳牙同时长出。最先萌出2颗下切牙，随后长出2颗上切牙，大多都在1岁时长出4颗上切牙和4颗下切牙。然后，再长出上下4颗第一乳磨牙。乳磨牙的位置离前面的切牙稍远，这是为即将长出的乳尖牙也就是虎牙留下生长空隙。此后，略微停顿后，4颗尖牙会从牙龈留下的空隙中“脱颖而出”。一般来讲，在1岁半时萌出14～16颗乳牙，最后萌出的4颗乳牙是第二乳磨牙，它们紧紧靠在第一乳磨牙之后。2～2岁半时20颗乳牙全部出齐，上下牙龈各拥有10颗乳牙。

婴儿出牙前或出牙时会出现一些反应，比如，容易哭闹、夜睡不安、食欲下降、轻微发热等。家长不必过于担心，这些不适现象只是暂时的，待乳牙萌出后就会很快好转或消失。家长需要做的是，多陪伴婴儿玩耍，多搂抱婴儿，多与婴儿说说话，帮助婴儿保持平稳的情绪。另外，出牙期间抵抗力会有所下降，容易发生感冒或出现一些异常情况，要加强护理。

婴儿开始长牙的时候会咬手指、玩具、衣被，适当吃磨牙食物非常必要，父母可以为婴儿准备一些磨牙饼干。一些特制的磨牙饼干对出牙期的婴儿很适宜，不仅可以通过咀嚼减轻婴儿的牙龈不适，而且有助于乳牙萌出，促进牙弓和颌骨发育。也可以让婴儿啃咬牙胶，帮助婴儿减轻牙龈的不适感。

如果婴儿过了10个月，但乳牙还迟迟没有萌出，医学上称“萌出延迟”，应该带婴儿去医院看一下口腔科医生，尽早查找出原因，以采取针对性的治疗措施。

YES 宜带婴儿做一次口腔检查

在婴儿出生6个月或长出2颗下切牙时，应该做第一次口腔检查。一般来讲，0～5岁时最好每隔2～3个月检查一次。6～12岁时最好每隔半年检查一次，12岁以上最好每年检查一次。请医生仔细检查孩子的牙齿有无龋齿或生长错乱的现象，以便及早发现问题，采取必要的预防和治疗疾病的措施。

YES 宜用声音和动作提示婴儿大小便

6个月～1岁的婴儿小便减少到一昼夜15次，每次约60毫升。在把婴儿大小便时大人要发出声音，如“嘘”是小便，“嗯”是大便。经常反复练习后，婴儿除了用打滚、发愣、停止活动等方式表示大小便之外，还会加上声音表示，便于大人照料。让婴儿学习自理，先要在便前作出表示，同时要自己控制，等待大人把大小便再排泄。这两方面的要求有时会因婴儿玩得太专注，或者突然来生人等临时干扰偶尔失败。只要平时基本上能与大人配合，都应及时表扬以巩固成绩。

NO! 忌错误护理婴儿的乳牙

乳牙萌出期间，每次给婴儿吃完奶、喂完食物或每天晚上睡觉前，应给婴儿喂些温开水，并用手指牙刷帮助婴儿擦洗齿龈或刚刚露出的小乳牙。乳牙完全萌出之后要继续使用手指牙刷，从唇面到舌面轻轻擦洗小乳牙，并轻柔地按摩齿龈，帮助婴儿减轻不适。在平时生活中要注意将婴儿经常啃咬的物品进行清洗，并保持小手的清洁，还要勤给婴儿剪指甲，以免引起齿龈发炎。

当发现婴儿有吃手指、咬嘴唇或啃东西等坏习惯时，父母要引起注意，尽快想办法纠正，以防形成错乱的牙齿关系，导致牙齿长得东倒西歪，很不整齐。

龋齿是食物经过口腔中正常寄存细菌的发酵，产生酸性产物，对牙齿的珐琅质进行腐蚀，使牙齿发生脱钙、坏掉而造成的。一般来说，奶水对乳牙的损害程度与吃奶次数的频度、每次吃奶时间的长短及持续不良哺喂习惯的时间成正比。当婴儿长到能够自己抱着奶瓶喝奶时，尽量让婴儿在20分钟之内喝完，不要养成边喝边玩的习惯，以免喝奶时间过长，增加牙齿受腐蚀的时间。

NO! 忌错过婴儿味觉发育的敏感期

对于婴儿来说，凡是没有吃过的食物都是新鲜的、好奇的。婴儿的味觉、嗅觉在6个月到1岁这一阶段最为灵敏，此阶段是添加辅食的最佳时机。婴儿通过品尝各种食物，可促进对很多食物味觉、嗅觉及口感的形成和发育，也是婴儿从流食—半流食—固体食物的适应过程。经过这一阶段，在1岁左右时，婴儿已经能够接受多种口味及口感的食物，顺利断奶。在给婴儿添加辅食的过程中，如果家长一看到婴儿不愿吃或稍有不适就马上心疼地停下来，不再让婴儿吃，这样便使婴儿错过了味觉、嗅觉及口感的最佳形成和发育机会，不仅造成断奶困难，而且容易导致日后挑食或厌食。

NO! 忌使用错误的喂药方法

6个月以上的婴儿喂药比较困难，讲道理不容易讲通，采取硬办法往往下不了手，而且喂完后容易吐。婴儿对药片或药丸直接吞咽有困难，必须弄碎成粉末。药粉放在匙内，略加些糖水，量不宜多，直接经口喂入。婴儿不合作时大人应夹住婴儿的双腿，抓住婴儿的手，将药水从婴儿口角处灌入。如婴儿不张嘴，可轻轻捏住婴儿的鼻子，一定要让婴儿把药吞咽下去后才能松手。药喂进去后可以给婴儿喝几口糖水，解解药味，也可冲洗口腔，使黏在口腔黏膜上的药末均进入胃内。然后分散婴儿的注意力。千万不要抱着婴儿摇晃，这样容易引起呕吐。中药量多些，可分少量多次喂入。喂药应在两次进食的中间进行，中药和西药最好不同时喂，中间隔开半小时至1小时。

NO! 忌吞入异物

任何直径或长度小于4厘米的物品，婴儿都有误吞的可能。因此，一定不能把这类物品放在婴儿能拿到的地方，还要尽早教育婴儿不能将小物品放入口、鼻、耳中。

■ 家中所有药品都要放在婴儿拿不到的地方，药柜或药箱应上锁。

■ 不要随意更换药瓶和标签，吃剩的药片要放回到妥善地点存放。

■ 儿童药品最好使用按下才能拧开的安全瓶盖。

■ 挑选玩具要看有无“不适合0～3岁婴幼儿”的标志，并仔细检查有无细小部件。

■ 花盆、鱼缸内不要放置小石子、玻璃珠等。

■ 坚果、硬糖、葡萄等小粒食物不能整个喂给婴儿，果冻绝不能让婴儿吸着吃。

■ 定期检查婴儿的衣物，如纽扣要缝牢，别针、小饰物要拿掉，帽子、领口不能有细绳等。

6～7个月婴儿喂养宜忌

YES 宜继续添加含铁食物

6个月后婴儿可吃蛋黄泥和肝泥。辅食添加早的宝宝可吃1/2~1个蛋黄，刚添加辅食的可吃1/4个蛋黄。动物肝脏和动物血含血色素铁，较蛋黄铁易吸收，吸收率为22%～27%，不易受谷物植酸和蔬菜中的草酸干扰。绿色蔬菜、有色水果和黑木耳都含铁，但不如血色素铁容易吸收。每周可以轮流补充动物肝、血各两次。

YES 宜晚上睡前加一次米粉

6个月后可在晚上入睡前喂小半碗稀一些的掺奶的米粉糊，或掺半个蛋黄的米粉糊，这样可使婴儿一整个晚上不再因饥饿而醒来，尿也会适当减少，有助于母子休息安睡。但初喂米粉糊时要注意观察婴儿是否有较长时间不思母乳的现象，如果有可适当减少米粉糊的喂量或稠度，不要让它影响了母乳的摄入。

YES 宜学习捧杯喝水

让婴儿练习用杯子喝水，提高自理能力，为将来用杯子喝奶打基础。用鸭嘴杯或有两个把手的杯，杯底放少许凉开水，由大人托着杯底，让婴儿双手捧着杯的两侧练习喝水。

NO! 忌还没有让婴儿练习咀嚼

出生6～12个月要让婴儿学会咀嚼，接受固体食物，这样才有利于婴儿的成长。让婴儿练习咀嚼可使其牙龈得到锻炼，利于乳牙萌出。1岁前未学会咀嚼固体食物的婴儿牙龈发育不良，咀嚼能力不足，未养成吃固体食物的习惯，就会拒绝吃干的东西。如果所有淀粉类都弄成糊吃，不经咀嚼便咽下，一来未经口腔唾液淀粉酶的消化，二来半固体食物占去胃的容量，会使奶类的摄入量减少，不利于婴儿生长发育。

给婴儿1个手指饼干，妈妈自己也拿1个，用牙咬去一点儿，慢慢咀嚼。妈妈的动作会引起婴儿模仿，婴儿也会咬一小口，学着用牙龈去咀嚼。婴儿即使未萌出乳牙，或只有下面两颗小门牙，但他的牙龈有咀嚼能力，能将饼干嚼碎咽下。有些婴儿虽不会咀嚼，咬下饼干后会用唾液浸泡软后直接咽下。有时由于浸泡不均，部分未泡软的饼干也会引起呛噎。妈妈可多次示范，用夸张的咀嚼动作引起婴儿的兴趣，使婴儿学会咀嚼。

6～7个月婴儿早教宜忌

YES 宜鼓励和赞扬婴儿

这个年龄段的婴儿喜欢受到表扬，如果听到称赞，他就会不停地重复原来的语言和动作，这有利于婴儿对这个世界的探索和发现，会使婴儿有更多的学习机会。当婴儿能够独自坐起或用小手颤颤悠悠地抓起东西时，父母的表扬和赞美是对婴儿最大的肯定与激励。虽然婴儿还不能发出清晰的声音，但是当他发出“da—da、ma—ma”这些音节时，父母也应该有积极的反应，这样能适时地强化婴儿的发音行为，使婴儿乐于参与这样的发音游戏，有利于婴儿发音器官的成熟和发音准确性的提高。

YES 宜练习扶物坐起

只有坐起来才能看得远，因此婴儿会努力扶物坐起。婴儿在摇篮车上最容易扶栏坐起，因为小车上的栏杆易于抓到而且高度适宜。有时推着小车带婴儿到户外玩耍时，本来婴儿是躺在车里的，在大人未注意时婴儿已经坐了起来。婴儿也会扶着椅子的扶手、沙发的扶手或用床上被垛支撑自己坐起来。如果前方的挡板未扣好，婴儿为了够取吊起来的玩具就会从前方跌出车外，因此要做好婴儿随时坐起的准备。通过扶栏坐起可以锻炼婴儿胳膊的力量，也可以锻炼腰和腹肌的力量，同时会使婴儿产生自信，学会用自己的力量去改变自身的状况。

扶婴儿坐在床上或铺着席子的地上，旁边放几个小玩具，婴儿能用双手去摆弄玩具而不用手支撑身体。妈妈在婴儿身后同婴儿说话，引诱婴儿转动头和身体去看妈妈。爸爸在另一侧用玩具引逗，让婴儿将头和身体转向另一侧。如果婴儿的头和身体向两侧转动之后仍能坐稳、不用扶才算真正坐稳。能坐稳的婴儿可以更方便地获取信息，从视、听、手摸、嘴啃、脚踢等多方面去认识事物，所以认识事物的范围和深度比以前增大。

YES 宜玩拉大锯、扯大锯的游戏

让婴儿坐在妈妈的膝盖上，脸冲着妈妈。妈妈用手拉住婴儿的小手，边念边做动作：“拉大锯，扯大锯，姥姥家，唱大戏。妈妈去，爸爸去，小宝宝，也要去！”念到最后一个字时让婴儿的身体向后倾，以后凡是念到最后一句时婴儿就会自己按节奏将身体向后倾。这个游戏可以锻炼婴儿手和小臂肌肉的力量。

YES 宜“敲锣打鼓”

把小鼓等可以敲击的玩具或物品放在婴儿面前，大人先拿着小鼓槌敲。婴儿听到敲出的声音会非常兴奋，也要敲。大人把鼓槌交给婴儿，让婴儿自己随意敲。这个游戏主要是练习婴儿手部动作的灵活性。

YES 宜训练听觉的灵敏性

可以找一些摔不碎的东西，然后把它们一一扔在地上，让婴儿听各种物体落地的声音，如球、塑料盒、书本、笔、罐头、木盒、纸盒等，婴儿可以从中感知不同质地与不同声音间的关系。

还可以找一些空瓶子，在瓶子里装上不同的东西，如灌上一些水、放些不同的豆类或谷物等，然后轻轻摇动瓶子，让婴儿听瓶子发出的不同声音。

和婴儿玩拍手的游戏。父母先做示范，拍拍手给婴儿看，然后让婴儿模仿父母的动作；或者一直连续拍手后忽然停止，看婴儿的反应。

NO! 忌还没有学习翻滚

让婴儿在游戏毯上或地垫上坐着玩，将惯性小车从婴儿的左侧开到右侧。婴儿很想向右转身去够，但够不着。于是再使劲翻成俯卧，然后转向右侧，终于将小车拿到手中。在婴儿练习俯卧撑胸时用固定的玩具，如不倒翁、八音盒等。在婴儿学习翻滚时要用小车、皮球等能滚动的玩具，促使婴儿翻滚及连续翻滚。

婴儿要克服身体的重力才能滚动，需要肌肉、关节、韧带、皮肤感觉等全面参与，这些都会成为信号传入大脑记忆库中。多种动作的协同，再加上视评估的距离感觉和用手够取的感觉，通过练习就能协同自如练出技巧。婴儿通过运动时的感觉渐渐将自己的身体与外界事物区分开，所以越是全身的大运动就越能锻炼婴儿的感觉统合能力，促进大脑和前庭系统的发育。

7～8个月婴儿的养育和早教宜忌

7～8个月婴儿养护宜忌

YES 宜保证婴儿爬行的安全

这个月，大多数婴儿都开始学习爬行了，父母一定要再进行一次家居安全检查，以确保婴儿的安全。

■ 不要让婴儿在床上练习爬行，以免大人不注意的时候掉下来摔伤。应该给婴儿准备一个较宽敞的场地，如在地板上铺上地毯、塑料垫等，可以让婴儿任意翻滚、爬行。

■ 要保证地面的清洁，因为婴儿爬行时整个身体都要接触地面，特别是婴儿的小手，既用来爬行，也是婴儿喜欢放进嘴里的“玩具”。如果铺的是地毯一定要定期清洁，因为地毯中很容易滋生细菌。

■ 要检查一下地面上有没有拖曳的电线，所有的电线都要隐藏到婴儿看不到的地方，或者固定在墙上，以防婴儿拖拉绊倒，所有的电源插座都要安上安全盖。

■ 让婴儿练习爬行的地面上不能有曲别针、小药片、小药丸等会对婴儿造成伤害的异物。用于衣柜干燥的樟脑丸等要藏好，防止婴儿当成糖果误食。

■ 窗帘最好不要有薄纱层，拉绳要放在婴儿够不到的地方，以防婴儿缠绕窒息。

■ 餐桌最好不要铺桌布，因为婴儿爬行、玩耍时会拉扯桌布，导致桌上放置的暖瓶、玻璃器皿、汤盆、饭碗等翻倒，造成婴儿被砸伤或烫伤。

■ 餐桌上有刚做好的热汤、热饭菜时一定要有专人看护婴儿，不要把婴儿一个人留在房间里。

■ 低矮家具尽量挑选圆角的，如有尖角应加装塑料保护角，防止婴儿撞伤。

■ 家具、落地灯、电视等要放置稳固，避免婴儿爬行时倾倒，发生危险。

■ 尽量不选用玻璃茶几、桌子、酒柜等，玻璃、瓷器等物品要集体“消失”，避免摔碎割伤婴儿；木制家具表面要平滑、无木刺。

■ 尖锐、易燃物品要放到安全位置，不要丢放到茶几上，引发危险。

■ 家中有楼梯、台阶的地方，楼梯口应该安装儿童安全护栏，防止婴儿从楼梯或台阶上跌落、摔伤。

■ 厨房里所有的橱柜都要关严，以免婴儿爬入，发生危险。

NO! 忌睡觉前洗头

大多数家庭把给婴儿洗澡的时间安排在晚上睡觉前，顺便也就把婴儿头发也洗了，婴儿常常湿着头发睡觉。有的妈妈以为婴儿的头发短少，洗发后很快会自然风干。其实，婴儿的生长速度很快，头发也会很快由短少变得浓密，头发并不是很快就能干的。而中医认为，湿发睡觉容易患头痛，有碍身体健康。所以，睡觉前最好不要给婴儿洗头，如果要洗，一定要等到头发完全干了再让婴儿睡觉。

7～8个月婴儿喂养宜忌

YES 宜了解此阶段婴儿的营养需求

这个月婴儿开始学习爬行了，随后活动量日益增大，热量需要明显增加。婴儿能消化的食物种类日益增多，辅食的添加品种可以多一些了，但乳类及乳制品仍是婴儿阶段主要的营养来源。应鼓励婴儿自己动手吃，学吃是一个必经的过程。婴儿的食物不可太碎，教他学习咀嚼有利于语言的发育、吞咽功能的训练和舌头灵活性及搅拌功能的完善。

7～9个月的婴儿舌头能够前后、上下运动，可以用舌头把不太硬的颗粒状食物捣碎。此时的食物仍然是以母乳为主、配以辅食。每天的喂奶次数可以减少1～2次，而添加辅食的次数则可以增加1～2次。辅食的种类也更丰富，新添加了烂面条、面包、馒头、豆腐、肝、鱼、虾和全蛋；辅食的性状也发生了变化，从汤粥糊类发展为稠面条、面包、馒头，从菜泥、肉泥变成了菜末、肉末。由于肉末比蛋黄泥、肝泥和鱼泥更不易被婴儿消化，所以最好到婴儿8个月后再喂给。

7～9个月的婴儿肠道上皮发育尚未完全成熟，故此阶段婴儿还不能吃蛋清，以防引起过敏性皮肤疾患，若婴儿已经添加了鸡蛋清，又无引起不适，可以继续吃。这以后要添加的是米糊、软面条、米饭等，以便婴儿逐渐过渡到辅食为主食，1周岁后与成人一样吃饭。

这个阶段，婴儿见到食物会很兴奋，会有伸手抓东西的欲望。可以给婴儿准备一些手指状的食物（如小饼干等），让婴儿拿着吃。

YES 宜掌握几种主要辅食的制作方法

1. 泥糊类辅食的制作方法

牛奶香蕉糊

制作方法：将牛奶与煮熟的玉米面混匀，温凉后加入香蕉泥（或苹果泥、鲜樱桃泥、鲜草莓泥）搅匀食之。

营养点评：牛奶为优质蛋白，玉米面内含有少量锌、铁、铜、钙，新鲜水果内含有类胡萝卜素、核黄素、维生素C及铁等。

山药枣泥粥

制作方法：先将煮熟的山药泥铺在小盘子上，约1厘米厚，然后把熟的大枣泥做成花朵样或图形贴在山药泥上即可喂食。

营养点评：山药属食、药两用植物，含皂甙、黏液质、精氨酸、淀粉酶，治脾虚泄泻、可增强免疫功能；大枣含生物碱及多种氨基酸、糖类、铁、钙、磷等。

蛋黄豌豆糊

制作方法：取鲜豌豆蒸熟、去皮，入搅拌器搅成泥状后均匀铺在小瓷盘上，再将熟蛋黄泥做成有趣图形贴在豌豆泥上，即可食之。

营养点评：豌豆含蛋白质及少量脂肪、碳水化合物，亦含少许钙、铁、锌、硒、胡萝卜素及核黄素等；蛋黄中含有蛋白质饱和及不饱和脂肪酸、铁、钙、各种氨基酸与维生素等。

2. 粥类辅食的制作方法

芋头粥

制作方法：先将芋头去皮、切丁，与小米（或玉米、大米、荞麦、麦片等）一起煮成粥喝。

营养点评：此阶段奶制品仍是婴儿的主要营养来源，但粮食对孩子生长发育也特别重要。粮食进入人体后将分解为葡萄糖，而葡萄糖能为婴儿生长发育提供能量，并支持大脑的各项生理活动。

鱼泥粥

制作方法：将熟鱼（最好是海鱼，如黄花鱼、平鱼、带鱼、鳕鱼、鲑鱼等）剔去刺、切碎，放入已经煮好的粥中，再一次将粥煮沸，温凉后喂婴儿吃。

营养点评：鱼肉为优质蛋白质，尤其海鱼中含有少量DHA及微量元素锌、铁、钙及碘元素等，上述几种海鱼鱼刺比较少，容易挑干净。

香菇鸡肉粥

制作方法：将香菇洗净、切成小粒，熟鸡肉切成小块，与大米、麦片（或小米、玉米等）一起熬粥，温凉后喂食。

营养点评：香菇中含有多种氨基酸，如异亮氨酸、赖氨酸、苯丙氨酸、蛋氨酸等10余种，还含有钙、铁及B族维生素、维生素D等。

3. 蛋羹类辅食的制作方法

蔬菜蛋羹

制作方法：取以下蔬菜中的一种：新鲜蔬菜叶、根茎（红薯、土豆、藕）、果实（西红柿、南瓜）切碎，加入蛋黄，少许凉白开水，打匀，上锅蒸熟后按需要量给婴儿吃。

营养点评：蔬菜中有许多食物粗纤维和铁、钙等矿物质，吃这种蔬菜蛋羹可从小养成婴儿吃菜的好习惯。

肉粒蛋羹

制作方法：将做熟的瘦肉丁加入蛋黄和凉白开水，打匀，上锅蒸熟后按婴儿需要量给婴儿吃。

营养点评：瘦肉属动物优质蛋白，并含有少量铁、钙、锌；蛋黄中含有饱和脂肪酸、不饱和脂肪酸、多种氨基酸、B族维生素、维生素E和容易被人体吸收的铁等。

虾皮、虾粒蛋羹

制作方法：取上好虾皮少许，用温水浸泡20分钟后将水挤净，放在菜板上用刀剁几下，捏取少许加入蛋黄中，放适量水打匀，上锅蒸熟后即可喂婴儿吃。虾粒蛋羹是在蛋黄中加一些已做熟的虾丁，加水、打匀、蒸熟即可。

营养点评：虾皮营养丰富，除含有优质蛋白外，还含有磷、钙、铁，但含盐（氯化钠）也高，故在制作时应多浸泡些时间以去除较多盐分。虾肉也是优质蛋白，富含钙、铁、锌等矿物质。

4.肝泥、鱼泥和虾泥的制作方法

选质地细致、肉多刺少的鱼类，如鲫鱼、鲤鱼、鲳鱼等。先将鱼洗净煮熟，去鱼皮，并取鱼刺少肉多的部分去掉鱼刺，将去皮去刺的鱼肉放入碗里用勺捣碎。再将鱼肉放入粥中或米糊中，即可喂婴儿。一般开始时可先每日喂1／4勺试试。

由于鱼泥比蛋黄泥和肝泥更不易被婴儿消化，所以最好等婴儿7个月以后再考虑喂给，过早或过多喂婴儿鱼泥都会导致不消化和积食。

7~8个月婴儿早教宜忌

YES 宜让婴儿学爬

爬是人类个体发育过程必经的重要环节，对身体发育和心理发育都有重要意义。婴儿爬行时需要俯卧抬头、翻身、撑手、屈膝、抬胸、收腹等动作的协调运动才能完成，可以说爬是全身性运动，除了大肌群参与外，爬行时要用小手小脚支撑身体前进，因而四肢的小肌群也得到了锻炼和发展，为日后精细动作的进一步发展提供了条件。婴儿期是大脑与小脑迅速发育期，爬行又促进了身体平衡运动的发展。

爬行扩大了婴儿的活动空间，使婴儿接触事物、接受刺激的次数和数量大大增加，比坐时视野更宽。通过爬寻找玩具，婴儿慢慢地意识到虽然东西看不到但仍然存在，还可以找到它。当成人把玩具藏在被子下面，他会爬着把它找出来。爬使婴儿的感知意向、定向推理能力、寻找目标等能力得以提前发展，也激发了婴儿的探索精神，进一步增加了与人的交往机会。

爬行是婴儿期最重要的感觉统合练习，婴儿看到玩具、听到玩具发出的声音，视和听的感觉输入大脑，大脑发出要去够取的命令，命令最先到达脑干的前庭。前庭是感觉统合的主要部位，它既联系感觉的传入神经纤维，又联系运动的输出神经纤维，与管理全身平衡的部位共同协作统合。经常练爬的婴儿神经纤维联系成网较早，视听动作协调灵敏，分辨能力高，对以后的学习会产生深远影响。视分辨能力良好有利于阅读；听分辨能力良好有利于理解；动作体位的协调有利于空间知觉的辨认，分清上下、左右和前后；平衡能力良好有利于各种体能运动训练。有些婴儿只会坐、立和行走，缺乏爬行练习，到上学时才发现感觉统合失调。视觉分辨能力不足，看字会跳行和漏字，阅读效率不高；方位分辨不清，写字

“bp”或“bd”不分；听分辨和理解不良，听不懂老师讲课及所留的作业，或者容易分心；动作协调不良或抑制不足会出现多动。这些婴儿与其到了入学后再来补课训练感觉统合及爬行练习，不如在出生7～12个月适龄期练习爬行，以提高感觉统合能力。

YES 宜练习连续翻滚

婴儿用连续翻滚的办法来移动身体，够取远处的玩具，不必依靠大人帮忙，婴儿感到兴奋和自豪。连续翻滚使婴儿动作灵敏，是全身协调运动的结果，还能为匍行及爬行做准备。

让婴儿在铺了席子或地毯的地上玩，大人把惯性车从婴儿身边推出一小段距离，让婴儿去够取。婴儿会将身体翻过去但仍够不着，大人说“再翻一个”，指着小车让婴儿再翻360°去够小车。练过几次之后，大人可把皮球从婴儿身边滚过，婴儿会较熟练地连续翻几个滚伸手把球拿到。经常练习就会使婴儿十分灵便地连续翻滚。

YES 宜训练手的握力和灵活性

这个时期是训练婴儿手指的握力和灵活性，以及手指控制物品能力的重要时期。拇指与其他4指相对才能握稳东西，拇指要加上食指的能力才能做精巧的动作。

1.玩捏线

大人在婴儿面前放一个能够拖拉的玩具，对婴儿说：“这个玩具真好玩，你把玩具拉过来。”一开始，大人可以帮着婴儿把拖拉玩具的线拉过来，然后鼓励婴儿自己用拇指和其他手指去捏取线，再帮着婴儿把玩具拉过来，以此锻炼婴儿的食指和其他手指的捏取能力。

2.捏塑料玩具

大人把软塑料玩具在婴儿面前捏出声，再鼓励婴儿自己把玩具捏出声，训练婴儿的拇指和食指的小肌肉动作。

3.捏小豆子

大人把婴儿抱到桌前，在盘子里放一粒葡萄干或小豆子及一个小瓶。大人可先向婴儿示范一下怎样捏起葡萄干或小豆子，然后鼓励婴儿用食指和其他手指去扒取，特别是用拇指和食指去捏取，并放进小瓶里。家长要注意，不让婴儿把小豆子等物放到嘴里。

YES 宜训练对敲、摇动能力

选用不同质地和形状的带响玩具，让婴儿一手拿一个，如左手拿块方木，右手拿带响的塑料玩具，示范和鼓励婴儿拿玩具对敲，然后更换不同质地和不同形状的玩具，鼓励他继续对敲。通过接触这些不同质地和形状的玩具培养婴儿双手的灵活性，全面开发婴儿双手的功能。

NO! 忌过早学走路

从婴儿运动发育规律看，7～8个月的婴儿正应该是学习爬行的月龄，而不是学走的月龄。这个月龄会走主要和家长经常把婴儿立起来有关，如果让婴儿站立数次，婴儿的站立欲望就会增强。站立起来的婴儿会表现得很兴奋，家长也觉得很好玩，就经常把婴儿立起来逗婴儿。还有些家长长时间让婴儿站在学步车里，不训练婴儿匍匐爬行。另外，婴儿刚刚会走时，那企鹅似的步态很惹人喜爱，而家长对婴儿会走的动作发育，无论是从表情还是到语言以至于动作都带有明确的鼓励色彩，不恰当的引导会使婴儿较早地学会走路却不会爬。

从婴儿身体发育角度看，如果让婴儿6～8个月站立，更客观地说10个月以前学会站立乃至于走路是不好的。为什么这么说呢？因为婴儿骨骼正在快速增长，骨质软、抗压力差。打个比方，把木质不够坚硬的木板做樘板，其上放略重一点儿的东西，时间一长就会弯曲。婴儿的腿就像不够坚硬的木板一样，让婴儿过早地站立，身体重力的作用很容易使婴儿小腿弯曲，特别是那些体重较重的婴儿更容易出现小腿弯曲症状。从临床观察看，即使让这样的婴儿减少站立或少走路，其恢复也较慢。很多站立过早的婴儿因腿弯常常被误认为是缺钙，补很多钙剂及鱼肝油，效果却欠佳。因此，婴儿的训练和早期教育可以在遵循自然生长规律的基础上略微超前，但不能违背客观规律，拔苗助长。

8~9个月婴儿的养育和早教宜忌

8~9个月婴儿养护宜忌

YES 宜让婴儿学会拿勺子

9个月的婴儿喜欢伸手去抓勺子，平时喂辅食时可以让婴儿自己拿一把勺子，让他随便在碗中搅动，有时婴儿能将食物盛入勺中并送入嘴里。要鼓励婴儿自己动手吃东西，自己用手把食物拿稳，为拿勺子自己吃饭做准备。婴儿从8个月起学拿勺子，到1周岁时可以自己拿勺子吃几勺饭，到1岁3个月~1岁半时就能完全独立吃饭了。

YES 宜让婴儿学会主动配合穿衣

替婴儿穿衣服时，妈妈告诉婴儿“伸手”穿袖子，“抬头”把衣领套过头部，然后“伸腿”穿上裤子。经常给婴儿穿衣服，婴儿逐渐学会这种程序，大人不必开口，婴儿就会伸手让大人穿上衣袖，伸头套上领口，伸腿以便穿上裤子。婴儿学会主动地按次序做相应动作以配合大人穿衣服，为下一步更主动地自己穿衣服做准备。

NO! 忌还没有为婴儿独自睡觉做准备

婴儿出生后很多都与父母同床而睡，持续的时间有长有短。开始是妈妈为了喂养、护理方便，后来则是婴儿对妈妈产生了依赖感或者是妈妈舍不得让婴儿单独睡在小床里。西方人非常强调婴儿要和父母分床睡，近年来国内的有些育儿专家也总是强调这一问题。其实婴儿是否必须和妈妈分床睡并没有统一的观点，如果父母觉得需要分床睡，不要忘了在睡前哼唱儿歌、亲吻婴儿、在他饥饿时喂奶或者哭闹时给予安抚，要让婴儿在独自睡觉的时候也能感受到父母对他的关爱；如果父母不想和婴儿分床睡，要注意不要让婴儿在睡觉时养成不良的习惯。例如，摸着妈妈的耳朵才能睡着，必须要抱着才能睡着等，这样做不利于婴儿独立性的培养。随着婴儿年龄的增长，可以在合适的时间制造一些让婴儿独睡的机会，为以后分床睡打下基础。

8～9个月婴儿喂养宜忌

YES 宜给婴儿添加肉末

取一小块儿猪里脊肉或羊肉、鸡肉，用刀在案板上剁碎成泥后放在碗里，入蒸锅蒸至熟透即可。也可从炖烂的鸡肉或猪肉中取一小块儿，放案板上切碎。将蒸熟的肉末或切碎的熟肉末取一些放入米中煮成肉粥，或将熟肉末加入已煮好的米粥中，用小勺喂婴儿。

由于肉末比蛋黄泥、肝泥和鱼泥更不易被婴儿消化，所以最好到婴儿

8个月后喂给。开始喂肉末时妈妈要仔细观察，注意婴儿的大便和食欲情况，看有无不消化或积食现象，有积食可先暂停喂食肉末。

YES 宜开始学习用杯子喝水

现在婴儿可以从水杯里喝水或其他液体了，妈妈可以尝试着在杯子里盛上一些婴儿喜欢的奶、饮料，吸引婴儿练习使用杯子。婴儿可能因为好奇把杯子里的东西倒出来，看看是什么东西。因此，每次盛入杯中的液体不要超过杯子的1/3，而且要准备好抹布以便随时清理。婴儿很喜欢模仿大人的动作，妈妈可以自己也拿一个杯子，动作夸张地举起杯子，喝一口里面的水，然后说："好喝！"然后把杯子放在桌子上。这样反复几遍，婴儿会乐此不疲地学着妈妈的样子喝水，很快就会掌握这一技能。

YES 宜掌握主食类辅食的制作方法

1. 肉末软饭

制作方法：备好肉末（鸡肉或小里脊肉）、熟米饭、油菜叶末。将炒锅内放入植物油，油热后炒香葱末，放入肉末煸热至熟，加入适量的米饭炒匀，再加入油菜末翻炒数分钟，加入一点点盐，起锅。

营养点评：米饭是婴儿热量的来源之一，米饭中的淀粉最终转为葡萄糖，为婴儿生长发育和日常运动提供能量；鸡肉仍是优质蛋白的供给者；瘦肉中含有矿物质钙、铁、锌；油菜中含有食物粗纤维和维生素C、B族维生素等，这道主食有利于婴儿咀嚼功能的训练。

2.家常饺子

制作方法：饺子制作的原则是饺子馅应以多菜、少肉为好，菜的种类包括叶菜、瓜类、藕、萝卜（白萝卜、胡萝卜）等。

营养点评：培养婴儿从小爱吃蔬菜的习惯；培养均衡饮食的习惯；锻炼婴儿的咀嚼能力；使婴儿获取更多的食物粗纤维，矿物质钙、铁、锌及B族维生素、维生素C等。

3.摊鸡蛋饼

制作方法：备好菜末（油菜叶、大白菜、胡萝卜末等）和整个鸡蛋。将鸡蛋打碎在一个瓷碗内，加入菜末，打匀；炒锅内放入极少量油，使薄薄一层油铺在锅底，油热后将鸡蛋液均匀平铺在锅底呈薄饼状，小火将小薄蛋饼烤熟一面，再将小薄鸡蛋饼翻过另一面，烤熟切成1厘米～2厘米的小条放在小盘内，让婴儿自己用手抓着吃，锻炼手眼协调能力。

可以让婴儿抓着吃。婴儿自己抓食物吃到嘴里会有一种新奇感，锻炼了婴儿的手眼、手嘴的协调能力，可以培养婴儿的自理能力。

NO! 忌给孩子多吃甜食

一说起甜食，人人都知道它会损害牙齿。研究证实，过多地吃甜食对孩子健康的影响不只是损害牙齿。当婴儿出现一些找不到原因的健康问题时，也许就是甜食引起的麻烦。

1.吃甜食是营养不良的罪魁祸首

各式糖果、乳类食品、巧克力、饮料……这类以甜味为主的食品中含蔗糖较多，蔗糖是一种简单的碳水化合物，营养学上把它称为“空能量”食物。它只能提供热量，并且很快被人体吸收而升高血糖。甜食吃多了，随着血糖的升高，自然的饥饿感消失，到吃正餐时婴儿自然就不会好好吃饭了。而人体真正的营养均衡只能从正餐的饭菜中获得，不好好吃饭无疑会缺乏各种营养，长期营养不良会影响成长发育。所以，一定不要在正餐前给孩子吃甜食，可以在加餐时适量吃一些水果或者甜食。

2.吃甜食容易导致肥胖

糖类在体内吸收的速度很快，如果不能被消耗掉，很容易转化成脂肪储存起来。在儿童期更是如此，如果婴儿很喜欢吃甜食又不喜欢运动的话，可能很快会变成小胖子。

3.吃甜食容易造成入睡困难

吃过多甜食对睡眠也有不良影响，其原因包括消化系统和神经系统两方面。甜食造成的消化功能紊乱会让婴儿感觉腹部不适，这种不适感在夜间会被放大，进而使婴儿无法放松入睡。

8～9个月婴儿早教宜忌

YES 宜练习用手、脚爬行

待婴儿学会用手和膝盖爬行后，可让婴儿趴在床上，妈妈用双手抱住他的腰，并抬高他的臀部，使婴儿的双膝离开床面，双腿蹬直，两臂支撑着，再轻轻用力把婴儿向前后晃动几十秒，然后妈妈松开双手。每天练习3～4次，可大大提高婴儿上臂的支撑力。当上臂的支撑力增强后，妈妈双手抱婴儿的腰时稍用些力，促使婴儿往前爬。当婴儿基本掌握了手脚爬行的动作后，妈妈可以试探着松开手，用玩具逗引婴儿往前爬，同时用“快爬”的语言鼓励婴儿。

YES 宜练习拉物站起、坐下

将婴儿放入有扶栏的床内，先让婴儿练习自己从仰卧位扶着拉杆坐起，然后再练习拉着栏杆站起。待熟练后，训练婴儿反复拉栏杆站起来，再主动坐下去，而后再站起来和坐下去。如此反复锻炼，以增强婴儿腰腿部肌肉的力量。

YES 宜训练拇指和食指的对捏能力

当婴儿逐渐学会用拇指和食指扒取东西后，就可以重点练习拇指和食指对捏的动作，这个动作难度较高，需要经常反复地练习才能掌握得较好。

把曲别针放在桌上，看看婴儿是否能拿起来。再换成细绳子结成的小环，看看婴儿是否很快能拿起来。用白色纸巾铺在床上，放上几粒蒸熟的葡萄干，大人先捡一粒放在嘴里咀嚼，说“真甜”，婴儿就会去捡。如果用手掌一粒也抓不着，婴儿就会学大人那样用食指和拇指去捏取。

训练时一定要有大人在场，以免婴儿将这些小物品塞进嘴里、鼻子里发生危险。

YES 宜模仿发音，称呼大人

婴儿在前两个月已能随意地发音，但并未明确称呼某人，在本月或下个月婴儿有可能学会称呼大人。大人要经常用夸张的口型说“爸——爸”或“妈——妈”，让婴儿模仿。只要婴儿叫过一两次，以后就逐渐会见人称呼了。比如，爸爸下班回家时见到婴儿时说“叫爸爸”，婴儿会注意地学着说“爸”，爸爸要马上将婴儿举起来，以后婴儿会在爸爸回家时叫“爸”；妈妈准备喂奶时让婴儿叫“妈”，或者妈妈拿着香蕉让婴儿叫“妈”，婴儿想吃香蕉就会叫“妈”。

婴儿学会称呼父母是使大人十分欣慰的事，但是称呼父母的早晚和智力发育的快与慢并不相关。有些婴儿说话早些，有些会晚些；男婴会比女婴说话晚，因为男婴的口和喉发音的肌肉发育晚一些。婴儿懂话在先，开口在后，只要婴儿会认人和认物，听懂大人的意思就行。不过大人用夸张的口型鼓励婴儿模仿是很重要的。婴儿喜欢模仿，如同做口部的游戏那样，越练习咽喉肌肉协调越好，对发音和说话很有帮助。

语言是表达思想观念的心理过程，文字声音、视觉信号、姿势及手势都属语言范畴。人在相互交往中产生了语言，婴儿不断接受语言的刺激并模仿学习，逐渐懂得了语言的含义。

YES 宜给婴儿讲故事

婴儿睡觉前，妈妈用一本有彩图、有情节和一两句话的故事书给婴儿朗读。开始时可以把着婴儿的小手边读边指图中的事物，你会发现婴儿的表情会跟着书中的情节发生变化，故事的主人公被抓了婴儿会着急，被救出来了表情又会变得舒缓。一个故事可以反复地念，声音越来越小，直到婴儿入睡再停止。

在讲故事的过程中让婴儿学会记认一些词句。婴儿最先记住名词，记住书中的主人公，然后记住主人公做的动作和后果。有时还会记住一些形容词，如“很大”“很小”“又高”“又瘦”等婴儿能理解的词。要反复朗读婴儿才能记住，所以一本书要反复念。听故事是婴儿发展语言和理解事物的好办法，婴儿越听懂得就越多，以后在边讲边问时他会用手去指图中的事物回答问题。

NO! 忌不让婴儿自己玩

婴儿自己学抓东西或者玩一些捏响玩具时，妈妈可在旁边干点儿自己的事，但不陪他玩，让婴儿独立自己玩一会儿。开成这种行为习惯以后，妈妈有时在屋里转转，有时上厨房或别的房间，让婴儿一会儿看见、一会儿又看不见妈妈，婴儿仍能安心地玩，因为他知道妈妈在家，只要有需要随时可唤妈妈回来。在婴儿独自玩时，可以详细地观察玩具的外观，试着用不同的办法去摆弄它，或者将几种东西摆在一起。婴儿把注意力集中在玩具上，双手不停地活动，手眼的协调能力逐渐提高。妈妈可以记录婴儿自己玩的时间，从两三分钟逐渐延长到20～30分钟。学会独立玩的婴儿能通过自己的感官观察和感知外界的事物，将兴趣从依恋妈妈转移到外界，为将来离开妈妈，独立自主打好基础。

9～10个月婴儿的养育和早教宜忌

9～10个月婴儿养护宜忌

YES 宜训练婴儿按时坐盆

9个月的婴儿已经能单独稳坐，因此从9个月开始，可根据婴儿大便的习惯，训练他定时坐便盆大便。大人应在旁边扶持，并发出“嗯—嗯”的声音，帮助婴儿排便。便盆周围要注意清洁，每次必须洗净；冬天注意便盆不宜太凉，以免刺激婴儿，抑制大小便排出；也不要把便盆放在黑暗偏僻的角落里，以免婴儿害怕不安而拒绝坐便盆。此外，要注意别给婴儿养成在便盆上喂食和玩耍的不良习惯，对婴儿不好的行为要明确地表示禁止，好的行为要加以鼓励。

NO! 忌骑自行车带婴儿外出不注意安全

骑自行车或三轮车的时候，婴儿通常坐在后面，家长很难发现婴儿在后面的状况，而婴儿对危险没有意识，也不会保护自己，因此很容易出现危险情况。长长的围巾或是一根绳子连着的手套很容易垂到车轮处被滚动的车轮卷进去，围巾围在孩子的脖子上，或是手套中间的绳子搭在婴儿的脖子上，婴儿可能因此造成从车上摔下来，或者被勒住脖子造成窒息。

■ 选择婴儿专用围巾，长度刚刚围住脖子打个结，或者用脖套，切不可用大人的长围巾，尤其是丝巾。

■ 给婴儿选择大小合适的手套，套在手上不会掉下来，绳子就免了，细细的绳子很容易在玩耍或穿戴时造成窒息的危险。

■ 家长在骑车时要时不时地回头看看婴儿的情况，了解婴儿在后面的状况。

■ 一定要给自行车的后车轮装上护板，可防止婴儿的脚或衣服卷入车轮。

■ 车座上要有起保护作用的安全扣，婴儿坐好后给婴儿系上，并叮嘱婴儿扶好把手，不乱动。

■ 婴儿的衣服上尽量不要有长长的带子，免得没系好，被卷进车轮。

■ 家长一旦感觉蹬车费力一定要下车查看，可能是自行车出了故障，也可能是车轮卡了东西。

9～10个月婴儿喂养宜忌

YES 宜和大人同桌吃饭

本月可让婴儿上桌同大人一起吃饭。把婴儿的餐桌椅放在大人饭桌的旁边，让婴儿同大人一起在桌上用餐。婴儿坐在妈妈身边，可以自己拿勺吃1～2勺，妈妈也帮着喂几勺。婴儿和大人同桌吃饭时，有时大人评论自己吃的这道菜很“鲜”“咸了一点”“放点醋更好”“要加些酱油”等，婴儿可以慢慢理解大人的话。单给婴儿喂饭时婴儿躲避，或者不爱吃，但是和大人一起吃饭胃口就变好了，因为大家在吃饭时都很高兴，各种菜都摆开，味道较多。和大人同桌吃饭可以使婴儿得到满足，而且增强自己学习吃的愿望，词汇的理解较快。

YES 宜早吃鱼

瑞士研究人员的一项研究显示，婴儿早吃鱼可能有助于预防幼年湿疹。研究人员共跟踪调查了约1.7万名儿童，结果发现，9个月前就开始吃鱼的婴儿，到1岁时患湿疹的概率比之前不吃鱼的婴儿下降24%。

瑞典西尔维亚女王儿童医院的伯特·阿姆博士指出，近几十年来，婴幼儿患上包括湿疹在内的过敏症的概率越来越高，这其中遗传是一个重要因素。虽然致敏食品以及致敏食品摄入时间的影响虽不明确，但也是有的。阿姆博士和同事们曾对此次研究中的5000名受试儿童进行了饮食与过敏资料的检查。他们发现，14%的婴儿在6个月时曾患过湿疹，21%的婴儿在1岁时患过湿疹，而幼年吃鱼对预防此病作用明显，只不过这些鱼最好不是富含Omega-3脂肪酸（如深海鱼）的。

NO! 忌随意补充多种维生素

美国国家儿童医疗中心的一项研究发现，为婴儿随意补充多种维生素，有可能诱发哮喘和食物过敏。特别是3岁左右的幼儿，发生食物过敏症的概率明显偏高。研究专家指出，在美国约有半数刚学走路的婴儿就开始滥补多种维生素，这种补充营养的方式现在也被越来越多的中国父母所接受。特别是有些商家，在经济利益的驱动下大肆宣扬补充维生素制剂的好处，使有些爱子心切的父母盲目选择。研究专家表示，虽然目前还不能完全确定摄取多种维生素就是造成婴幼儿哮喘和过敏性疾病的真正原因，但有些维生素在遭遇某种抗体的情况下确实会使细胞变性，增加变异反应的可能性。因此父母一定要注意，不可随意给婴儿滥补多种维生素。

9～10个月婴儿早教宜忌

YES 宜减少分离焦虑

9～12个月的婴儿会出现分离焦虑，当婴儿接近他所依恋的人时会感到安慰、舒适、愉快，若有陌生人看管且妈妈或抚养人不在时，婴儿会哭闹、发脾气。分离焦虑是一种正常的心理现象，是婴儿的认知能力、社会性情感发展到一定阶段的必然产物。

爸爸、妈妈要逐步使婴儿能够跟自己建立起安全的依恋关系，能够大胆地探索"安全基地"以外的环境。平时可以给婴儿准备一些柔软的玩具，柔和温暖的触觉感受能缓解他的焦虑，当爸爸、妈妈和婴儿分离时可以让婴儿抱着这些玩具，给婴儿一种熟悉和温暖的感觉，并且能够转移婴儿的注意力。当妈妈离开婴儿时他能够察觉到，但他不会估计时间，走时要向婴儿保证自己是会回来的，建立告别仪式，拥抱婴儿，挥手再见，并告诉他你要去上班了。仪式化的程序会让婴儿以后看到这个信号就知道爸爸、妈妈必须上班去了，告别会更轻松。道别以后，爸爸、妈妈应该以轻松愉悦的心情离开，一回头就会前功尽弃。你的情绪和行为都会给婴儿暗示，而他很善于学习和捕捉爸爸、妈妈的信号。因此，不能依依不舍、一步三回头，而应该干干脆脆、高高兴兴地和婴儿说“再见”。外出回来后先要亲吻婴儿，婴儿懂得妈妈是会回来的，同时会产生对妈妈的信赖。

当婴儿有不合理的要求时，家长要用分散其注意力、改变交流方式等方法避开，不要正面回绝。常带婴儿到户外去看花草、树木，接触不同的人，让婴儿认识不同的面孔，可减少分离焦虑，提高其适应社会的能力。

YES 宜学会单手扶物

婴儿双手扶凳子练习横跨步时可把玩具推到婴儿身边，让婴儿一只手扶凳子，另一只手将玩具捡起。在捡物时婴儿学会一只手扶凳，弯腰后仍能保持平衡再站起来。婴儿逐渐学会单手扶物，身体与走路方向一致，而不再是横行跨步了。

YES 宜练习扶物横跨迈步

婴儿能扶物站立、练习迈步是学走的第一步。家中要创造条件使婴儿得到练习的机会，通过练习婴儿能用单腿支撑体重，并且练习站立平衡，为单独行走打基础。将婴儿睡的小床床板降低，使栏高50厘米，婴儿睡醒后可以扶栏站起，双手扶着床栏横跨迈步。如果家中没有这种可以降下来的小床，可以让婴儿在铺上地毯或席子的地上玩，婴儿会扶着椅子或床的支架站起来，双手扶着椅子或床沿横跨迈步。也可以把凳子排成行，每张凳子相距30厘米。婴儿会扶着凳子迈步，伸出胳膊扶着一个个凳子走过去。

许多家庭都喜欢用学步车让婴儿练习迈步。学步车有小圈围着婴儿的身体，虽然可以练习迈步，但婴儿不必维持身体平衡。不少婴儿因此不会站稳和独自行走，使学走延迟。

YES 宜练习放入和取出

准备一个空盒子作为“百宝箱”，当着婴儿的面将他喜欢的玩具一件一件放进“百宝箱”里，然后再一件一件拿出来，让婴儿模仿。也可以让婴儿从一大堆玩具中练习挑出某个玩具（如让他将小彩球拿出来），促进婴儿手、眼、脑的协调发展，提高婴儿的认知能力。

YES 宜提高婴儿的辨色能力

让婴儿留意不同颜色间的差别，也可以让婴儿感受深浅不一的同一色系，如深蓝、浅蓝……进一步发展婴儿的辨色能力。

YES 宜练习发音和回应

婴儿很喜欢手机和家中的电话，大人可以给他一根长积木模仿打电话，同他呼应着叫“喂”“哈”或者“啊咕哥”“咕哥”“爸爸不”“妈妈不”。虽然声音并不代表什么具体意义，但婴儿喜欢一呼一应、有对有答。在对答时婴儿可以学到一些发音，也得到有呼有应的快乐。有时妈妈在厨房做事，当婴儿发出声音时，只要有大人的声音应和，婴儿就不感到寂寞，也不会哭叫着让大人快来。大家都可相安无事，婴儿又可趁机练习不同的辅音，为说话做准备。

生后半年以内，婴儿和成人交往只能用表情或动作等方式来进行，随着月龄的增加，这种简单的交往形式不能满足婴儿智力发展的需要，这个矛盾就推动着语言的发生。

NO! 忌过度保护

过度保护不利于婴儿独立能力的培养。独生子女在家里都是宝贝，加上祖父母的关怀就更胜一筹了。家长常常自主或不自主地过分保护婴儿，这是父母在家庭教育及培养婴儿独立能力上容易犯的错误之一。比如，一个刚刚会走的婴儿，并不能走得很稳，常常跌跤。当婴儿走路突然摔倒时，家长就迫不及待地把婴儿抱起来，嘴里还会不断地说“把宝宝摔了，宝宝不要哭，不要哭，是谁招惹了宝宝”等，当周围有人时还会打一下那个人，责怪是此人把婴儿碰倒了。本来摔得不重，婴儿也没有哭的反应，经过家长一番“保护”性诱导婴儿便哭起来了。这样保护几次以后，只要跌倒了或有一点委屈婴儿就会哭，遇到不如意就大发脾气，久而久之养成任性的毛病。因此，当婴儿在成长过程中遇到无关紧要的“委屈”时，家长应“视而不见”，让其自己处理。比如摔倒的婴儿会回头看大人，如果大人没有反应，他就会左右看看，自己爬起来再走。如果此时家长鼓励婴儿站起来，他会有成功和自豪感，时间长了将会养成独立、坚毅的性格，遇挫折不会怨天尤人。

NO! 忌满足婴儿的过分要求

这个月，婴儿已经能站立，能自己吃饭、睡觉，会表现得特别活跃，整天动个不停，把家里弄得乱七八糟的。父母会明显感觉应付不过来，会觉得婴儿越来越不服管了。这时父母应有意识地限制婴儿的过分要求，对婴儿不合理的要求要明确地表示“不”！这个阶段给婴儿讲道理他根本听不懂，父母只要坚定地说“不”就可以，全家人的态度要一致，对待同一件事今天和明天的态度要一致，今天不允许做的，明天也不允许做。只要父母态度坚定，前后一致，就可以帮助婴儿树立规矩意识。

10～11个月婴儿的养育和早教宜忌

10～11个月婴儿养护宜忌

YES 宜让婴儿尽早学习自理

这个月，婴儿身体在动作方面有了长足的进步，开始在吃饭和穿衣等自我照顾方面表现出一些独立意识。在心情好的时候，家人帮婴儿穿衣服时，婴儿会有一些肢体配合，表现为伸出脚配合穿鞋，将胳膊伸直或伸进袖子里，不久便会自己将腿伸入裤子内。

有些婴儿不主动配合穿衣服，仍然等着大人给穿，用布娃娃示范可使婴儿学得更有兴趣。妈妈说："宝宝，你看娃娃真懒，不会自己穿衣服。你做给它看，让它向你学习。"婴儿很乐意当娃娃的老师，他会努力做给娃娃看，从而学会了主动伸手穿衣和主动伸腿穿裤。婴儿做好了要让他坚持下去，每次穿衣服时把娃娃放在前面，让娃娃看着婴儿怎样穿，他会越来越熟练地自己穿上两只袖子。婴儿暂时还不会系纽扣，待2岁半前后可慢慢学会。

让婴儿自己用手脱去鞋袜，而不是用脚将鞋袜蹬掉。用手去脱可以将鞋袜放好，用脚蹬掉的鞋袜就难以找回来。婴儿能够坐在地上或小椅子上先将鞋脱去，然后把袜子脱去，把袜子塞进鞋里，把鞋放在平时放鞋的地方，然后再坐下来玩，养成把东西放在固定地方的习惯。婴儿越早学习自理就越能干。

YES 宜为婴儿挑一双合适的鞋

这个月大多数婴儿已经会独坐了，很快他就会开始学爬、学站、学走，父母应该事先为婴儿准备几双合适的鞋。婴幼儿的鞋有特定的款式、质地、结构等要求，除了美观、舒适之外，更重要的是要有利于婴幼儿脚部的健康发育。一双符合婴儿生长发育规律及生理结构特点的鞋可以很好地保护婴儿的脚，对婴儿的身体发育和行走都能起到很大的促进作用。

婴幼儿的脚正处于发育期，脚骨大多都是正在钙化的软骨，骨组织的弹性大，容易变形。另外，韧带、脚踝尚未完全发育定型，再加上脚的表皮角化层薄，肌肉水分多，脚部很容易因受到损伤而引发感染。所以婴幼儿的脚与成人的脚相比，稚嫩娇弱，平衡稳定性差，且婴幼儿好动，脚易出汗。婴幼儿在学步或行走过程中容易引起踝关节及韧带的损伤，还可能养成不良的走路习惯，严重的可能导致一些脚疾，如扁平足。所以家长要重视婴幼儿双脚的保护，给他选择适合的鞋子。

1. 鞋的软硬度要适中

鞋面、鞋底太软不利于婴儿脚部的发育。鞋头部分要硬一些，太软不能抵御外部硬物对脚趾的冲撞，易使婴儿的脚受损伤；鞋帮柔软没有主跟的鞋，婴儿的脚得不到支撑，走起路来会摇摆不定，易引起踝关节韧带损伤。但脚背处的鞋面应柔软些，这可以为穿鞋的舒适度加分。鞋底要软硬适中，符合婴儿生长发育的特点。太软的鞋底不能起到支撑脚掌的作用，踩下时脚心腰窝外侧就会着地，引起小趾及第五跖趾部位向外排挤，影响脚外侧纵弓的生长；同时软鞋底薄，无钩心，没有减振效果，对跟骨振动大，容易让踝关节受伤。

2. 鞋面以天然软皮革为宜

特别是软牛皮、软羊皮的，好处是具有优良的透气性及吸汗功能。同时，皮革的可塑性能自动补偿不同脚型造成的差异，又能保持鞋的形状。

3. 鞋里衬要透气、吸湿

鞋里衬尽量选择透气性好、吸湿性好、舒适柔软的棉织品。婴儿活动量大，脚又易出汗，里衬好的鞋可以保持鞋内干燥透气的状态，不为细菌的繁殖创造条件，让脚臭、脚气、脚癣等皮肤病远离婴儿。若里衬的质地不佳，脚长期处于湿热环境中，会造成足弓强度减弱，韧带松弛，更严重的将引起扁平足。还要注意鞋里是否有尖硬的东西，以免硌伤、刺伤婴儿的脚。

4. 鞋底的厚度要适中

一般父母都知道，鞋底太薄不好，总想给孩子挑一双鞋底厚一些的鞋。其实，鞋底太厚也不好。因为在行走时，鞋随着脚部的运动需不断地弯曲，鞋底越厚弯曲就越费力，容易引起脚的疲劳，并进而影响到膝关节及腰部的健康。适宜的鞋底厚度应为5毫米～10毫米，鞋跟6毫米～15毫米的高度是比较适宜的，它们可起到保护足弓、维护平衡的作用。鞋后跟太高会令整个脚部前冲，破坏脚的受力平衡，长期如此会影响婴儿脚部的关节结构，甚至导致脊椎生理曲线变形，严重者将使大脑、心脏、腹腔的正常发育受到影响。

鞋底的防振效果也是选购童鞋的重要因素。最好是选择回弹性好、减振性高、防滑和耐磨性能优良的材料，它能吸收地面对跟骨及大脑的震荡，保持稳定。另外，有些童鞋的弯折部位在鞋中部（脚的腰窝处），这样容易伤害婴儿的足弓。科学的弯折部位应位于脚前掌的跖趾关节处，这样才与行走时脚的弯折部位相符。

5.鞋身宽窄要适中

鞋身应自然贴附于脚部，前部柔韧且留有一定的活动空间（鞋的长度应比婴儿的脚多5毫米），容许脚趾有足够的空间扭动和伸展，让鞋前端的宽度与脚的生长相适应。这样的鞋能保持脚的平衡，减轻脚部韧带与肌肉紧张，也有利于婴儿学步或走路，婴儿穿起来轻松舒适。

6.鞋的长度要合适

婴幼儿身体生长速度快，脚也一样，有的父母给婴儿买鞋时总想买得大一些，希望能穿得时间长一些。这种做法是不利于婴儿的健康发育的。过大的鞋会使婴儿行走不便，使脚部过度疲劳，对脚趾、脚后跟造成磨损伤害；过小的鞋会使婴儿的脚在走路时造成疼痛，严重的还会引发脚部畸形，给婴儿的身心造成伤害。婴儿鞋的长度比婴儿的脚多5毫米～10毫米比较合适，父母要随婴儿脚的发育及时给婴儿更换合适的鞋子，切不可为能使孩子多穿一段时间就选购太大的鞋，也不可因怕扔掉可惜让孩子将就着穿小鞋。

7.婴儿最好穿有带的鞋

婴儿适合穿有带的鞋，包括系带鞋、带搭黏扣、按扣的鞋等。有带的鞋可起到帮助固定的作用，不会因为婴幼儿的鞋相对宽松而轻易掉落。如果要选无带的鞋要注意鞋口的松紧，向里扣得过紧，婴儿穿着不舒适，若过于宽松，鞋又爱脱落。

8.年龄不同，侧重点不同

不同年龄的婴幼儿，其身体发育程度不同，鞋的选择标准也不同：

7～8个月的婴儿丨穿鞋主要是为脚部保暖。质地柔软、穿着宽松的柔软布鞋或厚鞋套比较适合，鞋口最好是系带或松紧抽口式的。

8～24个月的婴幼儿丨由于其骨骼发育尚不成熟，正在学爬、学走，需要保护脚掌、脚踝，鞋底不宜太软。尤其对于已能扶走的婴儿，鞋底要有一定硬度，最好鞋的前1/3可弯曲，后2/3稍硬不易弯折。

24～36个月的幼儿丨自己可独立行走了，此时购鞋时可选鞋底厚些，弹性较好的嵌底式鞋或牛筋底鞋，它能够吸收地面对跟骨及大脑的震荡及保持稳定。

9.婴儿的鞋袜都要宽松

为了让婴儿的脚能有一定的活动空间，穿着舒适，鞋袜都要宽松，以穿了袜子后脚在鞋里仍有一定的活动空间为宜。鞋不能过紧或刚刚合适，若如此，穿了袜子的脚就穿不进鞋里，即使穿进去也很容易造成袜子和鞋贴在一起，不利于脚部透气。

婴儿的袜子最好是全棉材质的，化纤等化学合成的材质透气性、吸湿性差，易引起婴儿皮肤过敏或脚部不适。袜子要足够宽松，尤其是袜口不能勒得过紧，否则易影响血液的流通。可多准备几双袜子替换，让婴儿的小脚丫随时保持清洁、干燥，有利于婴儿的脚部健康发育。

在每个季节都给婴儿准备两三双应季的鞋换着穿，这样可以保持鞋内干燥，以防细菌生长，也会延长每双鞋的穿着时间。

NO! 忌依赖学步车

有些爸爸、妈妈担心婴儿会爬了不容易看管，怕孩子出现意外，早早地把婴儿放进学步车里，剥夺了婴儿爬行的权利。殊不知，婴儿只有经历了翻身、坐、爬、站立、行走等各个阶段后，各项运动能力才能更协调地发展起来。

婴儿是在不断地摔倒了和爬起来的过程中学会走路的，这有利于婴儿身体协调性的发展。学步车非但不能加速婴儿学走的进程，相反还会影响婴儿独自站立和独自行走能力的提高。相关研究表明，使用学步车的时间每增加24小时，婴儿独自站立和独自行走的时间就延迟3天多。同时，让婴儿在学习走路的过程中感受从挫折中站起来、走向成功的自豪感，对增强婴儿的自信心很有好处，而学步车无法做到这一点。

学步车看似安全，但如果爸爸、妈妈将婴儿放在学步车中就去忙其他的事情而忽视了婴儿，实际上是增加了婴儿学走路的危险性。因为学步车大多带有滑轮，滑动起来速度很快。婴儿缺乏安全意识，快速而且大范围地移动自己的身体，很容易发生撞伤和接触危险的物品。

学步车也不利于婴儿正常的生长发育。婴儿的骨骼中含胶质多、钙质少，骨骼柔软，而学步车的滑动速度过快，婴儿不得不用两腿蹬地用力向前走，时间长了容易使腿部骨骼变弯，形成罗圈腿，如果矫正不及时会给婴儿留下终身的遗憾。

10~11个月婴儿喂养宜忌

YES 宜让婴儿自己吃饭

这个月，婴儿已经可以享受固体食物了。他现在能够用手指头拿起切成小块儿的水果、蔬菜，他非常渴望能够自己拿着吃，甚至开始试图使用勺子。父母应该抓住这个时机，让婴儿学习自己吃饭。可以给婴儿一把专用的勺子和一些切成小块儿或捣碎的食物，让他自己吃。刚开始他肯定会弄得一身一脸满地都是，可以事先给婴儿穿好围裙，让他坐在高脚凳上，凳子下面铺上一些报纸或垫上一块塑料布。

不要因为怕婴儿吃得满身满地都是而阻止婴儿自己吃的行为，顺应并辅助婴儿的内在要求会使他的某种能力在敏感期内得到迅速的发展和进步，当一个敏感期过去后，另一个敏感期会自然到来，这样就会促进婴儿的发展。据美国婴儿能力发展中心的研究发现，那些被顺应了需求的婴儿在1岁时已经能很好地自己用勺吃饭了，同时发展起来的不只是自理能力，还有手眼协调性和自信心的建立。

YES 宜掌握此阶段可以添加的辅食

10个月以后，婴儿的舌头不仅能够前后、上下运动，而且能够左右运动，可以将较大的食物用前牙咬住并推到牙床磨碎。这个阶段35%~40%的营养来自母乳，60%~65%的营养可从其他食物中获取。辅食的种类更丰富，新添加了烂饭、饺子等带馅的食物。辅食的性状也发生了变化，从菜末、肉末变成了碎菜、碎肉。

YES 宜了解炒菜类辅食的制作方法

1. 红烧豆腐

制作方法：先将北豆腐用开水焯一下，沥去水分，切成小块；炒锅内放植物油，油热后煸炒豆腐块，加少许水焖透，加入少许酱油调配好的水淀粉，大火片刻、炒匀起锅。

营养点评：此道菜也可以加些鸡肉末与豆腐同炒，使之既有动物优质蛋白，又有植物优质蛋白。

2. 红烧血豆腐

制作方法：将鸡血或鸭血（俗称血豆腐）洗净、切成块，放入开水中煮沸20分钟，捞出沥干水分；炒锅中加入植物油，油热后，放入血豆腐煸炒片刻，加入少许盐起锅。

营养点评：此道菜肴为婴儿补血佳品，血豆腐中的蛋白质易消化吸收、含铁量高，此种铁为与血红素结合的铁，易吸收。

3. 炒三丁

制作方法：备好鸡肉丁（或肉末）、茄子丁、豆腐丁，将鸡肉丁（或肉末）用水淀粉抓匀；炒锅内加入植物油，油热后先将鸡肉丁炒熟，加入茄子丁、豆腐丁翻炒片刻，加少许水焖透；滴入几滴酱油，起锅。

营养点评：豆腐为植物性优质蛋白，为婴儿生长发育所必需，豆腐中还含有钙、铁、锌和维生素等营养素。

NO! 忌强迫婴儿进食

辅食开始全面转为主食之后，婴儿的口味需要有一个适应过程。对某些他已熟悉又口感平和的口味，如米糊、粥、苹果、青菜等都会喜欢，不熟悉的口味，如芹菜、青椒、胡萝卜等可能会因不适应而拒食。妈妈担心婴儿有些食物不吃会影响营养均衡，强行让婴儿吃不喜欢的食物，反而造成婴儿厌食、拒食，影响其肠胃功能。有些婴儿会因此呕吐、腹泻、积食不化，影响婴儿的生长发育。所以，妈妈千万不要硬来。可以把婴儿不爱吃的东西和其爱吃的东西放在一起做，不爱吃的东西少放一些，或采用剁碎了掺和到肉末里或煮到粥里的办法，让婴儿一点点地接受。

经常可以看到，父母为了让孩子多吃一口，不顾孩子的拒绝，填鸭式地喂。这样的结果不仅会让孩子失去对吃饭的兴趣，导致厌食，弄不好还会喂出营养过剩的肥胖儿。婴儿其实比我们想象得更能干，科学家们做过这样一个实验：把几个婴儿放在不同的食物面前，让他们自由选取，结果令人不可思议的事情发生了——婴儿们每次的选择都不尽相同，而且，每个婴儿的选择都是近乎理想的健康饮食搭配。这给我们一种启示：我们应该相信孩子，给他更多选择的机会和权利，这样孩子会吃得更快乐。

10～11个月婴儿早教宜忌

YES 宜练习自己站稳

婴儿学会单手扶物、单手蹲下捡东西之后已具备站稳的能力，但是婴儿害怕摔跤总要伸手扶物。父母可以让婴儿拿一些较大的一只手拿不住的玩具，如大皮球、吹气动物等，婴儿要拿稳就必须双手接住，这时婴儿会暂时放掉扶物的手，双手拿玩具，迫使婴儿双脚站稳。有些婴儿会用身体靠在家具上，伸出双手来拿。这时大人可以转动位置，使婴儿身体离开靠着的家具，站在四周无依靠的地方将玩具接住。

有时大人正在牵着婴儿学走，快要到目的地时趁婴儿两只脚一前一后分开时轻轻放手，叫婴儿站一会儿。如果婴儿站不稳会向目的地一扑，不会摔倒。婴儿很喜欢这种练习，有时他自己会松开双手站一会儿，然后走几步扶物走到目的地。如果本月能自己站稳，下个月就能独自走几步了。

YES 宜牵手练走步

先看婴儿是否能一只手扶着家具向前走，如果能，表示婴儿身体能保持平衡，可以开始牵着婴儿双手向前走步。如果婴儿仍然是双手扶着家具横跨，牵手走步要等下个月才能开始练习。

双手牵着走有两种走法：一种是大人与婴儿方向一致，婴儿在大人前面，两人同时迈右腿再迈左腿；另一种方法是两人相对，大人牵着婴儿双手，婴儿向前，大人后退。婴儿喜欢面对大人，两人相对的走步会让婴儿学得更加放心。最好一边走一边数数“一二三四”，如同跳舞那样练习，婴儿既练了走步，又听熟了数数。

婴儿的双手被大人牵着会举起，必须身体自身保持平衡才不至于摔倒。这种练习比学步车有效，父母可在每天下班后或者晚饭后牵着婴儿练习几步。时间不必很长，三五分钟即可，每天练习1～2次，让婴儿练习保持自身的平衡。

YES 宜提高手眼协调能力

婴儿很喜欢玩各种瓶子和盒子，有螺旋拧上的，有拔开的，还有边上有个小键按开的。在大人的要求下，婴儿会试着按大小和式样将盖子先盖上，然后拧上。这是婴儿最喜欢玩又不必花钱买的玩具。有时两个瓶子差不多大小，但瓶口不同，盖的大小也不同。婴儿会试来试去，有时用手指导眼，有时用眼去指导手，配瓶子、盒子盖的游戏是很好的手眼协调的练习。

选择不易打碎的存钱盒，将硬币先泡在泡菜水中（或浸泡在米醋中）半小时，硬币的残渍去净后再用洗涤灵清洗、擦干就可供婴儿练习。让婴儿手持硬币，对准存钱盒进钱的缝口，婴儿能逐个将硬币塞入存钱盒内。如果婴儿放得不顺利，把盒子摇动一下让硬币散开就可以继续放入。存钱盒的缝口并不宽大，婴儿要将硬币对正才能放入。这个游戏不仅可以练习手眼协调能力、精细的动作能力，还可以延长婴儿独自玩耍的时间。

YES 宜提高对捏的准确性和速度

经过两三个月的对捏训练，婴儿的动作已经比较灵活，这个月主要训练婴儿捏取细小物品的准确性以及捏取速度，最好每日训练数次。

把婴儿抱起来，在盘子里放几粒小丸，如豆子、米花、葡萄干等。先让婴儿看到这些小丸，再鼓励婴儿用手去摆弄、捏取，以此锻炼捏取的灵活性，同时训练手和眼的协调能力。注意训练时婴儿身边一定要有大人保护，不要让婴儿把捏起来的东西放进嘴里，发生危险。

YES 宜学会用食指表示“1”

大人先问婴儿“宝宝几岁啦”，然后举起一个食指回答：“1岁了。”婴儿会模仿大人的动作，也将食指举起来表示自己1岁。婴儿要吃饼干时大人问“要几块”，大人竖起食指说“给宝宝1块”，使婴儿对用食指表示1渐渐熟悉。以后大人举起食指让婴儿拿1块积木、1个皮球或1辆小车，使婴儿熟悉用食指可以表示1。

NO! 忌还没有学认图卡

让婴儿手脑并用，学会听声认图，还能动手拣出来。通过视、听、手的协作，婴儿的记忆会更加牢固。将印有动物、用品、食物、交通工具等内容的图片或图书放在桌上，先让婴儿找已经认识的图片或翻开书找到相应的内容，用手指出大人告诉的物名。先练习过去学过的，以后隔几天学认一个新的。8个月的婴儿要用5~7天才学会认一张图，还要用一周时间去巩固，到10个月时婴儿认图的兴趣增高，较容易学会、拣出新的图片，有时还能拣出一个笔画多的汉字来。

11～12个月婴儿的养育和早教宜忌

11～12个月婴儿养护宜忌

YES 宜训练大小便

11个月后，婴儿醒时可以不用尿布了，但大人要掌握婴儿大小便的规律，及时提醒他坐便盆，教他有尿时表示出来。

NO! 忌忽视居家安全

现在，婴儿的活动能力更强了，他的好奇心会让他对那些以前未曾探索过的新领域更加感兴趣，比如储物间、抽屉、橱柜等完全属于大人的“领地”。婴儿会觉得打开任何一扇门、一个抽屉，将里面的东西拿出来玩是一件让他非常高兴的事情。因此，需要重新对家居安全进行一次检查。

1. 防止婴儿摔伤

■ 对于蹒跚学步的婴儿来说，家中的实木地板或普通地砖随时有意外滑倒的危险。因此，家中的实木地板或普通地砖应铺装防滑地垫；地板打蜡后或地砖湿滑时，要特别注意看护婴儿。地面上的水渍或杂物应及时清理干净。

■ 因为婴儿很快就能够利用室内的凳子爬到高处，那些以前婴儿根本不可能够到的地方都有可能成为危险地带。移开靠窗户放置的桌、椅、沙发等家具，防止婴儿借助这些家具爬上窗台。

■ 窗户应该设安全锁或防护栏，防止婴儿爬上窗台后自己打开窗户，从窗户或阳台跌落、摔伤甚至死亡。

■ 如果婴儿爬上了沙发，大人要时刻看护。沙发垫的夹缝中不要残留有针、硬物、剪刀等危险物品，以免婴儿活动时被弄伤。

■ 玩具尽可能放在地板上，减少婴儿因为攀爬拿玩具而引发的危险。

■ 浴室如果有窗户，要确定下面没有攀爬物，在通风的同时保证婴儿的安全。

2. 防止婴儿烫伤

■ 要让婴儿从小就知道暖气热，不能摸，避免烫伤和撞伤。

■ 可以购买那种饮水龙头处带门的饮水机，用儿童锁将水龙头锁住。

■ 成人喝热饮的时候要时刻注意婴儿的动向，防止他撞过来被烫伤。

■ 热水器最好有自动调温器，浴霸要安装在婴儿够不到的地方，防止烫伤危险的发生。

■ 不要让婴儿进入厨房玩耍，更不能在加热食物或烧水时把婴儿单独留在厨房中。

■ 不要让婴儿靠近点着火的炉灶，更不能抱着婴儿在厨房里做饭炒菜。

■ 炉灶上的锅暂时不用时，锅柄要向里放。

3. 防止婴儿夹伤

■ 这个阶段，婴儿喜欢开门、关门，或者打开柜门、抽屉翻看，屋门关上时或柜门、抽屉弹回时都有可能夹伤婴儿的手指。另外，如果屋门无意中被婴儿从里面反锁上又打不开时还可能发生其他意外情况。因此，家里的内屋门最好不要上锁，可加装防撞安全门卡。可能打开的抽屉、柜子内不要放置家居化学清洁剂、杀毒剂、药品、剪刀、打火机、玻璃器皿等物，抽屉、柜门可加装保护锁。

■ 可以为婴儿腾空一个抽屉或者橱柜，让他可以放自己的玩具，婴儿会很高兴地在这个抽屉或橱柜前玩很长时间。这样，妈妈就可以一边做家务一边看着婴儿，就不会出现安全隐患了。

4. 防止婴儿窒息

■ 衣橱衣柜要随手锁上，防止婴儿躲进去，或者不小心把自己关在里面。时刻关注婴儿的情况，一旦发现婴儿突然失踪，赶紧去翻翻衣橱衣柜，以免婴儿误入导致窒息。

■ 要定期检查浴室门锁，确保门可以从外面打开，防止婴儿独自进入被反锁在里面。

■ 对于蹒跚学步的婴儿来说，冲水马桶很神奇，他常常喜欢扒着马桶边探头往里看，很容易一头栽倒在马桶中。因此，家中的卫生间最好随手关门，不要让婴儿单独在里面玩耍。抽水马桶要盖好盖，必要时加装保护锁，以免婴儿跌入。

■ 在任何时候，都不要把婴儿独自留在有水的浴缸或浴盆内，洗澡后要及时把水排空，婴儿淋浴时也要有大人陪伴。

5. 防止婴儿误擦误服

■ 所有的化妆品、清洁用品都要锁到柜子里，防止婴儿误擦误服。

■ 父母尽量不要当着婴幼儿的面吃药，这个动作婴幼儿很喜欢模仿，药瓶、药片要放在婴幼儿够不到的地方。有些儿童的药品，使用了需用力按下才能拧开的瓶盖，这样比较安全。

6. 其他安全问题

■ 经常检查天然气或煤气开关，选择有熄火保护功能的灶具，炉灶开关可加装保护罩。

■ 火柴、打火机等要放在婴儿够不到的地方。

■ 最好安装煤气或烟雾报警器，并准备家用灭火器。

■ 厨用刀具、热容器等要放在橱柜中婴儿拿不到的地方。

■ 厨房小电器不用时要及时切断电源，不要让婴儿接触到电源开关。

■ 所有小电器，如剃刀、吹风机等都要及时收好，避免伤到婴儿。

11～12个月婴儿喂养宜忌

YES 宜了解断母乳时哭闹怎么处理

有些婴儿断母乳时哭闹得很厉害，非要吃母乳不可，给他别的辅食和配方奶死活不吃，很让家人犯愁。这种情况多数是因为妈妈平时太溺爱孩子，让他养成了依恋母乳的习惯；断母乳又太突然，中间没有一个渐变的过渡期所致。

有些妈妈太爱孩子，平时喂奶时婴儿吃饱了、睡着了，还舍不得从他嘴中抽出乳头；有的妈妈则是把乳头当作安慰工具，婴儿一哭马上塞入乳头作安慰，婴儿晚上入睡也让其含着乳头。久而久之，形成了婴儿对妈妈乳汁和乳房的依恋，不仅是食欲上的依恋，还养成了心理上的依恋。这样的婴儿在断母乳时很容易发生困难，哭闹不已。

应在断母乳前两个月逐渐改变婴儿的饮食习惯，逐步添加辅食，用配方奶代替母乳，此阶段奶仍然是主食。如果断母乳时婴儿哭闹不已，妈妈最好能避开一些，让家里其他人给婴儿喂食，用唱歌、讲故事等方法吸引婴儿的注意，让他忘记母乳。给婴儿的辅食要尽量做得可口些、精致些，选他平时爱吃的辅食来喂，这样可早日过渡到完全断母乳。

NO! 忌夏、冬两季断母乳

断母乳时间如果正值炎热的夏天或寒冷的冬天可适当推迟，因为夏天气温高，人体的消化吸收功能比较弱，婴儿不容易适应其他食物，容易得肠胃病；冬季断母乳天气太冷，婴儿吃惯了温热的母乳，突然改变饮食，容易受凉，引起胃肠道不适。所以，春、秋两季是最适宜的断母乳季节，天气温和宜人，食物品种也比较丰富。

NO! 忌断母乳后不喝配方奶

多数婴儿都在满周岁时断母乳，开始适应新食物的阶段。有些爸妈错误地认为断母乳就是停掉一切奶类，连配方奶都断掉，只吃主食、少量的肉类和蔬菜。实际上，1周岁左右的婴儿胃肠道还不能完全消化吸收新食物，完全断掉乳类食物会使婴儿体重不增，生长发育受影响。所以，婴儿周岁后仍应该保留每日喝3～4次奶（700毫升～800毫升）的习惯，一是可以增加水分的摄入。辅食变成主食之后，婴儿的水分摄入会减少，喝奶可以使他多获得一些水分。二是可以补充蛋白质等必需营养素，以及一些其他食物中易缺乏、能促进生长的活性物质，有利于婴儿的生长发育。缓慢增加辅食，使胃肠道的消化和吸收能力逐渐增强，才能保证体重按月增加。

11～12个月婴儿早教宜忌

YES 宜学会与人交往

1周岁左右的婴儿会用招手、微笑、点头等姿势同人打招呼，喜欢模仿别人的活动和发音，这是良好社交的开端。会用动作和表情与人交流的婴儿很受欢迎，大人会积极地用语言和姿势应答婴儿，婴儿就会学得更积极，动作也就会做得越来越好。这种语言之外的交流十分重要，有助于培养婴儿开朗、外向的性格。

这个阶段，婴儿喜欢去有小朋友的地方，喜欢和与自己年龄相仿的小朋友一起玩耍。妈妈可以邀请其他的孩子到自己家来玩，或者陪伴孩子到别的小朋友家里玩。这个年龄的婴儿虽然喜欢待在一起，但他们仍然喜欢自己玩自己的，这种平行游戏在1岁婴儿身上很常见，再过一段时间他们会逐渐发现和小朋友一起玩耍的乐趣。

YES 宜学搭积木

可以为婴儿提供一些用于叠放的积木，或者嵌套的套盒。婴儿会把积木反复叠高、碰落，然后再重新叠高；也喜欢把套盒一个一个套上，取出再套上，对于这类玩具的兴趣将会持续一段时间。

YES 宜模仿动物叫

选择动物图片或图书，如果有动物玩具则更好。先让婴儿学会1～2种动物的叫声，先学认猫，小猫怎样叫，“喵喵喵”；认狗，小狗怎样叫，“汪汪汪”。过几天再学另外1～2种动物叫声，认小鸡，小鸡怎样叫，“叽叽叽”；认小鸭，小鸭怎样叫，“嘎嘎嘎”；认小羊，小羊怎样叫，“咩咩咩”，逐渐记住每种动物的叫声。也可以反过来，大人学动物叫，让婴儿找出与叫声对应的动物图卡。这个游戏既锻炼了婴儿的记忆能力，也练习了发音，是婴儿喜欢玩的游戏。

YES 宜用动作表演儿歌

大人一边唱歌一边同婴儿做动作表演，以训练婴儿的节奏感和动作的协调性。比如，儿歌表演《找朋友》：

找呀找呀找朋友（招招手），

找到一个好朋友（对人点头），

敬个礼（伸手到右眼旁边），

握握手（同人握手），

你是我的好朋友（先指别人，再指自己，再握手），

再见（挥手）！

婴儿动作的发展，各种精神活动的发展，认识范围的扩大及认识能力的提高，为语言的发生准备了条件；高级神经活动的发展和语言器官的成熟，使语言的发生具备了生理根据。

1岁的婴儿已经开始掌握词汇，并已开始用语言形式和人们交往。如果婴儿在生长过程中和成人的交往很少，每天只见面而不说话。那么，婴儿的语言器官就会发展很慢，情绪也不会很好，健康也可能受到影响。婴儿和成人接触的过程就是学习的过程，成人和婴儿的接触也就是教育婴儿的过程。将动作和语言统一起来能使婴儿的听觉器官不断地发展，随着各种东西对视觉器官的不断刺激，眼界也不断扩大，婴儿的语言就会获得正常的发展。

NO! 忌还没有学认字卡

听声拣字的练习大约比听声拣图迟一两个月，因为要在拣出图卡之后，用字与图做对应才能学会。如果婴儿已经能从一大堆图卡中拣出自己认识的猫的图卡，这时妈妈可以用毛笔写一个“猫”字的字卡混入图卡中。当婴儿拣出猫的图卡时，妈妈再拣出一个“猫”字来，并对婴儿说“这也是猫”。如果下次婴儿拣出猫的图卡后，经妈妈提醒也能拣出猫的字卡，就应称赞他“真棒”，使婴儿能巩固所认识的第一个字卡。

婴儿拣出一个汉字会让大人十分高兴，大人的表情会鼓励婴儿，使婴儿更喜欢拣出汉字。经过1周或2周的巩固，可以让婴儿逐渐练习拣出以前学过的身体部位的字卡或动作的字卡。耐心地多次做对应，大多数汉字婴儿都能够在1周岁时学会。认字不是目的，使婴儿认图的神经回路尽早

建成、为以后学习打下基础才是真正的目的。

婴儿学的新图一定要经常复习，如果过两三天不动手去翻，学过的东西就会忘记。

第二章

1~2岁幼儿养育和早教宜忌

1岁0~1个月幼儿的养育和早教宜忌

1岁0~1个月幼儿养护宜忌

YES 宜让孩子穿满裆裤

幼儿长到1周岁以后，自我控制能力逐渐增强，家长应有意识地培养其生活自理能力，特别是对大小便的控制能力。可以给他们换下开裆裤，改穿满裆裤。满裆裤可以很好地保护幼儿的皮肤免受细菌和冷风的侵害，腿脚活动方便且又保暖。满裆裤应选方便脱换的款式，尽量避免带拉链的裤子。松紧带的裤子应注意松紧度，以不勒出红印为宜，否则容易影响幼儿的生长发育。

太紧的牛仔裤、低腰裤等时髦款式对一刻也闲不住的幼儿来说并不适合。穿低腰裤往往影响运动，也未必舒服，幼儿在跑、跳等过程中露出腰腹，既易着凉也不雅观；而太紧的牛仔裤会影响血液循环。家长在给幼儿买衣裤时不要过于追赶时尚，应以实用、舒适为宜。

YES 宜让孩子定时坐便盆大便

1岁多的幼儿已能自己行走，这时大人要帮助他养成定时坐便盆大便的习惯（也可以在大人的马桶上放一个幼儿的马桶圈）。幼儿有便意时常会表现出坐立不安或小脸涨红，大人掌握规律后即应在这时让他去坐便盆，教他“嗯嗯”地使劲儿。坐便盆时要让幼儿精神集中，不要给他玩具、图书，更不能吃东西。每次坐便盆时间至多5分钟，没有大便就让他站起来，告诉他有大便时自己来坐，便盆要放在比较明显的固定位置。

为了避免幼儿夜晚尿床，晚上睡前1小时最好不要再给幼儿喝水。上床前先尿一次，大人睡前再把一次尿，一般夜里就不会尿床了，幼儿睡得也安稳。小便次数多一些的幼儿家长应摸索规律，夜里叫尿，但不可因怕幼儿尿床而频繁叫尿，以便延长他的憋尿时间。一旦幼儿尿了床不要过多地指责。

NO! 忌不了解此阶段幼儿的认知能力发育

■ 当大人问“灯在哪里”“电视在哪里”时，幼儿会用眼睛看或用手指，表明认识这些东西。

■ 初步学会辨认红色。

■ 认识圆形。

■ 能背数到5，点数到2。

■ 能找到先后藏在两个不同位置的同一个玩具，但必须看到藏的过程。

1岁0～1个月幼儿喂养宜忌

YES 宜掌握1～2岁幼儿的营养需求

1. 能量

由于活动范围增大，1岁以后，幼儿所需要的能量明显增多。每日总能量需求4000多千焦（1000多千卡），其中蛋白质占12%～15%，脂肪占30%～35%，碳水化合物占50%～60%，即每日每千克体重需要蛋白质2.5克～3.0克、脂肪2.5克～3.0克、碳水化合物10克。

2. 主要矿物质

钙：600毫克/天。

铁：12毫克/天。

锌：9毫克/天。

碘：50微克/天。

3. 主要维生素

维生素A：500微克视黄醇当量/天。

维生素D：400国际单位/天。

维生素B_1：0.6毫克/天。

维生素B_2：0.6毫克/天。

维生素C：60毫克/天。

4.每日饮食安排

1岁左右的幼儿应逐渐从以奶为主过渡到以一日三餐为主、早晚牛奶为辅的饮食模式。肉泥、蛋黄、肝泥、豆腐等含有丰富的蛋白质，是幼儿身体发育必需的食物，而米粥、软饭、面片、龙须面、馄饨、豆包、小饺子、馒头、面包、糖三角等主食是幼儿补充热量的来源，蔬菜可以补充维生素、矿物质和纤维素，促进新陈代谢，促进消化。每周还要保证吃1～2次肝类食物、2～3次鱼虾。

中国营养学会推荐1～2岁幼儿各类食物的每日摄入量

谷类	蔬菜类	水果类	蛋类	肉类	乳类	动植物油
100克～150克	150克～200克	150克～200克	1个	30克	500毫升	20克～25克

这么大的幼儿牙齿还未长齐，咀嚼还不够细腻，所以要尽量把菜做得细软一些，肉类要做成泥或末，以便消化吸收。烹调用油要适宜，能起到调味、增加光泽和增加香味的作用，可促进食欲，并促进脂溶性维生素A、维生素D和胡萝卜素等的吸收。婴幼儿应以食用植物油（豆油、花生油等）为主，植物油含不饱和脂肪酸多、熔点低、易消化，又是必需脂肪酸的主要来源；而动物油（猪油、牛油、奶油等）含饱和脂肪酸多、熔点高、不易消化，如过多食用会影响其他营养素的摄入，不利于婴幼儿的正常生长发育。

YES 宜每天补充100毫克～200毫克钙

根据我国幼儿膳食调查，我国幼儿膳食钙的摄入量仅仅达到需要量的30%。1岁以后的幼儿饮食已逐渐多样化，谷类食物会增加体内磷的比例，影响钙的吸收；蔬菜类食物中的纤维也会妨碍钙的吸收。因此，每天仍需补充100毫克～200毫克钙，直到2岁或2岁半。补钙的同时一定要补充维生素D。2～3岁后最好通过食物来满足生长发育所需要的钙质，如有特殊情况请医生来决定。

一次大量地服用钙反而没有效果，少量多次地服用、饭后及睡前服用都是较为有效的方法，睡前服用还能促进睡眠。钙质容易和草酸结合成草酸钙，不但易造成结石，也会降低人体对钙质的吸收率。因此，在摄取钙的同时应避免摄取富含草酸的食物，如绿叶蔬菜、巧克力等。

过量服用钙剂会抑制人体对锌元素的吸收，因此有缺锌症状的孩子应慎重服用钙剂，宜以食补为主。

人们补钙的时候只注意补充维生素D，却往往不知道要补充镁。钙与镁似一对双胞胎兄弟，总是要成双成对地出现，而且钙与镁的比例为2∶1时是最利于钙的吸收利用的。所以，在补钙的时候切记不要忘了补充镁。含镁较多的食物有坚果（如杏仁、腰果和花生）、黄豆、瓜子（向日葵子、南瓜子）、谷物（特别是黑麦、小米和大麦）、海产品（金枪鱼、鲭鱼、小虾、龙虾）。

YES 宜了解几种幼儿多钙食谱

1. 香椿芽拌豆腐

制作方法：选嫩香椿芽洗净后用开水烫5分钟，挤出水切成细末；把盒装豆腐倒出盛盘，加入香椿芽末、少许盐、香油拌匀即成。

营养点评：此菜清香软嫩，含有丰富的大豆蛋白、钙质和胡萝卜素等营养成分，很适合幼儿食用。

2. 虾皮紫菜蛋汤

制作方法：虾皮洗净，紫菜撕成小块；鸡蛋一个，打散备用。锅内加水适量，烧开后淋入鸡蛋液；随即放入紫菜、虾皮，并加适量香油、盐即可。

营养点评：此汤口味鲜香，含有丰富的蛋白质、钙、磷、铁、碘等营养素，对幼儿补充钙、碘非常有益。

3. 黄豆煲大骨

制作方法：猪大骨300克，泡发好的黄豆150克，枸杞子10克，生姜10克，葱10克。清汤适量、盐2克、胡椒粉少许、白糖适量、熟鸡油1克。将猪大骨斩成块，黄豆洗净，枸杞子泡透，生姜去皮切片，葱切段。锅内加水，待水开时放入猪大骨，用中火煮净血水，捞起洗净。烧锅，下姜片、葱段炒香，加入猪大骨、黄豆、枸杞子注入清汤，用小火煲50分钟，去掉葱段，调入盐、白糖、胡椒粉，淋入熟鸡油，再煲10分钟即可。

营养点评：煲出的汤汁要白，口味宜清淡。

NO! 忌不注意幼儿饮食安全和卫生

1. 注意饮食安全

给幼儿吃花生、果仁等食品时一定要捣碎，避免幼儿吸入气管。

2. 注意饮食卫生

■ 整个制作和喂养过程中都要保持双手的清洁，特别注意孩子如厕、接触动物之后要让他洗手。

■ 生肉和海产品与其他食物分开，并使用专用的刀、菜板等用品处理，避免生食和制备好的食物相接触。

■ 彻底烹调食物，尤其是猪肉、禽肉、蛋和海产品、煮沸带汤的食物或炖煮的食物。

■ 为幼儿准备的食物都应该是现做的，并且应该在制备好后的1小时内食用。室温下保存烹调好的食物不能超过2小时。冰箱保存的乳品应该当天饮用。

■ 幼儿饮用的水都要经过煮沸，烧开的水不能储存48小时以上。

NO! 忌让幼儿多吃味精

味精是增加菜肴鲜味的主要调味品，它不仅使菜肴美味鲜香，而且还是人体必需的营养素。它是从含蛋白质、淀粉丰富的大豆、小麦等原料中提取的谷氨酸钠制成的，人体食入后可转变为L-谷氨酸，是蛋白质最后的分解物，能直接被人体吸收利用，并有促进脑细胞、神经细胞发育的作用。但正因为味精的主要成分是谷氨酸钠，所以幼儿不宜多吃味精。医学专家研究发现，大量食入谷氨酸钠能使血液中的锌转变为谷氨酸锌，从尿中过多地排出体外。锌是人体重要的微量元素，具有维持人体正常发育生长的作用，对于婴幼儿来说更是不可缺少的。一旦造成急性锌缺乏会导致弱智、暗适应失常、性早熟、成年侏儒症等发育异常。

一些父母见幼儿厌食或胃口不好而不愿吃饭，就在菜中多加些味精，以使饭菜味道鲜美来刺激孩子的食欲，这种做法是不可取的。同时家长应给孩子多吃些富含锌的食物，含锌丰富的食物有牡蛎、鲱鱼、瘦肉、动物肝脏、豆制品、花生、苹果、茄子、南瓜、萝卜等。

1岁0~1个月幼儿早教宜忌

YES 宜鼓励幼儿称呼生人

称呼客人是人际交往的良好开端，幼儿在学会称呼爸爸、妈妈、爷爷、奶奶之后，要教他称呼生人。幼儿会把岁数大的男人称“爷爷”，女人称“奶奶”；把年轻的男人称“叔叔”，女人称“阿姨”。让1岁多的幼儿按年龄、性别去称呼客人确实不容易，平时可以用家庭相册让幼儿练习称呼，使幼儿不至于到时为难。

YES 宜练习翻书和看书

刚开始只要求幼儿能正看图画，不倒着看书，然后学习打开和合上书页。这个月还不必要求幼儿学会逐页翻，因为幼儿的手指还欠灵活。

让幼儿学翻的书最好是硬纸的厚页书，书页结实、好翻。把幼儿常看的硬皮书递给他，看他是否会把书正过来看，能否从第一页把书打开又合上。经常看书的幼儿不会把书倒着看，因为他认识书中几个熟悉的图。让他按大人讲的物名指出已认识的东西，再学一两种新的。学认新物名时最好同时看到实物，如杯、碗、筷，将实物和图放在一起，使幼儿容易学会。看完书后告诉幼儿：“读完了，把书合上，放进盒子里。”让他自己做，以养成看完书收好的习惯。

YES 宜让幼儿多说单音句

鼓励幼儿说单音字代表一句话，例如，幼儿说“蕉”即是“我要吃香蕉”，“车”即“我要小车”；有时用手指着门口，即是“我要到街上看小汽车”。有时幼儿发的音家长一时难以理解，甚至会理解错了，如妈妈买了许多食品回家，幼儿伸手说“要”，妈妈顺手打开一包饼干给幼儿，幼儿把饼干扔到地上，妈妈十分生气。好在妈妈突然想起孩子刚学会打开纸包，递给幼儿一包未打开的饼干，幼儿马上笑了，高兴地坐在地上摆弄，终于把饼干打开了。因此，大人要更细心地了解幼儿发出的单音的意思，及时问问“要吃还是要打开”，让幼儿表态，这样大家都会相安无事，幼儿又可多学一个词汇。

幼儿需要表达，但苦于词汇太少，学会的音也太少。只要幼儿会发出一个音，大人就应该表示欢迎和理解，并且要在关键的字上随时作补充，使幼儿会用的词增多。如果大人不去理解幼儿的词意，而责怪幼儿不听话、捣乱，甚至给予惩罚，不但会使幼儿伤心，而且幼儿以后再不敢用单音字表达，会使语言表达延迟。

YES 宜学会分清大小

通过实物让幼儿用眼看、耳听，又用手拿，以分清大和小。取物时不是根据自己的喜欢和不喜欢，而是按大人的要求去取。把大小不同的苹果放在桌上，让幼儿去拿大的，幼儿会十分顺利地拿到大苹果。再让幼儿把大苹果放回桌上，去拿个小的，这时幼儿也许还是拿大的。要告诉幼儿，并握着他的小手去拿小的，告诉他哪个苹果大、哪个苹果小。幼儿喜欢看自己的新鞋，将爸爸的大鞋同幼儿的小鞋摆在一起，问他哪双是爸爸的大鞋，哪双是宝宝的小鞋。因为幼儿喜欢自己的新鞋，叫他拿小鞋他肯定会拿对的。再将妈妈的上衣和幼儿的上衣放在一起，让幼儿先拿大的、再拿小的。经过几次练习幼儿就能拿对了。

在买来的套碗中选择最大的和最小的两个，让幼儿把最小的碗放入大碗里。找两个大小不同的纸盒，让幼儿把小盒放进大盒里。再找两个大小不同的塑料药瓶，让幼儿将小瓶放进大瓶内。家中还有许多可利用的东西，让幼儿练习把小的容器放进大容器中。

教幼儿学会把小的东西装进大的容器里不仅可以强化幼儿大与小的概念，而且可以发展幼儿的手眼协调能力。

NO! 忌不理解幼儿的偏激行为

孩子1岁了，会走路了，活动的空间随之扩大，会发觉很多他不懂却感兴趣的东西，总想去摸一摸、动一动。但父母出于安全的考虑，常常限制孩子的探索行为，孩子会因此而大哭大闹。许多父母都说："他简直是个小魔头，真担心把他惯坏了。"1岁的孩子有了"领地"的概念，外人不可擅自入内。有时，别人的一个无意眼神就可以引起不小的风波。这种对自我意识的觉醒有些时候成了任性的代名词。其实没那么可怕，这是孩子走向自立的一个正常的阶段，孩子的偏激行为其实是想用自己的方式体现自我。相反，如果孩子表现得过于听话，则终究有个性爆发的一天，其后果将更不可想象。

1岁1~2个月幼儿的养育和早教宜忌

1岁1~2个月幼儿养护宜忌

YES 宜选择合适的桌椅

孩子使用的桌椅对他的脊柱发育、眼睛和大脑都有影响。椅子一般要有靠背，椅面和地面的距离应和幼儿小腿长度相适应，桌面和椅面之差以1/3坐高稍高一点儿为最理想，桌椅之间要有2厘米~4厘米的距离。

NO! 忌不了解此阶段幼儿动作发育和语言发育

1. 动作发育

- 能自己走得很好，很少因失去平衡而跌倒。
- 会爬上椅子、再上桌子够取玩具。
- 开始手脚并用爬楼梯或台阶，不但会向上爬而且会向下爬（先把脚放下，再全身趴下）。

- 拉着幼儿的一只手，帮助他掌握平衡，他就能直起身体上楼梯。
- 会用两块积木搭一个塔。

2. 语言发育

- 会用单音字代表句子。
- 可以学习押韵的儿歌，为背诵儿歌打基础。

3. 认知能力发育

已基本掌握红色和圆形，可以学认黑色和方形。

1岁1～2个月幼儿喂养宜忌

YES 宜培养幼儿良好的饮食习惯

1. 在餐桌就餐

幼儿应养成在餐桌就餐的习惯，同时家长要以身示范遵守用餐规矩，如吃饭时不说话、不看电视。尽管可能会撒一些饭菜，但要鼓励孩子自己动手吃饭，不要求着孩子吃饭或拿着碗追着喂饭。

2. 定餐定量

根据幼儿的年龄，结合能量及营养素的需要，制定出相应的定量食谱，安排好正餐、餐间点心以及少量零食。膳食花样应有设计，让幼儿有新鲜感，以促进食欲。所用定量食谱应有弹性，即在一定时间范围内控制总的膳食量，而不必计较某一两顿饭量。所定食谱是否合理，应以幼儿体重及健康状况为评价参考，而不是家长的感受。

3. 愉快进餐

家长应始终采取循循善诱的态度，营造良好的进餐气氛，避免因为吃饭的问题哄骗、强制或打骂幼儿。

4. 以身作则

家长在进餐时做到不挑食、不偏食，不表述或暗示对食物的倾向性，鼓励幼儿多吃蔬菜及豆类。

NO! 忌过量饮用果汁饮料

果汁当中含有丰富的维生素（特别是水溶性维生素），以及部分常量和微量元素，且口感好，易于饮用，是老少咸宜的饮品，适量饮用（每周不超过3次，每次不超过150毫升）无可厚非，但若过量饮用就会对健康造成一定的负面影响。

1. 可造成营养流失

饮用果汁过多可能冲淡胃酸，长期大量饮用可能导致部分人群，特别是婴幼儿和老年人出现胃肠不适的症状，减弱消化和吸收能力。有调查显示，每天饮用200毫升以上果汁的儿童中，许多人的身高、体重不但没有增加，反而比其他同龄人偏低。这是因为果汁饮料中含有过量果糖、山梨酸等难以消化的成分，幼儿长期摄入过多容易造成慢性腹泻，造成营养流失，影响幼儿的生长发育。

2.影响膳食纤维的摄入

果汁在制备过程中损失了一些营养素，特别是膳食纤维。而水果和部分蔬菜中富含的膳食纤维对于预防与多种疾病，特别是防治胃肠系统病变很有好处。每天大量饮用果汁，并以果汁替代蔬菜和水果，可能造成幼儿缺乏膳食纤维。

3.容易造成血糖波动

果汁饮料是典型的酸性食品，其酸性的代谢产物在体内蓄积过多会导致所谓的酸性体质。部分果汁中含有较多的糖分，长期大量饮用容易导致能量摄入超标。此外，果汁饮料中的糖分吸收速率要远远快于固体食物中等量的糖分，幼儿大量饮用后会增加血糖波动的风险。

4.人工色素影响健康

果汁和果味饮料中的人工色素对幼儿有一定负面影响。例如，可引起多种过敏反应，如哮喘、鼻炎、荨麻疹、皮肤瘙痒、神经性头痛等。对于幼儿而言，人工色素还易沉淀于未发育成熟的消化道黏膜上，干扰多种酶的功能，造成食欲下降、消化不良。

1岁1~2个月幼儿早教宜忌

YES 宜玩滚球和扔球

大人在地上滚球，幼儿会爬着去追球，这时他走得不如爬得好。但是爬会比走累，如果球滚得慢些，幼儿会试着走着去取。经常玩滚球的幼儿走得更稳或者会慢跑一两步将球捡到。这种玩法会使幼儿逐渐由爬行到行走，而且加快速度开始小跑一两步。

第二种玩法是练习向目标扔球，由无目标乱扔到有目标地扔向墙壁，使球返回自己身边，为下一步有目标抛球做准备。和幼儿一起对着墙坐，将球滚向墙壁，球会返回，看看幼儿能否捡着球并学习将球滚向墙壁。幼儿只会无目的地扔球，球返回来的位置就会改变。让幼儿多次重复地向墙壁扔球，让球返回自己身边，不必爬来爬去地捡球。

YES 宜鼓励幼儿涂鸦

涂鸦不但可以训练幼儿手的灵活性，而且还可以提高其控制手部肌肉的能力。1岁的幼儿能够用整个手掌握住笔在纸上戳出点或画出笔道；两三个月后可以用笔在纸上随意乱画；1岁半左右能画出道道来，但在2岁前还很少出现有控制的涂画。这一阶段学习用笔的主要目的是培养幼儿用笔涂画的兴趣，掌握正确的握笔姿势。掌握正确的握笔姿势越早，有控制的涂画阶段就来得越快。

最好让幼儿在废旧的大挂历背面涂画，以免他在一张小纸上画不过瘾，而往桌上乱画时又被制止而失去了兴趣。应该逐步给幼儿各种笔，如蜡笔、油画棒、彩色水笔、磁性画板笔、铅笔、圆珠笔、毛笔等工具以保持他的兴趣。除了在纸上画以外，还可让他用小棍在沙土地上信笔涂鸦。大人要反复示范，并手把手地教幼儿怎么画。用笔在纸上画出道道是这一阶段的主要“成就”，因为要画出道道而不是随意乱画需要停笔或抬笔，这是有控制的画的萌芽，需要家长有意识地培养。

YES 宜学会玩套塔

幼儿学会在食指上套小圈后，可教其玩套塔。套塔上有5～7个圆圈，下面大、上面小，要依大小次序套上。初学时只给幼儿3个大圈，只要求幼儿能将圈套到柱子上。在玩的过程中，幼儿会把圈套着玩，因为柱子下大上小，要先放入最大的圈才能落到最下面。如果先放入较小的圈就只能落到柱子的中部，不能落到底。反复练习，幼儿最终能学会按顺序放圈。待幼儿已能按顺序放入3个圈时，再将其余的小圈给他，让他全部套上。

让幼儿练习按大小次序将圆圈套入套塔。这个游戏可练习两种本领，一是可以学会按大小次序套圈，为玩套碗打基础；二是可以学会将环套入棍子上，为学穿珠子打基础。

NO! 忌家庭氛围不和谐

在孩子的成长过程中会出现各种各样的生理需求和情绪反应，这些需求的满足与否、父母的所作所为都将直接关系到孩子能否体验到生活的快乐。生活在快乐氛围中的孩子体验着幸福和爱，父母心甘情愿为孩子的成长做出无私的奉献，孩子的各种需求能够及时地得到恰当而合理的满足，他的各种生理机能也会处于最佳状态。快乐的家庭为孩子的健康成长提供了必要的条件。

受人们欢迎的孩子多来自和谐、温暖的家庭。在幼儿时期，孩子主要接触的大人就是父母。如果父母宽容、民主，对子女不做过高的要求，不过分限制、惩罚，那么孩子容易成为乐观、自信、与人友好相处的人。如果父母对孩子缺乏关心和爱护，孩子就没有安全感。如果父母总找借口拒绝孩子的要求，那么孩子在潜意识里也会效仿父母，用父母对待自己的方式去对待别人，这样的孩子不会热情、诚恳地待人，容易恼怒、攻击性强，长大以后不愿意遵守社会规范，缺乏自控能力和社会适应能力。

有些父母和孩子说话不假思索，态度毫不掩饰。也有些年轻的父母对自己过于放纵，有时将自己的失意迁怒于孩子，对孩子乱发脾气，甚至严厉粗暴地对待孩子，用高压手段强迫孩子服从爸爸妈妈的意愿。如果放任自己这样下去，会使孩子受到身体和心理上的伤害，会使孩子在不愉快中渐渐变得怯懦、退缩、不敢创新。有时，父母的一些消极情绪来自夫妻之间的冲突，虽然不是直接面对孩子，但对子女同样具有伤害作用。在婚姻不和谐、不巩固的家庭中，父母经常出现争吵、抱怨和责骂等冲突场面，这些都会殃及孩子的心灵，使孩子感到害怕、困惑、厌恶、焦虑，长久下去，不利于孩子的身心发展。为了孩子，家庭中的每一个人都应该注意自身的文化修养，夫妻之间应互相关心、互相帮助，共同携手营造快乐家庭。

1岁2~3个月幼儿的养育和早教宜忌

1岁2~3个月幼儿养护宜忌

YES 宜对幼儿进行安全教育

在家庭中大人惯于用乳名称呼孩子，使有些幼儿不知道自己的学名是什么。要从现在起用学名称呼幼儿，使他习惯于自己真正的名字。父母之间经常用名字相称，幼儿能很快记住父母的全名。幼儿能说出父母姓名、自己姓名和住址（小区名称和门牌号或楼号）就会便于在出现意外和失散时找到父母，这是很必要的安全教育。

NO! 忌让幼儿患上“节日病”

五一、十一、元旦、春节，平时忙碌的爸爸妈妈终于可以在节日期间好好陪伴孩子了。家庭聚会、外出就餐，甚至是长途旅行，全家人尽情地享受天伦之乐，孩子也乐得痛快地吃和玩。可是，节日中不规律的生活也很容易让孩子身体不适，以下就是幼儿在节日里易患的一些疾病，父母一定要提前预防并学会应对。

1. 消化不良

有的幼儿特别喜欢吃肉，节日期间更是顿顿肉不离口，很容易出现消化不良。因为婴幼儿的消化系统和神经系统均还未发育完善，肉类食物的蛋白质和脂肪含量较高，比较难消化。如果吃得过多，会在胃肠道内停留较长时间，妨碍其他食物的摄取和消化，导致消化吸收功能紊乱，出现食欲不振、腹泻、体重减轻等症状，幼儿会说肚子痛，总是赖在大人的怀里。

防治策略

幼儿不想吃时不要硬逼着他吃，宁可让他饿一点儿也不宜过饱，否则其虚弱的脾胃得不到必要的休息。当脾胃虚弱引起的消化不良时，可以取胡萝卜两根，红糖适量，加水煮熟后食用。

2. 急性胃肠炎

急性胃肠炎是节日里很容易发生的一种疾病。暴饮暴食、过于贪吃，吃的食物太多、太杂，特别是在冬天吃太多凉东西，或冷热食物混吃，很容易导致肠道功能紊乱，引起急性胃肠炎。主要表现为一阵一阵的腹痛；一天腹泻几次，甚至是十几次；常伴有呕吐、食欲不振。因为大便中水分比较多，容易发生脱水，表现为口渴、尿少。

防治策略

节日里饮食更要注意规律，按时进食，荤素搭配，不可贪多。幼儿患了急性胃肠炎，除了使用有效的药物之外还要注意及时口服补液，防止身体脱水，但不要随意服用止泻药。如果便中带血要及时去医院就诊，以防病情加重。为了尽快恢复胃肠功能，不要给幼儿吃油腻和不易消化的食物，也不要食用生的蔬菜和冷饮，可以吃些烂米粥和面条，让其肠胃有一个恢复的过程。

3. 食物过敏

节日期间食物往往吃得比较杂，一些过敏体质的幼儿容易发生食物过敏。皮肤上会出现荨麻疹，伴有明显的瘙痒，还会出现腹痛、腹泻、呕吐等症状，有的甚至出现哮喘。

防治策略

过敏体质的幼儿在饮食方面要特别小心，以前从没吃过的东西最好一次只吃一种，不要同时吃好几种，一旦发生过敏不好查找过敏源。平时可以给幼儿吃一些具有抗过敏效果的食物，如卷心菜、紫甘蓝、紫苏等。

4. 感冒、发热

节日里生活和饮食都不规律，身体的免疫力有所下降，容易被病毒感染，患上感冒。

防治策略

节日期间也要让幼儿充分休息，不能玩得太兴奋、太劳累，每天一定要有足够的睡眠，否则易导致抵抗力下降，容易感冒。尽量不要带孩子到公共场所，避免与感冒患者接触。如果幼儿得了感冒，要注意多给他喝白开水或喝些鸡汤，促使体内毒素排出。饮食忌油腻，要多吃清淡易消化的食物。发热38.5℃以上或既往有高热惊厥史要及时服用小儿退热药；如果发热不退，或感冒症状加重，或突然烦躁不安，要及时到医院诊治。

5. 胃肠型感冒（停食着凉）

胃肠型感冒是一种常见的感冒类型，主要是因为饮食无度，特别是油腻的食物吃得太多，受风寒导致存食化火，引起感冒症状和胃肠道反应。主要表现为腹胀、呕吐，呕吐物有消化不良的酸臭味。

防治策略

如果幼儿得了胃肠型感冒可以服用治疗感冒以及消食导滞的药物，也可以取新鲜橘皮30克、大米100克，将橘皮洗净切丝，再加水煮沸，然后将橘丝捞出，加入大米煮成粥给患儿食用，具有止吐、消食的作用。

NO! 忌去游乐场缺乏安全意识

公园、游乐场是幼儿的最爱，特别是会说、会走了之后，总要求父母带自己去游乐场玩。有些父母以为儿童游乐场是专为孩子设计的，就放松了警惕。殊不知，游乐场有很多安全隐患，稍不留意，快乐的玩耍就变成了意外的伤害。据美国消费者安全委员会统计，一年中有超过20万名孩子在游乐场中受到意外伤害，相当于每2分半钟就有一名孩子因为游戏设施而受伤。

1. 大型电动游乐设施的安全问题

海盗船等大型电动游乐设施惊险刺激，有些胆大的幼儿还不到规定年龄就已经跃跃欲试了。父母认为幼儿勇敢值得鼓励，就一起上去试一把。但是，幼儿还缺乏自我保护意识和足够的肌肉力量、平衡能力等，所以易发生高空坠落、摔伤，甚至骨折、颅脑损伤等严重外伤。

■ 家长应该仔细阅读游乐设施安全须知，不要让幼儿尝试超越其适合年龄的游乐项目，越是胆大的幼儿发生意外的概率越大。

■ 有些游乐设施如旋转飞机等，允许大人一起乘坐，要帮助幼儿系好安全带，随时制止幼儿伸头、伸手、站立等危险动作。

■ 不要勉强胆小的幼儿独立乘坐电动小火车、旋转木马等，因为在旋转启动后，幼儿有可能因受到惊吓而试图爬下，造成坠落、摔伤。

2. 娱乐戏水设施的安全问题

喜欢玩水是幼儿的天性，但即使只有2厘米～3厘米深的水都有可能夺走幼儿的生命。还有些水滑梯、漂流、水车等戏水设施，如果防护不当，也可能造成幼儿跌落、摔伤或溺水。

■ 任何时候都不能让幼儿独自在水中玩耍，即使是带着游泳圈在浅水中，大人也要在旁边时刻看护。

■ 要看清戏水游乐设施的安全须知，大人要以身作则，不要尝试危险动作或超出幼儿适合年龄的游戏项目。

■ 不要让幼儿在水池边奔跑嬉戏，以免滑倒摔伤或跌落水中，而幼儿落水后没有憋气的意识，因此更容易呛水，把水吸入肺中。

3. “翻斗乐”的安全问题

滑梯、秋千、蹦床等是儿童游乐场或“翻斗乐”中最常见的游戏项目，有些家长看到游乐场中铺设了海绵垫，钢管、边角处都被厚厚的海绵包裹了起来，感觉很安全，就放松了警惕。殊不知，这些看似安全的地点同样可能发生坠落、摔伤或撞伤等意外。

■ 不要让幼儿攀爬过高、从高处跳下，或者在没有保护的情况下滑吊索、抓吊环，以免造成坠落、摔伤。

■ 滑滑梯时告诉幼儿滑下后要迅速离开，以免后面的幼儿滑下来撞到一起，也不要从滑梯出口处向上爬。

■ 荡秋千时要叮嘱幼儿抓牢绳索，等秋千停稳才能下来，不要站在或趴在秋千上荡，有别的幼儿荡秋千时自己要绕着走。

■ 玩蹦蹦床时，如果幼儿年龄小，遇到上面人多或者有较高大、顽皮的幼儿时，要让小幼儿等会儿再玩，以免被踩伤或撞伤。

■ 跷跷板等需要两个幼儿一起玩的游戏项目，要注意有一个幼儿突然下来时，一定要保护好另一个幼儿，避免被摔伤或碰伤。

■ 不要让幼儿边吃边玩，如果要喝水、吃零食，一定让幼儿停止嬉戏、说笑，以免发生呛水或误吞导致窒息。

1岁2～3个月幼儿喂养宜忌

YES 宜每天保证喝一定量的奶

乳类食物依然是2岁以下幼儿最重要的日常食物。除了母乳以外，应鼓励幼儿喝配方奶粉，而不是牛奶。因为牛奶中含有过多的钠、钾等矿物质，会加重幼儿的肾负荷；牛奶中的蛋白以乳酪蛋白为主，不利于幼儿消化吸收。优质的配方奶粉以母乳为标准，去除动物乳中的部分酪蛋白、大部分饱和脂肪酸，降低了钙等矿物质的含量，以减轻幼儿的肾脏负担；增加了GA（神经节苷脂）、乳清蛋白、二十二碳六烯酸（DHA）、花生四烯酸（AA）、唾液酸（SA）、乳糖、微量元素、维生素以及某些氨基酸等，营养成分和含量均接近母乳。1～2岁的幼儿每天仍然需要喝母乳或配方奶2～3次，每次150毫升～240毫升。

NO! 忌偏食

幼儿正处于生长发育的高峰期，营养需求大，食欲旺盛，借助口感的经验及愉悦的回忆，经常选择自己爱吃的食物。这是人的本能，家长既要保护又要引导，因为幼儿并不知道多种成分组成的食物对健康的重要性。偏食常见的表现是只吃某一种或仅吃某几种食物，不喜欢的食物就搁置一边，这是受环境影响养成的一种不好的习惯，最主要的原因是直接照看幼儿的人教育方法（语言、行为等）不当。

要想改变幼儿偏食的习惯，首先要改变直接照看幼儿的人对食物的偏见，改变教育方法，以身作则耐心解说引导，使幼儿正确对待各种食物。同时注意烹调方法，变更食物花样和味道，鼓励幼儿尝试进食各种食物并肯定其微小的进步，以培养幼儿良好的进食习惯。下面介绍几种合理而又可行的纠正幼儿偏食的方法。

1. 家长态度要坚决

如果发现幼儿不喜欢某种食物，家长要避免使其“合法化”。因为家长的默许或承认会造成幼儿心理上的偏执，把自己不喜欢的食物越来越排斥在饮食范围之外。挑食常常是在幼儿患病、不舒服、发脾气、节日的时候开始的，如果允许挑食会逐渐养成其随心所欲的习惯。

2. 培养幼儿对多种食物的兴趣

每当给幼儿一种食物的时候都要用其能听懂的语言把这一食物夸奖一番，鼓励孩子尝试。家长自己最好先津津有味地吃起来，幼儿善于模仿，一看家长吃得很香，自己也就愿意尝试了。

3. 设法增进幼儿的食欲

食欲是由食物、情绪和进食环境等综合因素促成的。除了食物的搭配、调换和色、香、味的良好刺激外，还需要进食时的愉悦气氛。与其在幼儿不高兴时拿食物来哄他，不如等到幼儿高兴以后再让其食用。幼儿进食的时候要避免强迫、训斥和说教。

当然，以上几种方法的先决条件，是家长善于在平衡膳食的基础上调理幼儿的主副食内容。

1岁2～3个月幼儿早教宜忌

YES 宜练习用钥匙开锁

可以用平时家中的锁和钥匙，也可以用一种专门为幼儿做的锁和钥匙的玩具。幼儿平日看到妈妈出门和回家时都要用钥匙，幼儿对钥匙产生了浓厚的兴趣。幼儿要看准钥匙洞，把钥匙插入，而且要插到适宜的深度才能把锁打开。让幼儿将钥匙放入锁眼中，顺时针方向转动，锁会打开。幼儿会详细地观看这个大锁，拿起钥匙想方设法塞进洞里。幼儿的手还不灵便，费很大的劲才能将钥匙塞入洞口，但塞得不够深不能将锁打开。他会认真研究、试探，偶尔将锁打开会十分高兴。

YES 宜学说家人的名字

在帮幼儿认识自己和家里人的基础上，教幼儿学说家庭成员的名字。先教他一个人的名字，反复练习，会说后再教第二个人的名字，并鼓励他区别这些名字。如“宝宝把糖拿给×××”“把球送给×××”等。幼儿做得好时一定要及时鼓励，比如给他一个大大的拥抱和亲吻。

YES 宜模仿打电话

孩子看到家人打电话很想模仿，可以用模拟打电话的玩具或代替物同孩子玩打电话游戏。大家都拿一条较长的积木当话筒，妈妈说：“喂，我想请×××听电话。”孩子拿着当话筒的积木往往不知说什么。这时妈妈可以教他答话：“喂，我就是×××，请问你有什么事呀？”妈妈拿起积木说：“妈妈带你去动物园好吗？”这次孩子会回答：“好呀!”妈妈可以随机想些话题。例如，“咱们星期六去姥姥家好吗？”或者“妈妈去买菜，你想吃什么呀？”最好在大人接电话后不久就同孩子玩打电话的游戏。因为孩子会注意听大人接电话时说些什么，这时让他拿起电话，较容易开口说几个字的话。

幼儿常在出生后15～18个月中的某一天突然由动手表示变为开口表示，早些或迟些关系不大，男孩子会略迟几个月。一旦开口说，话就特别多，而且会说些不易让人听懂的“怪话”。如果大人表示听不懂，孩子会十分生气。用打电话的办法使孩子模仿大人讲话，而不会讲那些他自己编的话。

YES 宜学会区分大小和方圆

用单色的硬纸板裁成两个大圆片和两个小圆片，两个大方片和两个小方片。妈妈同幼儿做游戏，妈妈提要求，让幼儿拿纸片。妈妈说“给我大的圆片”，幼儿要将两个大圆片取来；“给我小方片”，幼儿要将两个小的方片取来；“给我一个大的方片和一个小的圆片”，看幼儿是否能拿来。让幼儿当老师，妈妈当学生，按幼儿要求拿纸片，看看幼儿能否说得清楚。

这是一个分类的游戏，要让幼儿分清大小和方圆，听懂一个和两个。开始时可以容易一些，每次只要一个；以后可以复杂一些，每次要几个。让幼儿当老师是让幼儿开口，可以只讲一个字或两个字，如“大方”或“小圆”。只要幼儿讲清楚就可以当老师，通过当老师让幼儿学会清楚明确地讲话。

YES 宜学摆棋子

幼儿喜欢看大人下棋，通过大人吃掉对方的棋子而学会认棋子上的字。大人如让幼儿找“马”或“车”，幼儿很快能找出来。有些幼儿记得棋子的摆法，他们最先摆对“将”和“帅”的位置，然后摆上“士”。

摆棋子是空间方位练习，再加上对棋子字面的记忆，对幼儿是十分有益的游戏。学会摆每一个棋子都要认真表扬，使幼儿在右脑的图像和方位记忆上得到锻炼。

YES 宜用图卡练习配对

最好购买两套完全相同的图卡，让幼儿寻找相同的图相配，组成一对。无论是认图还是认字，需要图卡都能配上对，进而增加幼儿认图和认字的兴趣。有些幼儿从出生后10个月起学认汉字，能将汉字配对；另一些幼儿会给数字或汉语拼音（或英文字母）的字卡配对。通过练习可以提高孩子的记忆力，增长其认图和认字的本领。

幼儿都喜欢认卡片，配上一对，手上拿起两张；再配一对又拿两张。认识十个八个图或字，手里拿一大捧就有了成功的喜悦。可以几个幼儿在一起玩，看看谁拿得最多，幼儿想比别的小朋友认得多，便会努力识认。

NO! 忌不带领幼儿认识周围的世界

春天带幼儿去看哪些叶子先长出来，什么花开得最早；认识植物的名称，树有根、茎、叶，有些会开花和结果；认识鸡和鸭有哪些不同，区分公鸡和母鸡谁会打鸣，谁会生蛋；看看风、云、雨、雪，为什么会闪电和打雷；太阳从哪边升起，又从哪边落下；带幼儿看夜空的月亮和星星。

生活是一本无字书，如果幼儿没有见过月亮，他学“月”字就不容易记住。如果他注意到月初升起的弯月同这个月字十分相似，学一次就会记住。年龄小的幼儿知识贫乏，对字义难以理解，就会拒绝认字。因此，大人要注意在日常生活中随时随地给幼儿讲解所见所闻，让幼儿对各种事物感兴趣，扩充他的知识面。

1岁3~4个月幼儿的养育和早教宜忌

1岁3~4个月幼儿养护宜忌

YES 宜学习自己脱衣服、穿衣服

每天洗澡前和上床前都让幼儿自己学脱衣服。刚开始时妈妈先替幼儿解开扣子，脱去一个袖子，再让他自己脱去上衣；妈妈先解去裤子的扣子或背带，让他脱下裤子；套头衫和松紧带裤也可以让幼儿自己脱去。

幼儿喜欢穿妈妈的宽大衣服，因为袖子容易穿入。幼儿穿妈妈的上衣如同长袍那样把腿也盖了起来，感觉新鲜和好玩。妈妈的衣服扣子大些，或者有拉锁，都会使幼儿高兴。可以先让幼儿学穿宽大的衣服，能自己伸入袖子，以后再穿自己的衣服就容易多了。

NO! 忌父母帮助幼儿收拾玩具

在准备上街、准备吃饭和准备上床前都要求孩子自己收拾玩具。要将书放在书架上，把积木收入盒内放回原处，所有动物玩具和娃娃都应有固

定的位置或者称为它们的家。在家中要为孩子准备一个矮的玩具柜放他的东西，柜子要放置有序，每样东西都放在固定的地方，培养孩子按次序放东西的习惯。每天要收拾几次，使孩子养成习惯。

1岁3～4个月幼儿喂养宜忌

YES 宜让幼儿爱上蔬菜

■在识字、看图、看电视的时候向幼儿宣传蔬菜对健康的好处。

■通过激励的方法鼓励幼儿吃蔬菜。当幼儿吃了蔬菜后就给予表扬、鼓励，以增加幼儿吃蔬菜的积极性。

■采用适当的加工、烹调方法。家长要把菜切得细小一点儿，再搭配一些有鲜味的肉、鱼等（不要加味精）一起烹调，并经常更换品种，使其成为色、香、味、形俱全的菜肴，才能提高幼儿吃蔬菜的兴趣。

■选择幼儿感兴趣的品种。如果发现幼儿对某种蔬菜感兴趣（包括形状、颜色等）就专门为幼儿做这个菜，既满足了幼儿的好奇心，又让幼儿吃了蔬菜。

■给幼儿吃一些生蔬菜。可以将一些质量好、没污染的西红柿、黄瓜、萝卜、甜椒等或做成凉拌菜，它们常会因水分多、口感脆而被幼儿接受。

■吃带蔬菜的包子、馄饨、饺子。如果幼儿乐意吃面食，就在馅料中加入切细的韭菜、荠菜、胡萝卜等蔬菜。

■ 家长带头吃蔬菜。

■ 让幼儿参与做菜。家长可以鼓励幼儿与自己一起择菜、洗菜，在吃饭时向同桌的人推荐吃幼儿动手加工的蔬菜，让幼儿有成就感，使幼儿逐渐亲近蔬菜。

YES 宜适当吃些高纤维食物

纤维性食物是饮食平衡的重要组成部分，它有助于消化食物和维持消化道的正常功能，对学步儿童非常重要。纤维性食物能锻炼幼儿的咀嚼肌，增进胃肠道的消化功能；促进肠蠕动，从而防止幼儿便秘；减少奶糖、点心类食品对牙齿及牙周的黏着，从而防止龋齿的发生；增加排便量，稀释大便中的致癌物质，减少致癌物质与肠黏膜的接触，有预防大肠癌的作用。因此幼儿应经常吃一些含纤维素的食物。纤维素不必专门寻找，只要幼儿平时经常吃面包、馒头、大米及其他谷类和水果、蔬菜就可获得足够的纤维素。有习惯性便秘的幼儿可适当多吃些水果、蔬菜等。

含纤维素多的食物可能会给幼儿娇嫩的消化道带来不必要的刺激，所以没必要在常规饮食的基础上再补加这些食物。

NO! 忌过多食用鸡蛋

鸡蛋是营养丰富的食品，它含有蛋白质、脂肪、卵黄素、卵磷脂、维生素和铁、钙、钾等人体所需要的矿物质，其中卵磷脂和卵黄素是婴幼儿身体发育特别需要的物质，但鸡蛋并不是吃得越多越好。

1～2岁的幼儿每天需要蛋白质40克左右，除普通食物外，每天吃1～1.5个鸡蛋就足够了。如果鸡蛋吃得太多，孩子的胃肠负担不了，会导致消化吸收功能障碍，引起消化不良和营养不良。鸡蛋还具有发酵特性，皮肤生疮化脓的时候吃鸡蛋会使病情加剧。

有的家长喜欢用开水冲鸡蛋加糖给孩子吃，由于鸡蛋中的细菌和寄生虫卵不能完全被烫死，因而容易引起腹泻和寄生虫病。如果鸡蛋中有鼠伤寒沙门杆菌和肠炎沙门杆菌，孩子会因此而患伤寒或肠炎；如鸡蛋中不含活菌而只有大量毒素存在则表现为急性食物中毒，潜伏期只有几个小时，起病急，病程持续1～2天，症状为呕吐、腹泻，1岁以上会说话的幼儿会表示腹痛严重，伴有高热、疲乏等。

此外，民间有“生鸡蛋治疗小儿便秘”的说法，事实上，这样做不仅治不了便秘，还会发生弓形虫感染。这种病发病较急，全身各器官几乎均会受到侵犯，常常引起肺炎、心肌炎、斑丘疹、肌肉和关节疼痛、脑炎、脑膜炎等，甚至导致死亡。因此，给孩子吃鸡蛋一定要煮熟，以吃蒸蛋为好，不宜用开水冲鸡蛋，更不能给孩子吃生鸡蛋。

1岁3～4个月幼儿早教宜忌

YES 宜学习双脚跳

幼儿练习下楼梯时，最后一级由妈妈牵着双手跳下来，这是学跳的第一步。有时父母各牵着幼儿一只手散步，幼儿很喜欢在父母牵着时跳远一步。跳时最好先喊口令：“一二三，跳！”大家同时用力。如果父母用力时间不同，幼儿一只手腕受力过大就容易受伤。如3个人同时用力，父母用力牵，幼儿使劲向前跳，就会跳出1米左右。从高处跳下和平地牵跳都是练习跳跃的初步动作。在父母帮助下幼儿会放心地跳，容易学会。

YES 宜说出儿歌中押韵的字

让幼儿学习说出押韵的字是练习背诵儿歌之前必经的阶段。幼儿多次听大人背诵儿歌并配合儿歌做出动作以来，已经听熟了押韵的韵律，渐渐会随同大人说出一个押韵的字来。幼儿最喜欢韵脚，自然是先学会押韵的字，其中与动作有联系的字他最先理解，最先学会。大人在念到“小白——”让幼儿说“兔”，幼儿说对时大人要鼓掌称赞“真好，宝宝会说啦”。幼儿受到鼓舞就会很高兴地跟着“白又——”说“白”。逐句试着念，幼儿能说哪个字就空出让他插入，实在插不上时大人再慢慢念出这个字让幼儿跟随。凡是带有活动的词都很易于上口，如念到“蹦蹦跳跳真可——”幼儿会大声而且顺利地说“爱”；其中某一句幼儿听懂了的，如念到“两只耳朵竖起——”他也会跟着说“来”。幼儿的学习与他的兴趣和理解的程度密切相关，他能理解的字常常是能用动作表示出来的。因此，动作表演是启迪幼儿开口的先导。让幼儿先背诵一首儿歌押韵的词，也是练习按顺序记忆的方法，这种按顺序记忆和回忆都对终生学习有用。

YES 宜学认白色

在多种颜色对比下，白色很显眼，很容易寻找，而且家中白色的东西很多，如白纸、白上衣、白袜子、白床单等，玩具中白色的小勺、小碗，白色的珠子和积木等，认识名称之后很容易记住。由于黑色与白色对比鲜明，幼儿认识黑色之后再学认白色就容易多了。可以让幼儿去找白色的纸巾、白色的毛巾、白色的肥皂、白色的盘子等；或者从杂色的珠子当中挑出白色的珠子；在户外或公园里找白色的花，使幼儿很快认识白色。

YES 宜背数字1～5

大人教幼儿数手指，用右手食指去点左手，大拇指数1直到小指数

5，然后背诵数字1～5。幼儿有时嘴比手快，嘴背完了食指还没有点到。只要求幼儿慢慢数到5就行，为进一步数到10做准备。

YES 宜认识长方形和半圆形

选择有五六种形块的形板，让幼儿先复习圆形、方形和三角形，再认识长方形（拉长了的方形）、椭圆形（拉长了的圆形或蛋形）或者半圆形（切去一半的圆形）。幼儿从形板上按大人所说的名称将形块取出，然后放入相应的空穴中。通过玩形板可以认识形块的名称，练习幼儿的辨认能力。

YES 宜引导幼儿记住事物的特点

妈妈可拿出过去认识的图卡，以前只让幼儿认识物名，如“兔子”“大象”“长颈鹿”等，现在要求幼儿除了讲出物名之外还要讲出它的特点，如兔子有长耳朵，大象有长鼻子，长颈鹿的脖子最长，老虎的皮肤上有条纹，金钱豹的身上有金钱样的斑；无轨电车顶上有两根电线，小汽车没有；大卡车有装货物的车厢，火车有许多节坐人的车厢。幼儿在记住特点的同时也会记住相应部位的名称，如“耳朵”“鼻子”“身体”“腿”和“尾巴”等，认车辆时会看到车轮、车灯、车厢等，使幼儿学会更多的词汇，具备初步概括的能力。

NO! 忌不发展幼儿的听觉能力

妈妈和幼儿一起做游戏时可以用手中的小棒敲打不同的物品，让幼儿感受发出的不同声音；也可以用手或嘴模仿生活中的各种声音。例如，打雷“隆隆”，摇铃“铃铃”，拍手“啪啪”，穿高跟鞋走路“咯噔咯噔”等，以提高幼儿听声模仿的能力及听与动作的统合能力。

1岁4~5个月幼儿的养育和早教宜忌

1岁4~5个月幼儿养护宜忌

YES 宜让幼儿自己按需找盆

从出生13个月让幼儿练习大小便找盆以来，经过几个月的练习，幼儿已经学会在需要大小便时自己去坐盆，有条件者可以自己如厕。可在马桶上放个圈，前面放个板凳，幼儿会自己脱裤子，便后提起裤子。除了冬季衣服太厚和大便后还不会用手纸擦之外，白天小便基本能自理，晚上也会叫人帮助，较少尿床。

长期用纸尿裤的幼儿这种能力就会延迟。因为大人和孩子都不为大小便操心，惯用纸尿裤的幼儿经常站着大小便，不认识厕所和便盆。如果1岁半前还不训练，以后会越发困难。因为膀胱惯于不必充盈，而括约肌经常处在放松状态，要训练膀胱的储存功能和括约肌紧缩功能，就要用大脑的意志去控制，这就不如从小习惯下意识地控制大小便更方便。

1岁4～5个月幼儿喂养宜忌

YES 宜了解幼儿为什么会挑食

谁不希望自己的孩子吃饭香喷喷的，可就有一些孩子不爱吃这、不爱吃那，让父母苦恼不已："怎么能让他吃得好、吃得香呢？""会不会营养不良啊？""我该怎么做呢？"挑食看起来是孩子的原因，但与父母的喂养行为关系很大。首先，在孩子需要添加辅食的月龄，没有及时让孩子熟悉各种味道，过了味觉发育的敏感期；再有，父母若是不喜欢某种食物，自己都很少吃，孩子也会模仿家长，不吃此类食物。此外，微量元素缺乏、维生素缺乏或过量、患局部或全身疾病及环境心理因素也可能造成幼儿挑食。

1. 吃甜食影响食欲

甜食是大多数幼儿喜爱的，有些高热量的食物虽好吃却不能补充必需的蛋白质，而且严重影响幼儿的食欲。此外，食欲不振的幼儿中大多数很少喝白开水，他们只喝各种饮料，如橘子汁、果汁、糖水、蜂蜜水等，使大量的糖分摄入体内，无疑使糖浓度升高，血糖达到一定的水平，会兴奋饱食中枢，抑制摄食中枢。因此，这些幼儿难得有饥饿感，也就没有进食的欲望了。

此外，夏季各种冷饮上市，同样会造成幼儿缺乏饥饿感。这里面有两个原因：第一是冷饮中含糖量颇高，使幼儿甜食过量；第二是幼儿的胃肠道功能还比较薄弱，常常由此造成胃肠道功能紊乱，食欲自然就下降了。

2.缺锌引起味觉改变

临床发现，厌食、异食癖与体内缺锌有关。通过检查，头发中锌含量低于正常值的幼儿，其味觉，即对酸甜苦辣等味道的敏感度比健康幼儿差，而味觉敏感度的下降会造成食欲减退。

3.心理因素不容忽视

家长应当允许孩子的胃肠功能有自行调节的机会，可是许多家长往往不懂这个道理，总是勉强孩子吃，甚至有的采取惩罚手段强迫孩子吃，长此以往，这种强迫进食带来的病态心理也会影响幼儿的食欲。另外，有些家长爱挑选那些他们认为最好的最有营养的食物给孩子吃，这种挑挑拣拣的做法给孩子留下深刻的印象，孩子自然就会趋向于那些所谓好的食物，而对所谓不好吃的就少吃甚至不吃。

YES 宜找到纠正挑食的有效方法

1.饭菜花样翻新

长期不变地吃某一种食物会使幼儿产生厌烦情绪，故家长应编排合理的食谱，不断地变换花样，还要讲究烹调方法。这样既可使幼儿摄取到各种营养，又能引起新奇感，吸引他们的兴趣，刺激其食欲，使之喜欢并多吃。把幼儿不喜欢吃的食物弄碎，放在他喜欢吃的食物里。有的幼儿只喜欢吃瘦肉，不吃肥肉，可将肥肉掺在瘦肉中剁成肉糜，做成肉圆或包饺子、馄饨，也可塞入油豆腐、油面筋等食物中煮给幼儿吃，使其不厌肉、不挑食。不喜欢吃青菜可以把青菜剁碎，做成菜粥、馄饨等。

2. 让幼儿多尝试几次

要让幼儿由少到多尝试几次，同时大人也做出津津有味的样子吃给幼儿看，慢慢幼儿就会接受，习惯了幼儿就会吃。

3. 控制幼儿的零食量

以定时、定量的“供给制”代替想吃就给的“放任制”。可以给幼儿安排适当的活动，让幼儿在饭前有饥饿感，这样他就会“饥不择食”了。

4. 增强幼儿吃的本领

有的幼儿不会食用某种食物，就逐渐对其失去信心和兴趣，形成挑食。譬如吃面条，幼儿不会拿筷子，家长应手把手地教给方法给予帮助，幼儿尝到鲜美之味，自然会高兴地吃。有些幼儿害怕鱼刺鲠喉而对吃鱼存在恐惧心理，家长应帮助其剔去鱼刺再给幼儿吃，或者让其吃鲤鱼、鳝鱼等少刺的鱼。

5. 多进行营养知识教育

家长要经常向幼儿讲挑食的危害，介绍各种食物都有哪些营养成分，对他们的生长发育各起什么作用，一旦缺少会患什么疾病。尽量用幼儿能够接受的话语和实例进行讲解，以求获得最佳效果。

6. 及时鼓励和表扬

幼儿喜欢“戴高帽”，纠正挑食应以表扬为主。一旦发现幼儿不吃某种食物，经劝说后若能少量进食时即应表扬鼓励，使之坚持下去，逐渐改掉挑食的不良习惯。家长最了解子女，当发现幼儿不吃某种食物时，可以暂时停止他们认为最感兴趣的某种活动进行“惩罚”，促使幼儿不再挑食，达到矫正挑食的目的，但是切忌打骂训斥。

NO! 忌给孩子做菜单调

营养学家认为吃饭时高兴比什么都重要。大家都在抱怨不少年轻人缺少责任感，甚至没有学会对自己负责。其实，要培养孩子的独立意识和责任感，大人千万不能忘了下放一定的选择权给孩子。自主选择也意味着对自己的行为负责。孩子不喜欢吃胡萝卜可以让他吃南瓜，因为两者都富含胡萝卜素；孩子不爱喝牛奶可以让他喝酸奶，因为它们都是钙质的优良来源。孩子应该有权选择吃什么，自己点的菜吃起来当然就更香了。

大多数幼儿对餐桌上的菜肴是没有成见的，今天爱吃黄瓜，明天爱吃冬瓜。而且，很多幼儿对食物的记性也很差，上个星期还说不爱吃的菜，下个星期又会吃得很香。所以，孩子在婴幼儿期不存在挑食，只有一时的不习惯或者不喜欢。这话也许有点绝对，但是的确也代表了大多数婴幼儿的情况。家长不必为了孩子一时吃什么、不吃什么而和他较劲，最后闹得孩子只能挂着眼泪吃饭，对孩子的健康非常不利。而且，强迫孩子吃某种食物反而会真的造成他对这种食物的偏见。

当然，家长有责任对孩子进行营养教育，这种教育可以渗透在带孩子去采购的时候，让孩子在厨房帮忙的时候。饭桌上讲究用餐的氛围，如果端上一盘炒胡萝卜丝就对孩子说：“不许挑食，不准不吃胡萝卜。”那孩子的好心情就被破坏了。其实家长完全可以略施小计，把胡萝卜剁碎，和肉一起做成馅，炸成小丸子、包小饺子，孩子准能一口一个。

1岁4～5个月幼儿早教宜忌

YES 宜学穿大珠子

在幼儿学会套环入棍或玩套塔之后就可以学穿洞口大的珠子了。最好找一根粗的鞋带，鞋带的两端有硬的包口容易穿入珠子的洞穴内；或者用中等硬度的尼龙线也可穿珠子。让幼儿左手拿珠了，右手拿鞋带，将硬的一端放入珠子中央的小洞内，尽量多塞进去一点儿，然后从珠子另一端开口处将鞋带拉出去。有些幼儿只把鞋带塞入洞口，不会从另一端拉出，塞进去的鞋带会再掉出来。

先要求幼儿学会慢慢将鞋带穿入洞内，穿上一个洞之后就会较容易了，多穿上几颗。穿珠子可培养手眼精确的协调技巧。

YES 宜学背儿歌

幼儿从出生后14个月开始练习儿歌至今，如果坚持练习一首儿歌，现在就能背诵。有些家长只满足让幼儿押韵，连续背诵几首幼儿就会押韵，但一首完整的也背诵不出来。最好让幼儿先学一首，会押韵后再学句子，就易于整首背诵。学儿歌最好能达到同时学数数的目的，如：

一二三，爬上山；

四五六，翻筋斗；

七八九，拍皮球；

伸开手，十个手指头。

学会从1数到10。

又如：

1只蛤蟆1张嘴，

2只眼睛4条腿，

扑通一声跳下水。

幼儿喜欢儿歌，因为押韵和易于上口朗诵。如果一面背一面伸开手指让幼儿模仿，儿歌学会了，数数也学会了，可促使幼儿背数到10。

YES 宜建立有关形状的空间知觉

用硬纸剪成圆形，从中央裁开成两个半圆形；用硬纸剪成方形，对折裁开成两个长方形。大人示范将两块拼上再分开打乱，看看幼儿能否将两块半圆拼成圆形或将两块长方形合拢成正方形。两块长方形无论用哪一长边合拢都可拼成正方形，而两块半圆形如果用弧形边拼就难以合拢，只有用直边才能拼成圆形。幼儿自己摆几回就能找出办法来。

YES 宜建立“一样多”的概念

大人伸食指让幼儿摆1块积木；伸食指和中指，摆2块积木；伸食指、中指和无名指，摆3块积木。大人再一次伸手指，让幼儿按手指数再摆一份1块、2块和3块的积木。将两份1块的放在一起，问幼儿：“哪边多？”幼儿不会说，大人替他回答“一样多”；将两份都是2块的放在一起，问幼儿：“哪边多？”有的幼儿能回答“一样多”，有的不能回答；再取两份都是3块的放在一起，问幼儿：“哪边多？”机灵的幼儿会大声说：“一样多。”这时大人应表扬：“真棒，都是一样多。”同幼儿玩这个游戏最多只能摆到3块，不可能再摆4块或5块，因为幼儿数到3还可以，4块以上就数不过来了。

这个游戏可以让幼儿学会两边相等时用“一样多”去形容。

YES 宜练习分类

让幼儿把混合在一起的东西拣出来。例如，把积木和小球混在一起，让幼儿把球挑出来；又如把石头子和瓶盖混成一堆，让幼儿把瓶盖拣出来；又如把花生和瓜子混放，让幼儿把花生拣出来；或让幼儿把核桃和橘子分开，拣出核桃，留下橘子。通过训练让幼儿能区分两种东西，将某一种挑出，留下的就是另一种，使幼儿具备区分物品的能力。

NO! 忌伤害幼儿的好奇心

幼儿在能用语言表达自己的意愿之前实际上已经有了一些思想，而且会用各种方式表达出来。会说话之后，在同父母的接触中，有时会表现出惊人的记忆力和逻辑性。幼儿对周围的一切事物总是很感兴趣，有强烈的好奇心，总想问个“水落石出”，表现出很强烈的求知欲，此时正是扩大幼儿的知识面，丰富幼儿心灵的好机会，家长应做到有问必答。无论幼儿的提问多么简单、多么可笑、多么难以回答，父母都应该鼓励他提问。同时，根据幼儿对事物的理解程度，用形象浅显的科学道理给予直接明确的回答，给幼儿一个满意的答案；如果父母实在回答不出幼儿的提问，切不可因为幼儿提问而显得不耐烦，或不回答，或简单搪塞几句，或用斥责的语言对待他，这样会打击幼儿的求知欲，扼杀幼儿的好奇心，挫伤幼儿提问的积极性。父母应该和蔼地对他说明：现在父母还不会回答，等我们看书或上网查清弄懂这件事后再告诉你。这样做既保护了幼儿的好奇心，又让幼儿学会认真回答别人提问的好品质。

父母应该经常与幼儿交谈。一方面建立相互的感情；另一方面多加引导，鼓励幼儿提问、思考，这样有利于幼儿的智力发展。

1岁5~6个月幼儿的养育和早教宜忌

1岁5～6个月幼儿养护宜忌

YES 宜教幼儿刷牙

刷牙要用竖刷法，将齿缝中不洁之物清除掉，刷上牙由上向下，刷下牙由下向上。选用两排毛束、每排4～6束、毛较软的儿童牙刷。每次用完甩去水分，毛束朝上，放在通风处风干，避免细菌在潮湿的毛束上滋生。每天早晚都要刷牙，尤其晚上更重要，避免残留食物在夜间经细菌作用而发酵产酸，腐蚀牙齿表面。建议4岁之前不要使用牙膏。

YES 宜用杯子或碗代替奶瓶

幼儿用杯子和碗喝水的技巧已更加熟练，较少洒漏，可以用碗喝牛奶而不用奶瓶了。先从白天开始，每次倒1/4～1/3杯奶，不必倒满，喝完再添。早晨、午睡后到晚上睡前都改用碗或杯子喝奶，使幼儿觉得像大人一样，似乎长大了。杯子、碗都易于清洗，奶瓶和奶嘴易滋生细菌不易洗净。如果幼儿有含奶嘴入睡的习惯要尽快改掉，一来奶中的糖分会使龋齿形成；二来含奶嘴入睡会影响门牙的咬合、使上颌拱起，影响容貌。

NO! 忌幼儿吃饭不专心

亚洲儿科营养大会媒体论坛公布的数据显示，1/4的1～2岁幼儿的家庭和1/3的2～3岁幼儿的家庭有吃饭看电视的习惯。对于生长发育中的幼儿来说，吃饭是一件需要专心做的事情。因为吃饭的过程不仅是将营养素吃进去，还要让营养素充分吸收，精力分散不利于胃肠的正常蠕动和消化液的分泌。进食虽是本能，吃饭却是个需要学习的事情，因为对于婴幼儿来说，吃饭还是一个学会咀嚼、学会使用餐具、学会享受美味、学会餐桌礼仪的过程。因此，对于处于培养良好饮食习惯关键期的幼儿来说专心进餐很重要。家长要从自身做起，和幼儿一起专心吃饭；也要告诉家庭中照顾幼儿的其他成员。比如，幼儿的爷爷、奶奶、姥爷、姥姥、保姆等，要和幼儿一起专心吃饭，不允许幼儿边吃饭边看电视。

1岁5～6个月幼儿喂养宜忌

YES 宜让幼儿爱上奶酪

奶酪又称干酪，是鲜牛奶经过高度浓缩并窖藏后的固形奶制品，大约15升牛奶可制得1千克奶酪。其中蛋白质含量比肉、禽类高，平均达25.7%。由于在窖藏中发生酶促反应致蛋白质降解，因而更易为人体消化，适合儿童、孕妇、哺乳妈妈及老年人食用。奶酪中脂肪含量为23.5%，其中饱和脂肪酸的含量为12.9%，不饱和脂肪酸为9.3%，因而人们不必为其所含饱和脂肪酸过多而担心。重要的是其含钙量很高，是鲜牛奶的7.7倍。由于钙磷比例较为适合骨骼和牙齿的形成与发育，因而将奶酪碾成粉末适量添加在婴幼儿辅食中既可调剂口味，又可获得较高的蛋白质及生物源天然钙，是一种较好的配餐方法。

NO! 忌把酸味奶当成酸奶

酸奶是一种在鲜牛乳中加入乳酸杆菌在40℃～45℃环境发酵，待其pH值（酸度）达到一定数值时停止发酵制作而成的奶制品，具有口感好、无毒害，且有保健功能的特性。其营养素含量及作用不仅与牛奶相同，而且除含有活体乳酸杆菌外，对于乳糖不耐受或对乳糖短暂消化能力差、胃肠消化功能下降、肠道微生态环境紊乱的儿童及老年人有替代鲜牛奶的较好作用。对轻微肠道感染、腹泻，乃至胃肠道功能不稳定、腹胀、便秘等疾患有促进恢复的作用。作为钙质补充的来源，也是很适合选用的一种食品。但要注意，酸味奶或酸奶饮料虽含有奶，但不是含有活菌的酸奶。

1岁5～6个月幼儿早教宜忌

YES 宜提高手眼协调能力

拿两个小碗，一个装上1/3碗大米。把报纸铺在桌面上，让幼儿把碗中的大米慢慢倒进另一个碗内。幼儿端碗时胳膊可以支撑在桌子上，先使两个碗靠近，盛米的碗抬高一些，小心不让米撒在桌子上。幼儿要反复练习，逐渐可以做到右手将碗端平，左手扶持空碗，直到米完全倒完而不掉出。先学习倒大米，以后可练习端碗倒水而不倾出。通过这种练习可以提高幼儿手眼协调和双手协调的能力。

NO! 忌不了解前后等空间关系

这个阶段的幼儿应该可以学习了解一下前后空间的关系。可以跟幼儿做游戏：把娃娃放在中间，小猫放在娃娃前面，小狗放在娃娃后面。问："谁在娃娃前面？谁在娃娃后面？"如果幼儿答对了，可让幼儿把小狗放在小猫前面。再问："谁排第一？谁排第二？谁排第三？"再问："小猫前面是谁？小猫后面是谁？"鼓励幼儿自己将娃娃移到最前面，再提问。通过这个游戏可以让幼儿学会空间关系，谁在前，谁在后，懂得"第一、第二和第三"。

1岁6~7个月幼儿的养育和早教宜忌

1岁6~7个月幼儿养护宜忌

YES 宜养成良好的卫生习惯

1. 会自己擦鼻涕

幼儿的衣服一定要有兜，每天换一块清洁的手绢。教幼儿打开手绢擦鼻涕，将擦过的一面折到里面，把手绢放入兜内。不要把手绢用来当抹布到处擦，也不要用手绢来包石头子及小玩具。不要用别人的手绢。如果用纸巾擦鼻涕，用后一定扔入垃圾桶，不许扔到地上。

2. 会开关电灯和冲厕所

让幼儿知道家中每个房间的电灯开关在哪儿，知道晚上进屋时开灯，离开时关灯。让幼儿学会用厕所的冲水器，知道大小便后要冲水，保持便池清洁。

NO! 忌幼儿吞入异物

任何直径或长度小于4厘米的物品，幼儿都有误吞的可能，因此一定不能把这类物品放在幼儿能拿得到的地方，还要尽早教育幼儿不能将小物品放入口、鼻、耳中。

- 家中所有药品都要放在幼儿拿不到的地方，药柜或药箱应上锁。
- 不要随意更换药瓶和标签，吃剩的药片要放回到妥善地点存放。
- 儿童药品最好使用按下才能拧开的安全瓶盖。
- 挑选玩具要看有无“不适合0～3岁婴幼儿”的标志，并仔细检查有无细小部件。
- 花盆、鱼缸内不要放置小石子、玻璃珠等。
- 坚果、硬糖、葡萄等小粒食物不能整个喂给幼儿，果冻绝不能让婴儿吸着吃。
- 定期检查幼儿的衣物，如有纽扣要缝牢，别针、小饰物要拿掉，帽子、领口不能有细绳等。

1岁6～7个月幼儿喂养宜忌

YES 宜注意蛋白质的互补作用

除了人体自身的蛋白质以外，自然界并不存在另一种能完全替代人体蛋白质的化合物。因此，只有将优质的动物性蛋白质和植物性蛋白质进行科学搭配才能获得最完美的全价蛋白质。在日常膳食中可采用摄食多种多样主副食的方法来达到这一目的，也就是通过营养学上的平衡膳食来满足人体对优质蛋白质的需求。

采用混合食用多种食物蛋白质，以取得各种食物相互补充各自氨基酸不足的效果，达到按人体蛋白质氨基酸的构成比重新组建人体蛋白质的目的，这就是蛋白质的互补作用。

烹饪方法对食物中营养素的消化吸收有重要影响，如黄豆的一般吃法是煮、炒等，其中蛋白质的消化吸收率为50%～60%，而加工成豆腐后吸收率可达90%以上。

YES 宜了解哪些幼儿容易缺锌

先天储备不良、生长发育迅速、未添加适宜辅食的非母乳喂养幼儿、断母乳不当、爱出汗、饮食偏素、经常吃富含粗纤维的食物都是造成缺锌的因素。胃肠道消化吸收不良、感染性疾病、发热患儿均易缺锌。另外，如果家长在为孩子烹制辅食的过程中经常添加味精，也可能增加食物中的锌流失。因为味精的主要成分谷氨酸钠易与锌结合，形成不可溶解的谷氨酸锌，影响锌在肠道的吸收。

对缺锌孩子首先应采取食补的方法，多吃含锌量高的食物。如果需要通过药剂补充锌，应遵照医生指导进行，以免造成微量元素中毒，危害孩子的健康。比如，大量补锌有可能造成儿童性早熟；当膳食外补锌量每天达到60毫克时将会干扰其他营养素的吸收和代谢；超过150毫克可有恶心、呕吐等现象。

NO! 忌钙锌同时补

锌还有“生命之花”“智力之源”的美誉，对促进孩子大脑及智力发育、增强免疫力、改善味觉和食欲至关重要。所以营养专家提出：补钙之前补足锌，孩子更健康、更聪明。我们知道，生长发育的过程是细胞快速分裂、生长的过程。在此过程中，含锌酶起着重要的催化作用，同时锌还广泛参与核酸、蛋白质以及人体内生长激素的合成与分泌，是身体发育的动力所在。先补锌能促进骨骼细胞的分裂、生长和再生，为钙的利用打下良好的基础，还能加速调节钙质吸收的碱性磷酸酶的合成，更有利于钙的吸收和沉积。如果孩子缺锌，不仅无法长高，补充的钙也极易流失。

人体内的各种微量元素不仅要充足，而且要平衡，一定要缺什么补什么，不要盲目地同时补充。如果确实需要同时补充几种微量元素，最好分开服用，以免互争受体，抑制吸收，造成受体配比不合理。钙和锌吸收机理相似，同时补充容易产生竞争，互相影响，故不宜同时补充，白天补锌、晚上补钙效果比较好。目前，市场上有不少补充锌的制剂，如葡萄糖酸锌等。孩子在喝这些制剂时，除了要注意和钙制剂分开来喝以外，也要和富含钙的牛奶与虾皮分开食用。

1岁6～7个月幼儿早教宜忌

YES 宜正确看待幼儿的逆反心理

1岁半以后，幼儿开始出现逆反心理和行为。对于父母来讲，这个时期的孩子越来越难以管教了。父母的话他几乎一句也听不进去，越来越让父母生气，直到累得他们口干舌燥。其实，这种逆反行为及心理倒是有助于培养独立意识。幼儿还是挺好教育的，因为他有了是非观，父母需要做的只是讲究一些教育的技巧。

YES 宜教幼儿简单句子

1岁半到2岁的幼儿有一个阶段很能理解和接受词汇，有人称之为“词饥”。如果得不到满足他会自己造词，讲一些别人听不懂的话。这个阶段的标志是会用代名词，即问到“你”时改用“我”来回答。这种情况有些孩子可出现在1岁半～1岁7个月，大多数孩子出现在1岁8个月～1岁11个月。不要错过这个时机，不要让孩子在用词上感到饥饿，要多同他讲话，不但介绍名词，也要介绍动词及一些形容词，使孩子讲话由单词变成简单句。

问“你叫什么名字？”“你几岁？”“你是男孩还是女孩？”“你爸爸叫什么名字？”这些普通句子孩子会马上回答：“我叫×××。”“我两岁。”“我是男孩。”“我爸叫×××。”他不再说“你叫×××”，说明孩子已能将代名词“你”转变为“我”来回答问题。

YES 宜掌握“我的”“你的”“他的”

让幼儿先学会用“我”称呼自己，用“你”称呼对方，用“他”称呼第三个人。幼儿最喜欢认鞋，拿幼儿的新鞋问“谁的”？幼儿还不会开口，就会用手拍胸脯表示是自己的；会开口的幼儿会先说名字，“×××的”，大人告诉他说“我的”，用“我”表示自己。再指妈妈的鞋问“谁的”？幼儿可能用手指妈妈，或者说“妈妈的”，妈妈告诉他说“你的”。再指爸爸的鞋问“谁的”？幼儿会说“爸爸的”，妈妈告诉幼儿说“他的”。幼儿较快学会说“我的”，不久也会说“你的”和“他的”。

YES 宜引起幼儿对汉字的兴趣

有些幼儿特别爱看配有幼儿画面的广告，连同一串字如“乐百氏奶”也认得，这时就可把这4个字剪下单个学认。晚饭后把幼儿认过的字卡复习一次，幼儿能念出一个就赢得一张，幼儿手里拿到很多张就会十分高兴。可以看情况每天加入1～3张，选择幼儿在天气预报看过、在买来的食品包装上见过或上街时在大广告牌上见过的汉字。幼儿喜欢认他有印象的字，不要勉强让他认家长认为重要的字，要尊重幼儿的兴趣学习才能有好效果。有些妈妈以每天认几个字为目标，用自己规定的字做教材，使幼儿望而生畏，躲避学习，这是应当引以为戒的。

YES 宜学习10以上的数

幼儿1岁半以后很喜欢跳蹦蹦床，因为蹦蹦床有弹性，幼儿可以连续跳。幼儿在蹦跳时大人在旁边帮他数数，渐渐幼儿自己也跟着数数。幼儿蹦跳时情绪高涨，经常能数过10或者数过20。在数到9和19时需要大人帮一点忙。

NO! 忌禁止幼儿看电视

幼儿喜欢看电视，尤其爱看经常重复的广告。尤其是有幼儿参与的广告，幼儿会跟着幼儿说出最后一个字甚至两三个字。有些幼儿会随同大人关心天气预报，幼儿并不理解，只是因为天气预报都有一定顺序，幼儿会跟着念地名，如北京、天津、上海等。有些语言能力强的幼儿甚至会念一串长的地名，如呼和浩特、乌鲁木齐等。有时幼儿自言自语时也学着背诵地名，当会背诵4个字的地名时会使家长十分惊讶。有些幼儿能记住音乐，每当听到电视中一个熟悉的前奏时就叫唤着要看。

幼儿看电视所喜欢的内容与大人不同，不要强迫幼儿看大人所喜欢的长篇电视剧，即使儿童爱看的卡通片幼儿也看不懂，幼儿只喜欢经常重复的、能让他跟着学的段落。要尊重幼儿的选择，让他看他所喜欢的内容，鼓励他跟着学词和学记音乐片段，不断重复才能加深记忆。幼儿若能记住一小点儿，大人也应不断称赞和他一起重复，这对幼儿学习语言和音乐都很有帮助。

1岁7~8个月幼儿的养育和早教宜忌

1岁7~8个月幼儿养护宜忌

YES 宜练习自己穿衣服

起床后尽量让孩子自己穿衣服，逐渐减少帮助。如穿上衣时先穿一只袖子，妈妈帮助穿另一只袖子。如果衣服宽大，妈妈提着衣领，让孩子自己试穿第二只袖子。鼓励孩子自己穿套头衫，先把双手伸进袖子里，手从袖口伸出来后再把领口套到头顶上，一低头再向上抬，头就从领口出来了，再把衣襟拉好。

学穿裤子时，先坐好，将一条腿伸入裤腿内，脚从裤脚伸出，再把另一条腿伸入裤腿内，用手帮助脚伸出裤脚。站起来，先将裤腰提过膝盖，再从膝盖向上提到腰部，把内衣放入裤腰内，自己拉平。

这个月龄的孩子只要会穿套头衫和松紧带裤子就行，不要求会解、系衣扣。

如果在某一个环节有困难，可以先练习替布娃娃穿脱衣服，取得经验后再练习自己穿衣服。

NO! 忌自己不能上厕所大小便

在厕所的便桶上加个小圈，让幼儿坐在便桶上大小便，有些男孩学会站着小便也应鼓励。幼儿很会摆弄冲水器，让他自己冲水，保持厕所清洁。要经常提醒幼儿上厕所，以免贪玩尿湿裤子。冬季衣服太厚需要帮助幼儿大小便。从坐便盆进步到上厕所，会使幼儿产生“长大了”的自豪感。

1岁7～8个月幼儿喂养宜忌

YES 宜了解幼儿夏季饮食要则

1.饮食宜清淡

夏天气温高，幼儿的消化酶分泌较少，容易引起消化不良或感染性肠炎等肠道传染病，需要适当地为幼儿增加食物量，以保证足够的营养摄入。最好吃一些清淡、易消化、少油腻的食物，如黄瓜、番茄、莴笋、扁豆等含有丰富维生素C、胡萝卜素和矿物质等营养素的食物。可用这些蔬菜做些凉菜，既清凉可口，又有助于预防肠道传染病。

2. 白开水是夏季最好的饮料

夏天幼儿出汗多，体内的水分流失也多，幼儿对缺水的耐受性比成人差，有口渴的感觉时体内的细胞已有脱水的现象了，脱水严重的还会导致发热。幼儿每日从奶和食物中获得的水分约800毫升，但夏季应摄入1100毫升～1500毫升水。因此，多给幼儿喝白开水非常重要，可起到解暑与缓解便秘的双重作用。

3. 冷饮不可多吃

夏天幼儿最贪吃冷饮，这时爸爸妈妈要立场坚定。冷饮吃得过多会冲淡胃液，影响消化，并刺激肠道，使蠕动亢进，缩短食物在小肠内停留的时间，影响幼儿对食物中营养成分的吸收。特别是幼儿，胃肠道功能尚未发育健全，黏膜、血管及有关器官对冷饮的刺激尚不适应，多食冷饮会引起腹泻、腹痛、咽痛及咳嗽等症状，甚至诱发扁桃体炎。

YES 宜了解幼儿厌食的原因

1. 疾病因素

由于局部或全身性疾病影响消化系统功能，如肝炎、慢性肠炎等都是食欲减退的常见原因，发热、上呼吸道感染等也有厌食症状。也有的是家长为了给孩子增加营养，准备了大量孩子爱吃的“有营养”的食品，如巧克力、奶油点心、膨化小食品等。另外一些家长则为孩子配置了大量补品，如麦乳精、人参蜂王浆，甚至鹿血、鹿茸等，在诱导和强制孩子进食这些东西后造成孩子进食紊乱、营养失衡、热能不足或负荷过重。

2. 心理因素

儿童大脑——中枢神经系统受内外环境各种刺激的影响，使消化功能的调节失去平衡，如当孩子犯了过错受到家长严厉的责骂时。另外，气候炎热也会妨碍消化酶的活力。有的幼儿以拒食为要挟家长的手段，从而达到自己的目的或满足某种欲望。

3. 不良饮食习惯

这是当前幼儿、学龄前儿童乃至少数青少年厌食的主要原因。由于直接照看孩子的人教育方法不当，不考虑儿童心理和精神发育特点，采取哄骗、强制、恐吓或在进食时打骂等办法，造成对儿童有害的环境气氛和压力，使儿童的逆反心理和进食联系在一起，形成负性的条件联系，从而对进食从厌烦、恐惧发展到完全拒绝。

4. 微量元素缺乏

如膳食中铁、锌不足或摄入量不足等。铁在体内参与能量代谢过程半数以上环节的生理活动，铁不足会出现全身多方面功能降低、贫血乃至智能发育方面的迟滞；在消化道则可出现黏膜萎缩、功能低下和食欲不振。锌在体内参与多种酶代谢活动，尤其和蛋白质代谢有关。锌参与味觉素的组成，缺锌时口腔黏膜上皮细胞增生并易于脱落而阻塞味蕾小孔，出现味觉下降，不仅“食而不知其味”，而且由于味觉异常会出现异食癖。

5.维生素缺乏或过量

维生素在多方面参与机体代谢过程，维生素长期不足终会影响食欲。有的家长认为鱼肝油或维生素A、维生素D是保健补品，多食无妨，以致造成儿童慢性中毒，也是儿童厌食的原因之一。

厌食如果长期得不到纠正会引起营养不良，妨碍儿童的正常生长发育。但是，也不能过分机械地要求幼儿定量进食。遇到他们食量有变化时，如果营养状况正常，没有病态，不应看作厌食，可观察几天再说。总的来说，健康儿童的进食行为是生理活动，只要从添加辅食开始就注意培养进食的良好习惯，特别是及时添加各种蔬菜，一般不会因进食问题引起营养障碍。

NO! 忌错误理解厌食

孩子的饮食问题是家长最为关心的，只要孩子稍微有点吃得不好，家长立即就会担心。孩子一时的食欲不佳不能认为是厌食，更谈不上是了厌食症。孩子出现饮食问题主要责任人并不是孩子，而是家长自己，家长应该重新审视一下自己在喂养孩子时是否存在问题。

医学上对幼儿厌食症的诊断有一个标准：

- 厌食时间：6个月以上（含6个月）。
- 食量：蛋白质、热能的摄入量不足供给标准的70%～75%；矿物质及维生素的摄入量不足供给标准的5%；3岁以下幼儿每天谷类食物摄取量不足50克。
- 生长发育：身高（长）、体重均低于同龄人正常平均水平（遗传因素除外）；厌食期间身高（长）、体重未增加。
- 味觉敏锐度降低，舌菌状乳头肥大或萎缩。

1岁7～8个月幼儿早教宜忌

YES 宜给幼儿立规矩

妈妈准备带孩子去逛商场，店里有许多漂亮的玩具或者好吃的东西吸引孩子。未去之前要和孩子讲好规矩，能遵守就可以去，不遵守就不让去。在商店孩子想要什么先同妈妈讲，妈妈同意才可以买，不可在柜台前哭闹，扰乱公共秩序。可以在家先演习一下，如在桌上摆一个布娃娃，孩子想买娃娃，妈妈看娃娃标价180元，太贵了，妈妈钱不够，这次就不能买。孩子虽然不知道180元是多少，但懂得妈妈钱不够，暂时不能买。

如果孩子在商店被玩具吸引站住不走时，妈妈可以停下来陪他看一会儿，告诉他："今天我们是来买水果的，先去水果柜台吧。"经过演习的孩子知道妈妈带来的钱要用来买水果，不能买其他东西，便会顺从地跟着去水果柜台了。妈妈不妨顺便了解一下吸引孩子的是什么玩具，如果是一种值得买的玩具，妈妈可以答应孩子下次再来买，过几天再带孩子买玩具，使孩子知道买东西是要经过筹划的，不能见什么买什么。

给孩子立规矩可以培养孩子抑制欲望的能力，学会按计划办事。如果从小就事事顺着孩子，要什么就买什么，满足不了时孩子就会哭闹打滚，闹得不可开交，将就一次以后再有类似情况就会不好收场了。先在出门之前立规矩，口头讲孩子不容易明白，用游戏演习就十分容易理解了，使孩子学会听话和顺从。

YES 宜玩沙子

先将沙土筛一下，去掉杂物和石头，再用清水冲洗，去掉尘土和可溶性污垢，放在一个大盆内备用。如把沙盆放到户外，一定要用塑料布或编织袋盖上，四周用重物压好，防止猫狗在沙土上大小便，也防止其他污染。

让幼儿认识干沙，干沙可从手指缝中漏走，用小铲可以把沙土装入桶内再倒出来，反复地玩。干沙像水一样可以流走，没有一定形状。教幼儿用喷壶将沙土淋湿，湿沙土可以用小碗扣成沙饼。这会使幼儿特别兴奋，幼儿会把不同形状的塑料盒子拿出来，用湿沙做出各种各样的沙饼来。教幼儿用铲子在湿沙上挖洞，或者挖一条河，河上用长积木造桥。幼儿对沙土很有兴趣，可以独自玩上半小时到1小时。吃饭前或午睡前一定让幼儿将玩具收拾好，大人要将沙盆盖上。

大人要同幼儿一起玩，注意不要将沙土扬入幼儿眼睛内，更要注意不要让幼儿把沙饼放入嘴里。

YES 宜认带图的字卡

先将幼儿曾用动作表示过的字写在卡片上，让幼儿将字音读出。会读的字卡可收在一个盒中，3天后再复习。再把儿歌中押韵的字和新近学会的字贴在物品上再认读一遍，顺利通过的也收入3天后要复习的字卡盒中。不太熟悉的放在另一个盒中作为第二天复习时用。

每天可按幼儿的兴趣学1～3个新字，新学的字要每天复习或者早晚复习一遍。所以装字卡的盒子要标上1、2、3，即隔1、2、3天要复习的字。已经认熟的字也要在第七天再复习一遍。这种循环反复的温习可以巩固记忆，或者在每次巩固时加上一点花样。如先认识“床”字，下次换上“起床”，再下次换上“上床”，或者加“铺床”，使幼儿在练习单字的基础上变成练习词组。

有些幼儿很喜欢认字，每天晚饭后自己到玩具柜里取出盒子让家长同他一起认字。有时大人可以盖住字的上半或下半部分，或斜着将字盖上让幼儿猜。幼儿也可以任意盖上一部分让大人猜，使认字卡游戏更加有趣。

不必逼着幼儿学认字。如果幼儿愿意干点别的也应当许可。有些好动的幼儿喜欢到户外去玩，当他在沙土堆中掏沟时，大人在沙土上写个“沟”字，他就能马上学会。在玩跷跷板时显示个“跷”字卡也很容易记住。认字方法灵活多变更符合幼儿的需要。

NO! 忌只听中文儿歌

多让幼儿听儿歌，也可以给幼儿听一些简单的英文儿童歌曲。在听的过程中，幼儿会记住其中的内容，并模仿学唱。

1岁8~9个月幼儿的养育和早教宜忌

1岁8~9个月幼儿养护宜忌

YES 宜学会自觉入睡

睡前必须完成的几件事要形成常规，幼儿按次序做完这几件事时就意识到该睡觉了，就不会在睡前吵闹不肯上床。睡前幼儿要先洗漱、上厕所，然后向大人和布娃娃道“晚安”，拿着睡前要朗读的书由妈妈陪同进卧室；轻轻播放摇篮曲，妈妈帮助解衣扣，幼儿自己脱去衣裤躺下；妈妈低声朗读故事书，逐渐把灯光调暗。幼儿闭上眼睛时妈妈还要继续小声朗读，直到幼儿呼吸变深、四肢完全不动时才可离去。由于刚入睡时幼儿只进入浅睡期，声音、灯光、振动等都会把幼儿惊醒，进入深睡期就不易被吵醒了。所以幼儿刚入睡时要把电视或音响都关掉，灯光也调得很暗，否则幼儿不易入睡。

让幼儿按常规程序准备入睡，养成条件反射之后入睡并不困难。如果不按常规步骤，幼儿难以形成条件反射，就会缩短睡眠时间。幼儿睡眠不充分会影响身高，因为生长激素在深睡期分泌，不按时睡眠的幼儿身材比同龄儿矮小。2岁之前养成顺利入睡的习惯终身受用。

YES 宜学会自己洗漱

每天早晚幼儿同大人一起洗脸、刷牙、漱口，自己做才能学会自我保护并养成自觉的清洁习惯。

幼儿出齐20颗乳牙就可以学习自己刷牙了。有些幼儿虽然磨牙还未出齐，也应当学习漱口或者用牙刷刷门牙和犬齿。幼儿最喜欢挤牙膏，让他练习从牙膏最底端轻轻地开始挤，挤一小点儿放到牙刷上就够了，同妈妈一起练习上下里外轻轻刷牙。妈妈拿着幼儿的小手帮助他练习，然后逐渐放手让他自己去做，自己刷牙漱口如同做游戏一样能使幼儿感到快乐。

大人示范，让幼儿学习自己洗脸。先让幼儿洗净双手，趁手上有水时挤出一点洗面奶让幼儿用双手在脸上揉搓，然后双手再互相揉搓，再在脸上揉一会儿。待脸上略干时用流水冲净双手，手上蘸水揉按脸部，用水多次清洗，将脸上、手上的污垢冲干净，再用干毛巾将手和脸上的水分吸干，也要将眼角、耳朵背面、颈部的水分擦干。

一定要提醒幼儿不要把洗面奶弄到眼睛里。

幼儿喜欢学着在脸上涂护肤霜，可以让他对着镜子涂。大人提醒他要把护肤霜涂在前额、下巴和脸上，把剩下的涂在手背上。

1岁8～9个月幼儿喂养宜忌

YES 宜掌握幼儿秋季饮食要则

秋天是幼儿体重增长的最佳季节，同时也是上呼吸道易感染时期，所以应润肺利湿去燥，多食萝卜排骨汤、梨、枸杞子、菊花等能够润燥生津、清热解毒以及助消化的食物。按照中医的传统养生观点，秋季的饮食应该以润燥益气为原则，以健脾补肝清肺为主，既要营养滋补，又应考虑到容易消化吸收。

在初秋，饮食应遵循增酸减辛以助肝气的原则，少吃一些辛辣的食物，如姜、葱、蒜等，多食用一些具有酸味、润肺润燥的水果和蔬菜，如甘蔗、香蕉、柿子等各类水果，胡萝卜、冬瓜、银耳、莲藕等蔬菜，以及各种豆类及豆制品，以润肺生津。其中，柚子是最佳果品，可以防止秋季最容易出现的口干、皮肤粗糙、大便干结等秋燥现象。

秋季不宜再多食用冷饮，还要谨防“秋瓜坏肚”。西瓜或香瓜等瓜类都不要多吃，否则容易损伤脾胃的阳气，导致抵抗力降低，入秋后易得感冒等病。

NO! 忌盲目补充微量元素

铁剂、锌剂这类微量元素之所以被重视，是因为它们量微却作用大，少了不行，多了也不好。由于媒体宣传的原因，现在许多父母把视线过多地集中在了微量营养素上。其实，婴儿的生长发育需要全面的营养素，碳水化合物、蛋白质、脂肪的摄入同样重要，微量营养素的吸收也要依赖它们的帮助而完成，父母在关注宝宝微量营养素状况的同时，一定不要忘记膳食的全面合理。有关微量营养素是否缺乏的判断是一个专业性很强的行为，除了根据化验结果，还要综合婴儿的喂养史、临床症状以及体征来判断，普通父母很难通过感觉做出准确判断，一定要听取专业医生的建议。

1岁8～9个月幼儿早教宜忌

YES 宜练习套圈

让幼儿站在离长颈鹿玩具30厘米左右的地方，将套圈抛进长颈鹿的长脖子上。有些内装电池的长颈鹿在圈套进时会发出笑声，使幼儿十分高兴。幼儿学会后，可逐渐增加幼儿与长颈鹿之间的距离，使幼儿瞄准的能力逐渐提高，并会数出自己套进去几个圈。

如果想将圈套入长颈鹿的脖子，幼儿要先学会估量距离，再练习手的抛投技巧，使手的用力符合与长颈鹿间的距离和高度。这是练习空间知觉与手眼协调的游戏。2岁以内的幼儿能在50厘米远套中一两个圈就很不错了。

YES 宜学会用字块拼句子

让幼儿把认识的汉字找出来，先将有关人和物的分开，再将动词拣出放在中间。先从有关人的卡片堆中找出一个字，如“爸”，接着在有关动作的卡片中找出“吃”，再在有关物的卡片堆中找出“苹果”，拼出的句子是“爸吃苹果”。让幼儿自己去挑一张有关人的卡片如“幼儿”，在动作卡片中挑“看”，再在物卡片中挑出“车”，拼出“幼儿看车”。幼儿对拼句子十分感兴趣，他会拼出一些古怪的组合，如“妈吃船”。出现不合理的句子时，要求幼儿再挑一个字更换。告诉幼儿在“吃”的后面一定要找食物，使幼儿渐渐学会拼出恰当的句子。有些词如“大小”“红黄”“高矮”等，可以指导幼儿放在人和物的前面，如“大苹果”“小宝”“高房子”“红花”等，使幼儿学会形容词的用法。

幼儿一面学认汉字一面学拼句子，还要判断拼的句子是否合理、放字块的顺序是否恰当，全面提升幼儿的语言能力。

YES 宜学会区分轻和重

让幼儿爬上凳子，站在凳子上从柜子上取一把勺子和一个糖罐。当他下来时大人要扶持，看他是否先把东西放在凳子上，再爬下来把两件东西交给妈妈。如果他用手抱着这两件东西爬下凳子，就可能把勺子或糖罐掉到地上。如果糖罐掉下会打碎可能砸到幼儿脚上，幼儿会受伤。

从高处掉下的东西，重的摔到地上会发出很大的声音，如果砸到脚上会很痛，易碎的东西会打碎；轻的东西掉下发出的声音不大，砸到脚上也不痛。有了多次经验之后，幼儿在拿东西时更加小心，重的东西先放下，再转移体位，方便时再用双手捧起，不让它掉到地上。幼儿有了估计能力，能从以前发生过的事想到会出现的结果，做好防备。

YES 宜学习拍手数数

大人同幼儿一下一下地拍手，幼儿练熟之后大人连拍2下，看幼儿是否同大人一样连拍2下；可再试连拍3下，看幼儿能否跟得上。也可随时钟整点时响的钟声数数，数几下就是几点钟。如果学习顺利可学习一快一慢、一轻一重或一慢二快、一重二轻地拍，观察何时能拍4下或5下。

拍手和数钟的响声都是数与时间的练习，是在空间之外的第四维的能力练习。除了拍手之外，幼儿也喜欢跺脚来应和大人的节拍。这时大人可以边拍边数1、2、3，使幼儿的动作与数发生联系。

NO! 忌幼儿做事无计划

在洗澡之前，妈妈准备大盆和水，让幼儿帮助拿取用品，如幼儿的毛巾、肥皂、拖鞋、梳子等。刚开始幼儿每次只拿来一种，妈妈应要求幼儿一次同时拿取毛巾和肥皂；下次拿取拖鞋和梳子。妈妈可以先问：“毛巾在哪里？”“卫生间。”再问：“肥皂在哪里？”回答相同，就可以告诉他：“毛巾和肥皂都在卫生间，可以同时拿来。”妈妈再问：“到哪里拿拖鞋和梳子？”幼儿回答：“卧室。”让幼儿同时把这两种东西取来。经过几次练习之后，妈妈只需说一遍要求拿来的东西，幼儿会自己安排去哪里拿、每个地方拿几种，学会便捷地完成任务，学会做事巧安排。

1岁9~10个月幼儿的养育和早教宜忌

1岁9~10个月幼儿养护宜忌

YES 宜学穿鞋袜

先学穿袜子。将两手拇指伸进袜口，将袜口叠到袜跟。提住袜跟将脚伸进袜子至袜尖，足跟贴住袜跟，再将袜口提上来。这种穿法能使足跟与袜跟相符，穿得舒服。如果随便套上，袜跟会跑到脚背上，穿得不舒服。

再学穿鞋。大脚趾最长，在脚的里侧，把两只鞋尖的一侧对放在一起，让幼儿认出哪一只鞋应穿在左脚、哪一只鞋应穿在右脚。如果穿反了，鞋尖会压迫大脚趾，走起路来很不舒服。每天起床都让幼儿自己学穿，先穿上袜子再穿鞋，不要光脚穿鞋。

最好在2岁前后开始学习，使幼儿学会自己穿鞋袜，穿正袜跟和学会区分鞋的左右。经过练习的幼儿2岁后就能熟练地自己穿鞋袜了。

NO! 忌有龋齿不及时治疗

不少幼儿20颗乳牙还未长齐就已经出现龋洞，牙齿上有小黑点。许多家长对此不重视，以为换牙后就会再长出洁白的恒齿。殊不知龋洞会深入牙龈，影响还未萌出的恒齿。有些幼儿在三四岁就会出现牙痛，因为龋洞的侵蚀使牙神经裸露，直接受到冷热刺激。所以，一旦发现龋洞要赶快修补，使龋洞不至于扩大。

1岁9～10个月幼儿喂养宜忌

YES 宜掌握幼儿冬季饮食要则

1. 饮食要均衡

无论什么季节，粮谷、蔬菜、豆制品、水果、禽畜肉、蛋、水产和奶制品都应当出现在宝宝的餐桌上，哪一样都不可缺少。要适当用植物蛋白（豆浆、豆腐、豆花以及各种杂豆类食物）替代部分动物蛋白，帮助平衡蛋白质的种类，促进蛋白质吸收，增加膳食纤维，避免积食。

2. 保证摄入充足的热量

冬季身体的热量散失会比较多，饮食需要相应增加热能。增加热量的摄入不等于添加过多的高蛋白、高脂肪食物，如肉、蛋、海鲜等，要让主食和土豆、红薯、芋头、山药等根茎类蔬菜占主导地位，同时可适量增加核桃、芝麻、花生等植物油脂类食物，以储存热量。

3. 多吃应季蔬菜和水果

冬季幼儿容易得呼吸道感染等疾病，如果能摄入足够的维生素，就能有效增强免疫力。多选择新鲜的冬季果蔬给宝宝吃，特别是南瓜、红薯、藕、冬笋、胡萝卜、萝卜、西红柿、青菜、大白菜、卷心菜、苹果、大枣、柑橘、香蕉、柚子、木瓜等。这些果蔬经过低温考验后，糖、维生素及钾、镁等矿物质的含量都非常丰富，可提供丰富的热量和微量营养素。已经过季的水果如西瓜、桃子、樱桃等最好不要给宝宝吃了，这些果蔬往往在成熟前就被采摘、或者采用了催熟方法，营养素含量相对较低。如果遇上是冷库存放的产品，还有可能因不新鲜而吃坏了肚子。

动物肝脏、紫菜、海带、海鱼海虾（特别是深海鱼）等海产品也应该给宝宝多吃一些。最好每周能给幼儿吃上1～2次猪肝。家长可采用猪肝与其他动物食品混煮，如猪肝丁和咸肉丁、鲜肉丁、蛋块混烧或猪肝炒肉片等。将猪肝制成白切猪肝片或卤肝片，在幼儿还未进餐的时候，洗净手一片一片拿着吃也是个好方法。

4. 多炖煮少生冷

冬季，食物的烹调要避免油炸、凉拌或煮后冷食，应以煲菜类、烩菜类、炖菜类、蒸菜类或汤菜等为主。冬季要避免吃、喝温度偏低的食品或饮品，宝宝的食品或饮品最好在40℃以上，不让低温刺激宝宝娇嫩的胃肠黏膜，引发消化道疾病。

由于低温易使菜肴的热量散发较快，因此，在冬季恰当使用勾芡的方法可以帮助菜肴保温，如羹糊类菜肴。

5. 多吃润燥食物

冬季气候干燥，多吃些润燥食物对幼儿身体健康有好处。萝卜具有很强的行气功能，还能止咳化痰、润喉清嗓、降气开胃、除燥生津、清凉解毒。俗话说“冬吃萝卜夏吃姜，不劳医生开药方”，就是说萝卜有很好的保健功能。吃萝卜的花样很多，可生吃、凉拌、炒菜，也可做汤。冬瓜味甘性凉，有清热止渴、利水消肿等功效，可用于咳嗽痰多、心神烦乱等。另外，蘑菇、苦瓜、银耳等也有润燥的作用。

NO! 忌营养素的损失

幼儿的胃容量小，进食量少，但所需要的营养素的量相对比成人多。为了使幼儿得到合理而充分的营养，讲究烹调方法，最大限度地保存食物中的营养素是很重要的。在淘米过程中，维生素B_1损失率为29%～60%，维生素B_2为25%，矿物质为70%。用容器蒸米饭时维生素B_1保存率为62%，维生素B_2为100%。如果用捞饭法维生素B_1保存率为17%，维生素B_2为50%。一般蔬菜与水同煮20分钟，维生素C损失率为30%，如果采用旺火急炒就会减少维生素C的损失。所以说选择合理的烹调方法，就能减少食物中营养素的损失。

另外，合理使用调料，如醋也可起到保护蔬菜中B族维生素和维生素C的作用。在烧鱼或炖排骨等菜肴时加入适量醋，还可使原料中的钙质溶解，利于人体吸收。在制作各种菜肴时挂糊或上浆、勾芡也可起到保护维生素的作用。

1岁9～10个月幼儿早教宜忌

YES 宜对幼儿进行道德启蒙

经常给幼儿读故事，通过故事教会幼儿分清善恶和好坏，幼儿最先从大人的表情中知道应该同情谁。例如，丑小鸭小时候特别难看，鸡不喜欢它，鸭也不喜欢它，它找不到朋友十分寂寞，这时幼儿的脸上也出现悲伤的表情。后来丑小鸭长大了，它遇到美丽的白天鹅，本想躲开，当它低头一看，自己在水中的影子也同天鹅一样漂亮时，它太高兴了，跟着美丽的天鹅一起学习飞翔。这时幼儿也变得高兴起来。幼儿同情丑小鸭，为它没有朋友而难过，又随着它变美丽而喜悦。

朗读《小兔子乖乖》时，幼儿明显地喜欢小兔子，憎恨大灰狼。以后再读故事时幼儿会着急地问："他是好人还是坏人？"大人故意不答，让幼儿自己去猜，故事还未讲完幼儿就能分清谁是好人、谁是坏人。幼儿会同情好人，虽然好人经受磨难，但是好人能克服困难，能战胜坏人。幼儿分清了好坏之后会逐渐学习好人的好品德，这是道德的启蒙教育，可以在2岁之前，即在幼儿能理解之时就抓紧教育。

YES 宜练习画、写技巧

除了用纸和笔学画之外，还有没有其他画画的方法呢？幼儿喜欢模仿，大人用一根棍在泥土地上画一条长道，幼儿会跟着学。棍子还可以写出数字或者写出几个汉字，让幼儿学认。棍子也可画一只小鸡、小兔或者画一个小人，幼儿看见后会十分喜欢，也会跟着乱画起来。刷子蘸水也可以在地面上画，用旧奶瓶刷蘸水就可以在地上画条条、写字、画小人。让幼儿用小刷子蘸水学画。如果小刷子的毛磨光了，用一点布将尖端包上可以再用。用棍子和旧刷子在户外画比用笔和纸画自由、好玩，更能提高幼儿画画的兴趣，又可在户外晒太阳、呼吸新鲜空气，一举多得。

YES 宜学习蔬菜名称和颜色

妈妈买菜回家后让幼儿拿出篮子里的蔬菜，边拿边学认蔬菜的名称。幼儿爱吃黄瓜，妈妈一边给幼儿拿一边说："黄瓜是绿色的。"再从篮子拿出绿色的韭菜、油菜或者小白菜；再挑出不是绿色的菜，如胡萝卜和西红柿，还有红皮的大萝卜和白皮的大萝卜。让幼儿一面拿一面认，将不同颜色的蔬菜分开并摆好。妈妈坐在矮凳上当卖菜的，幼儿提篮子来买菜，能说出菜名的菜就可以买，看幼儿能买到几种蔬菜，其中哪几种是绿色的。幼儿最先会说的是自己爱吃的菜，说上几种都应鼓励。

YES 宜按一定次序安装玩具

练习按一定次序安装玩具是既动手又动脑的游戏，幼儿一般都比较喜欢拆装木头人。幼儿可给木头人先穿上裤子，再插上身、插上头、戴上帽子，最后插进两只胳膊。先用一个木头人来练习，然后将几个木头人全拆开，逐个装好。有些木头人是用一串木珠做成的，上面有头和帽子，木珠的次序可以随意改变，这种拼装较容易，身体组成有一定次序的木头人就略为难一些。

NO! 忌粗暴对待发脾气的幼儿

发脾气是幼儿在2岁前后常出现的行为，或者是一种同大人玩的游戏。他要求大人满足其要求时有时会通过发脾气来达到目的，如果大人不同意，他会哭闹试试大人的耐受限度。这时大人如果生气，对幼儿采取惩罚的办法或干脆动手打幼儿，会给幼儿留下不良的形象，甚至影响父子或母子间的关系。比较好的办法是大人先离开一会儿，因为旁边没有人，幼儿发脾气就不起作用了。大人可以去做其他事，等幼儿情绪平静下来再给他讲明道理。告诉幼儿有什么要求可以直接讲出来，大人考虑是否合理，合理就给予满足，如果不合理就不能同意他的要求并讲明理由，幼儿不应用发脾气的方式来提要求。

1岁10~11个月幼儿的养育和早教宜忌

1岁10～11个月幼儿养护宜忌

YES 宜确保幼儿的乘车安全

1.正确选用安全座椅

购买安全座椅时要选择那种功能完整、经过安全测试且适合幼儿年龄、身材大小的产品。后向式安全座椅为6个月以内或体重12千克以下的幼儿专门设计，由于这个时期的幼儿，头部重量相对于身体较重，且脊柱发育不完善。采用这种方式的坐姿可以最大限度地保护幼儿。当幼儿可以坐直身体，并能挺直脖子的时候（1岁以上为佳），可选用前向式安全座椅。4～12岁的幼儿可使用儿童增高座椅并系好儿童安全带。

2.正确安装安全座椅

■ 按照使用说明书，正确安装安全座椅。

■ 安全座椅应固定在后排中间，以躲避正面和两侧的撞击；同时，也可避免前安全气囊和侧安全气帘爆开后带来的冲击力伤害幼儿。

■ 安全座椅固定好后，试试左右摇动安全座椅，保证左右摇动幅度不超过2.5厘米。

■ 为使安全座椅稳固，可以将安全座椅向汽车座位压紧，同时勒紧汽车安全带。

■ 如果在一个位置无法固定安全座椅，可尝试在车内其他位置或换用其他类型的汽车安全带。

■ 应根据幼儿的身高调节座椅束带的高度。

■ 幼儿很快就能学会自己解开安全座椅的安全带，要随时检查幼儿的安全带是否系好。

3.不要让幼儿自己开关车门

车门一般都具有一定的重量，虽然大多数的车门有两段式开合设计，但这是专为成人设计的，主要目的是避免下车时一下子就把车门推到全开而碰到行人。而幼儿力气小，车门开启时如果推不到定位，车门就会微微回弹，这样的力对于身单力薄的幼儿来说，很有可能夹伤他们的手指。因此，父母应该亲自下车给幼儿开车门、关车门。如果幼儿执意要自己开关车门，父母也要在旁边做好协助工作，避免意外的发生。

确保让幼儿从人行道这一侧下车，并在每一次打开车门前，父母都要确定没有危险再让幼儿下车。

4. 不要让幼儿把头探出天窗

现在有很多年轻的家长购买了带天窗的车，天气晴好时总喜欢打开天窗行驶。幼儿出于好奇，总想把头伸出窗外。家长一定要制止这种行为，因为在行驶过程中任何一个紧急刹车都可能对幼儿造成很大伤害。即使停车后让幼儿把头伸出天窗玩耍，也有可能出现引擎熄火后天窗自动关闭的情况而夹伤幼儿的头部。而且，幼儿如果想把头探出天窗就需要站在座椅上，万一车子突然启动也是很危险的。不要忘记按下安装在内门的安全插栓，以防幼儿在行驶过程中将手伸出车窗外。

5. 掌握让幼儿安坐车内的诀窍

■ 给幼儿准备几个他平时最喜爱的玩具，吸引他的注意力。可以考虑把玩具拴在衣钩或是把手上，以免滚到地上或座位下面。

■ 给幼儿准备几盘他喜欢的音乐CD或者故事，行驶途中放给他听，让他安静一会儿。

■ 设计一些有趣的游戏，在旅行途中和幼儿玩耍，让他的旅行变得充满趣味。

■ 最好有专人照顾幼儿，这样既不影响父母开车，又可顾及幼儿的情绪。

■ 选择合适的时间出行，比如，每天早点儿出发，或是在夜间旅行。避免在一天中最热的时候走长途，以免幼儿中暑。如果车里温度过高应及时打开空调。

■ 车里开空调时幼儿容易出现隐性脱水，因此，应在车内准备好水，让幼儿按时喝水。

■ 尽可能多带些衣服用来防寒，当幼儿衣物脏了也可以及时更换，防止他因为大小便弄脏衣服而有不舒适的感觉。

■ 每隔一段时间找个合适的地方停下车，让幼儿下来跑一跑，活动一下筋骨，防止他烦躁。

■ 当幼儿无法控制自己时将汽车慢慢停到路边，想办法等他平静下来再继续行驶。

如果车内带有自动锁，就不能把幼儿独自留在车内，否则可能出现意外时会导致幼儿无法脱身。

NO! 忌认为夜间磨牙是病

夜间磨牙是一种现象，不是什么病，如同做梦、说梦话一样，情绪过度紧张或激动、不良咬合习惯、肠道寄生虫感染等往往会增加夜间磨牙的次数。严重的夜间磨牙会加快牙齿的磨耗，出现牙齿过度敏感的症状，甚至造成牙周组织损伤、咀嚼肌疲劳及颞颌关节功能紊乱。夜间磨牙的防治应从病因入手，方能收到好的效果。

■ 消除幼儿的紧张情绪。

■ 养成良好的生活习惯。起居有规律，晚餐不宜吃得过饱，睡前不做剧烈运动，特别应养成讲卫生的好习惯。

■ 怀疑有肠道寄生虫者应在医师指导下进行驱虫治疗，减少肠道寄生虫蠕动刺激肠壁。

■ 纠正牙颌系统不良习惯，如单侧咀嚼、咬铅笔等。

1岁10～11个月幼儿喂养宜忌

YES 宜会独立吃饭，学拿筷子

这个月已经有一些幼儿能自己用勺子吃饭，能把碗内的饭菜都吃干净了。这样的幼儿就可以优先练习用筷子吃饭。幼儿同大人一起吃饭，看到别人都用筷子，他也很想学着用。开始时只能将饭扒到嘴里，筷子分不开，不会夹菜。通过练习，尤其是看到好吃的东西，手的技巧会进步得很快，就能把筷子分开，连夹带拿把好东西吃到嘴里。幼儿手的模仿能力很强，很快就能熟练地使用筷子了。

人的大脑中操纵手的神经细胞有20余万个，难怪有“心灵手巧”之说。在锻炼手技巧的同时也促进了操纵手的神经细胞的发育和与其他神经细胞的联系，所以锻炼手巧也同时促进心灵。手的精细技巧很多，如绘画、刺绣、弹琴、打字等，但最容易学的要算练习用筷子了。每天必须锻炼3次，幼儿如果能早一些学用筷子，对将来练习其他技巧就能打下较好的基础。

YES 宜了解此阶段宝宝需要哪些营养素

在“母乳喂养”期间，母乳中有足够的宝宝所需的各种营养物质，而对于1岁以后的宝宝，我们要强调平衡膳食。要做到平衡膳食，就得先对宝宝所需要的营养素有个初步的了解。宝宝需要的营养素包括蛋白质、脂肪、碳水化合物、维生素、膳食纤维和水。蛋白质、脂肪和碳水化合物在体内代谢后释放能量，我们又称之为产能营养素。能量对宝宝很重要，维持生命活动、保证生长发育，能量是必不可少的。除了产生能量，蛋白质还有构成组织细胞的主要功能，是生长发育必备的原材料。脂肪的其他生理作用还有保暖、促进大脑发育等重要作用。碳水化合物除提供能量外，还参与许多生理活动。

元素在身体内的含量分为宏量元素和微量元素。顾名思义宏量元素就是含量多的元素，微量元素就是含量少的元素。人体内的宏量级元素有钙、磷、钠、钾、氯等，微量元素有铁、铜、锌、硒、氟等。各种元素都有其重要的生理作用，比如，钙是构成骨骼的重要物质，铁参与红细胞的组成等。

维生素包括维生素A、维生素D、维生素E、B族维生素、维生素C等，维生素A、维生素D、维生素E常常和脂类结合在一起，又被称为脂溶性维生素，B族维生素、维生素C就叫作水溶性维生素，维生素参与许多生命物质的组成和代谢。

膳食纤维在保持肠道的正常运动与功能中发挥着重要作用。

水是最为重要的营养素，所有的生理活动都需要水的参与。

各种营养素均由每日的膳食提供，天然的食物，没有哪一种食物能够为人体提供全面的营养素，将多种食物合理搭配，是一门很有讲究的学问。宝宝处于长身体、长智力的时候，合理、平衡的膳食更为重要。

以前已经添加的食品仍然可以喂给宝宝，但在此期间，可以将食物做得更大块、更好吃一些。1岁以后可以添加的辅助食品有软饭、面条、面包、碎菜、碎肉，容易消化的豆制品等。软饭、面条和面包等食物可以增加能量、矿物质、膳食纤维等营养素；碎菜可以为宝宝提供多种维生素、矿物质、膳食纤维等；碎肉、豆制品可以为宝宝提供优质蛋白质、微量元素等。这些辅助食品还能进一步训练宝宝的咀嚼能力，为断母乳做准备。

1～2岁的幼儿每日所需的各种营养素如下：蛋白质35克～40克，脂肪30克～40克，碳水化合物140克～170克，钙600毫克，铁10毫克，锌10毫克，碘70毫克，维生素A0.4毫克～0.7毫克，维生素$B_1$0.6毫克～0.7

毫克，维生素B $_2$0.6毫克～0.7毫克，维生素C 30毫克～35毫克，维生素D 400国际单位，水每千克体重120毫升。

NO! 忌饭前给幼儿喝水

饭前喝水是一种非常有害的习惯。消化器官到吃饭时会分泌出各种消化液，如唾液、胃液等，与食物的碎末混合在一起，使食物容易被消化吸收。如果喝了水就会冲淡和稀释消化液，并减弱胃液的活性，从而影响食物的消化吸收。如果幼儿在饭前感到口渴，先给喝一点温开水或热汤，但不要很快就吃饭，最好过一会儿。

1岁10～11个月幼儿早教宜忌

YES 宜让幼儿有一个属于自己的小天地

用大的包装箱为幼儿造个家，如果大人没有特意为幼儿去准备这样的箱子，幼儿会自己造个家。幼儿会躲在垂着桌布的桌子下面，把小板凳和小布娃娃搬进来，在桌子下面造个小家；有些幼儿会在门背后、柜子间的空隙，甚至垂着床单的床底下造个家。每个2岁的幼儿都想有自己的家，在一个隐蔽、别人看不见的角落安静地做自己的事，照顾小娃娃。不要批评建一个小家的男幼儿，男幼儿喜欢家不但不会失去男子气概，而且会学会温柔体贴地照料别人。

尊重幼儿的爱好，让他有一个小小的完全属于自己的小天地，使他能重演看过的、留下深刻印象的幻想游戏，总结学习所得到的经验，大人可从旁观察，不必打扰。有时他会把心中的感受演示出来，如挨打受罚、惊吓或者疼爱亲昵，利用娃娃或拟人动物做情感发泄的对象，这些只有避开成人的视线才能自由地发泄出来。

YES 宜练习双脚交替上下楼梯

在1岁半前后，幼儿先学会交替双脚上楼梯，两三个月后再学双脚踏一级台阶慢慢下。住楼房的幼儿2岁前基本学会交替双脚扶栏杆下楼梯。现在由于拓宽道路，过街天桥增加，上下台阶的机会也多了，所以许多幼儿不到2岁都能交替双脚上下楼梯。幼儿上下楼要有大人监护，尤其当大人在厨房忙碌时，不要让幼儿单独在楼梯上玩耍，以免发生意外。在下楼梯时，幼儿要探头看路，身体垂直，身体重心前移容易向前摔倒。大人要走在幼儿前面，才便于保护。如果大人跟在后面，万一幼儿向前摔倒会因来不及扶持而出现意外。

YES 宜学说反义词

在日常生活中帮幼儿建立反义词的概念，比如，说“这个苹果大，那个苹果小”“这根筷子长，那根筷子短”“妈妈高，宝宝矮”……

YES 宜学穿小珠子

从这个月开始可以教幼儿穿珠子。准备一根细绳和带眼的珠子数颗，让幼儿将细绳穿入珠子的小孔里，并在珠子的另一侧将穿过的细绳捏取出来。这个动作需要反复练习，逐渐加快速度，提高准确性。

YES 宜让幼儿按不同性质分类

分别用红色硬纸剪一个大圆和一个小圆，一个大方形和一个小方形，再用蓝色或其他颜色的硬纸也剪大圆、小圆、大方形和小方形。请幼儿按大人的要求分组摆放：（1）按颜色摆放，相同的颜色放在一起；（2）按形状摆放，圆形的放一堆，方形的放一堆；（3）按大小摆放，大的4个放一堆，小的4个放在另一堆。如果幼儿听不明白，大人可以示范一次。轮到幼儿做时大人不插手，让幼儿自己摆放。

NO! 忌不让幼儿自己整理东西

让幼儿练习收拾自己的东西，知道衣服应当怎样摆放，要用时应到哪里去找，养成整齐有序的习惯终身受用。妈妈同幼儿一起收拾柜子，把幼儿的上衣放到上格，将厚的上衣和罩衣放在下面，把薄的衬衫和内衣放在上面；再把幼儿的裤子放到下格，将厚的放在下面，薄的放在上面。把幼儿用的小东西放在抽屉里，袜子放在一边，帽子和手绢放在另一边，一边放一边说物品的名称。在换季时要把不用的东西包起来放在最高一格，以便常用的东西拿取方便。幼儿随同妈妈一起收拾整理过自己的东西，准备洗澡时就可以自己去拿要穿的衣服。从阳台收取洗干净的衣服，学会叠好，分别放进柜子里。

1岁11~12个月幼儿的养育和早教宜忌

1岁11~12个月幼儿养护宜忌

YES 宜让幼儿玩得安全又开心

游乐场是幼儿最喜欢去的地方之一，那里有他们爱玩的各种游乐设施。但是幼儿在玩的过程中，家长们可千万不要忽略了其中的安全问题。

1. 玩滑梯的安全

■ 要手扶栏杆，一阶一阶向上爬，脚要踩稳。

■ 玩滑梯的人多时，要让幼儿们有序排队上滑梯，不要拥挤。

■ 上到在滑梯上面的平台上后要让幼儿扶着栏杆站稳，不要让幼儿和其他幼儿打闹。

■ 滑滑梯时要按顺序向下滑，等前面的幼儿完全滑到滑梯底部走开后，再让后面的幼儿开始向下滑。不要让多个幼儿挨在一起从滑梯上滑下来，以免幼儿们叠压在一起，造成伤害。

■ 不要让幼儿从滑梯的滑道下方向上爬。

2. 玩秋千的安全

■ 3岁及3岁以下的幼儿最好选择四周有护栏或护板，双腿有固定出孔的座椅式秋千，它可以保护幼儿的安全。带有安全带的秋千也是相对安全的。

■ 玩秋千时要让幼儿的双手抓牢秋千的把手或护栏。

■ 不要让幼儿站在或蹲在秋千的荡板上。

■ 家长要控制好秋千的摆动高度。

■ 玩秋千的过程中，家长要时刻在幼儿周围，注意保护好幼儿。

■ 要让其他的幼儿远离正在摆动的秋千。

3. 玩跷跷板的安全

■ 如果是两个幼儿一起玩跷跷板，要有两位家长分别在跷跷板两端进行保护。

■ 如果是家长和幼儿一起玩跷跷板，幼儿的一端要有另外的家长保护。起伏的速度要慢一些，以免幼儿的腿、脚或关节受伤。

4. 玩蹦蹦床的安全

在蹦蹦床上蹦跳是很多幼儿都喜欢的一项游戏活动，但是，当蹦蹦床上的幼儿人数比较多时，如果恰巧有一两个幼儿跳起，对于正在下降的幼儿来说，看起来非常有弹性的蹦蹦床就会变得像水泥地一样坚硬，幼儿着陆的时候就有可能造成胳膊或腿骨折。加上大家推来挤去的互相碰撞，或者幼儿本身在蹦蹦床上做一些不该做的事情，比如在蹦蹦床上翻跟头等，他们在蹦蹦床上玩耍时的危险系数就更大了——骨折、脊椎损伤、严重的头部受伤，所有这一切都有可能发生。因此，当幼儿在蹦蹦床上玩耍时，父母要时刻守候在旁边，以便随时处理各种突发事件。当蹦蹦床上幼儿较多时，应说服幼儿先玩别的游乐设施，以免被碰伤。太小的幼儿不要为了锻炼他的胆量而极力说服他去玩蹦蹦床，等他身体协调能力发展不错了再玩也不迟。

5. 玩电动摇摆玩具的安全

■ 幼儿在骑乘电动摇摆玩具时，手一定要抓牢把手，脚要踩稳踏板。

■ 玩具开始摇摆时，家长要在幼儿旁边做好保护。

■ 幼儿若是表现出害怕或不想玩时，家长要马上和管理员联系，停止游戏。

6. 玩大型电动游乐玩具的安全

■ 家长要根据游乐玩具的提示为幼儿选择适合他年龄或身高的项目。对于带有说明的玩具，家长要先认真阅读玩具说明，再依幼儿的情况进行判断是否可以让幼儿玩。玩的方法一定要严格按照说明书进行。

■ 如果可以，家长一定要陪同幼儿一起进入玩具中，让幼儿在家长可控制的范围内，并为幼儿及自己系好安全带。

■ 如玩水上或轨道类的大型游乐项目，家长不要让幼儿坐在第一排。要让幼儿坐在中间位置或家长的旁边，方便家长随时保护幼儿。如“激流勇进”“水上漂流”“疯狂老鼠”等游乐项目。

■ 一些幼儿要单独玩的项目，家长要事先给幼儿讲清楚其中的安全注意要点，让幼儿提高自我保护意识。

■ 在玩的过程中，幼儿出现害怕的情况，家长应及时带幼儿离开，以免由于幼儿害怕发生一些意外伤害。

■ 对于危险度较高的游乐设置或不适合幼儿身高、年龄玩的游乐设置，家长千万不可为了让幼儿满意而冒险带幼儿去玩。

NO! 忌幼儿使用油画棒

铅笔和中国画颜料中都含铅，而油画棒原料中含有一定量的可溶性重金属元素，如铅、钡、铬、锑、镉、汞、砷等，如果在不知不觉地摄入这些重金属元素，会在一定程度上对人体产生危害。幼儿很喜欢撕油画棒上的包装纸，撕下来后直接用手接触油画棒，有的甚至把油画棒放入嘴里，摄入的重金属会更多，如果过量摄入会造成重金属中毒。因此，3岁以下的幼儿最好不要使用油画棒、彩色铅笔和中国画颜料。

如果要使用油画棒，应到正规的商场或美术用品专卖店购买，批发市场的产品质量有时难以保证。注意其包装上的标志是否齐全，有无产品名称、厂家厂址、安全标志等，目前安全标志主要有CE、CP两种。看清油画棒有无警示语，适用年龄段等标注。使用后及时将幼儿的手洗干净，以免在吃东西时将重金属摄入体内，危害健康。

1岁11～12个月幼儿喂养宜忌

YES 宜学会幼儿菜肴烹制方法

适合幼儿膳食常用的方法主要有蒸、炒、烧、炖、汆、熘、煮等。

1.蒸菜法

蒸出的菜肴松软、易于消化、原汁流失少、营养素保存率较高，如蒸丸子，维生素B_1保存率为53%，维生素B_2保存率为85%，烟酸保存率为74%。

2.炒菜法

蔬菜、肉切成丝或碎末等形状和蛋类、鱼、虾类等食物用旺火急炒，炒透入味勾芡能减少营养素的损失，如炒小白菜，维生素C保存率为69%，胡萝卜素保存率为94%；炒肉丝，维生素B_1保存率为86%，维生素B_2保存率为79%，烟酸保存率为66%；炒鸡蛋，维生素B_1保存率为80%，维生素B_2保存率为95%，烟酸保存率为100%。

3.烧菜法

将菜肴原料切成丁或块等形状，然后，热锅中放适量油，将原料煸炒并加入调料炒匀，加入适量水用旺火烧开、温火烧透入味，色泽红润，如烧鸡块、烧土豆丁等。

4.炖菜法

将炒锅放入适量油烧热，用调料炝锅，投入菜肴原料炒片刻后，添适量水烧开并加入少许盐炖熟，如白菜炖豆腐、炖豆角等。

5.氽菜法

将菜肴原料投入开水锅内，烧熟后加入调味品即可。一般用于汤菜。如牛肉氽丸子、萝卜细粉丝汤、鱼肉氽丸子、菠菜汤等。

6.熘菜法

将菜肴原料挂糊或上浆后，投入热油内氽熟捞出，放入炒锅内并加入调料及适量水烧开勾芡或倒入提前兑好的调料汁迅速炒透即可，如焦熘豆腐丸子、熘肉片等。

7.煮菜法

将食物用开水烧熟的一种方法，如煮鸡蛋、煮五香花生等。

NO! 忌不正确清洗和处理蔬果

蔬菜叶子和嫩茎部分是植物合成蛋白质最旺盛的场所，通常是受污染最重的部位，农药也往往是喷洒在蔬菜的叶片上，因此叶类蔬菜如白菜类（小白菜、青菜、鸡毛菜）、油菜、韭菜、黄瓜、甘蓝、花椰菜、菜豆、芥菜、茼蒿、茭白等的农药残留相对较重。而茄果类蔬菜如青椒、西红柿等，嫩荚类蔬菜如豆角等，以及鳞茎类蔬菜如葱、蒜、洋葱等，农药的污染相对较轻。

1. 清水浸泡洗涤法

主要用于叶类蔬菜，如芥菜、木耳菜、白菜、菠菜、韭菜等。在用水冲洗掉表面污物后，然后用清水浸泡30～40分钟，或加入少量果蔬清洗剂，再用流水冲2～3遍。

2. 清洗去皮法

将果蔬表皮冲洗干净后，削去外皮，如苹果、梨、桃、猕猴桃、萝卜、胡萝卜、黄瓜、茄子、西葫芦、冬瓜、南瓜等。

3. 储存法

农药在空气中随时间的延长能缓慢分解成对人体无害的物质，适用于易于保存的蔬菜、水果，如苹果、猕猴桃、冬瓜等可存放一段时间，以减少农药残留量。一般存放15天以上。

4. 碱水浸泡清洗法

大多数有机磷杀虫剂在碱性环境下，可迅速分解，所以用碱水浸泡是去除蔬菜残留农药污染的有效方法之一。在500毫升清水中加入食用碱5克～10克配制成碱水，将经初步冲洗后的蔬菜放入碱水中，根据菜量多少配足碱水，浸泡5～10分钟后用清水冲洗蔬菜，重复洗涤3次左右效果更好。

1岁11~12个月幼儿早教宜忌

YES 宜让幼儿讲出有趣的事

带幼儿去街心公园玩，让幼儿讲出所看到、听到和感受到的趣事。幼儿的词汇量有限，他会先指出目标，如“看老爷爷”，老爷爷正在打太极拳，做出各种姿势，大人可告诉他“老爷爷打太极拳”。一会儿幼儿听到布谷鸟在叫“布—谷”，音调如同乐谱5—3，大人可以告诉他这是布谷鸟的叫声，让幼儿模仿鸟叫的声音。幼儿用手摸树干，感到树皮粗糙；用手摸树叶，叶面潮湿光滑。告诉幼儿不要摸叶的边缘，有些叶的边缘有细小锯状的刺，会伤手指。让幼儿仔细看玫瑰花的枝上带刺，花未开时先见花蕾；蹲下可看到地上小蚂蚁成行走。认识自然的同时可以扩充词汇量，回到家时可让幼儿回忆刚才看到的趣事并讲出来。能记住多少都要受到表扬，幼儿只会记住他感兴趣的事物。

YES 宜玩球

让幼儿练习同大人互相滚球，幼儿还不会向远处抛球，先学将球放在地上向一个方向滚动，如果球碰到墙会被弹回。幼儿同大人互相滚球，或向一个目的地滚球，有来有回比单独玩更有意思。幼儿们都喜欢踢球，也可以让幼儿练习踢球。与大人互相踢球，或向墙踢球，让墙面将球弹回来就可以继续玩。

YES 宜鼓励幼儿识数

幼儿会搭积木，放一块数一个数。大人向幼儿要东西，如“递给我3块”，要求递的东西与数相等。但要求“给我4块”时递的东西可能多少不等，与要求不符。但是如果大人拿走1块，问“还有几块”幼儿能马上回答“2块”；再拿走1块，问“还有几块”马上回答“1块”。放回2块再问“有几块”，可正确回答“3块”。1～3是幼儿真正认识的数，能在这个范围之内正确做加减法。

有些幼儿只会背数到10，或者点数到5。家长不必着急，在上下楼梯、跑步、跳跃、穿珠子时都可以练习数数。一般2岁幼儿的背数都比点数多，因为手的动作比口头叙述慢。无论会数到多少，只要能懂得，即使只能替你拿来3件东西也很好。

数数的关键在9，如果数到19会说20，数到29会说30就能多数数。可以专门练习17、18、19、20；27、28、29、30；37、38、39、40；幼儿就会往上数。年龄稍大的幼儿在跳皮筋时说：“七五六，七五七，七八七九八十一；八五六，八五七，八八八九九十一；九五六，九五七，九八九九一百一……”年龄稍小的幼儿在旁边帮着背诵，对9的进位十分有好处。幼儿们边背边玩，顺口溜的练习能促进数数，使部分幼儿能较快背数到100。

NO! 忌限制幼儿的词汇量

与幼儿说话时尽量使用丰富的词汇量，不要以为他是小孩听不懂就局限语言的使用。多让幼儿聆听大人的谈话，语言就是在模仿和练习中发展起来的。

第三章

2～ 3岁幼儿养育和早教宜忌

2岁0~1个月幼儿的养育和早教宜忌

2岁0~1个月幼儿养护宜忌

YES 宜养成提早如厕的习惯

从2岁起要培养幼儿少尿或者不尿裤子的能力，为幼儿上幼儿园做准备。用画正字的办法使幼儿不至于因贪玩而忘记提早如厕。在幼儿玩的地方挂一张月历，旁边放一支笔。幼儿如果来不及上厕所把裤子尿湿了，就在当天日期下面画正字，看看今天尿湿几次。幼儿很在乎这件事，他会自觉地提早如厕以减少正字。冬天穿得较多，必要时可以帮助幼儿脱穿裤子。如果幼儿能事先警觉，找人帮助，而且能忍耐到脱下裤子才小便，就是很大的进步。经过一两个月的时间，通过画正字的办法就可以防止白天尿裤子了。

YES 宜了解语言发育与听力的关系

婴幼儿的听力与语言发育相关。如果幼儿2岁时还不会表达自己的需要，也不能理解大人的话，很可能存在听力问题，父母最好带幼儿去医院进行检查。有的幼儿大人说的话都能听懂，但就是不开口说话，不用语言表达自己的需要，这种情况就不是听力原因造成的，只是幼儿说话早晚的问题。

YES 宜了解幼儿不肯吃药怎么办

年轻父母常常为幼儿不肯吃药而苦恼，幼儿吃药时经常哭闹，灌进去又吐出来，连奶和饭也连带吐出来，难怪不少家长宁愿让医生打针也不愿意给幼儿喂药。

婴幼儿有灵敏的嗅觉和味觉，很容易把药物辨认出来，因此给幼儿吃的药要尽可能把味道调好，如水剂或片剂要碾碎用少量糖调匀用勺子喂服。每次量要少，用勺子送入口腔待下咽后才取出。幼儿在吞咽时会反流可顺势把药接住，要教导幼儿把药咽下后再给好吃的，让幼儿赶快咽下后吃点好东西，尽量不用灌药法。2～4岁的幼儿可把药碾成粉末撒在已涂果酱的饼干上，夹上另一块饼干让幼儿自己吃。表扬幼儿顺利地吃掉药物，有过几次成功的经历，幼儿就不害怕吃药了。

NO! 忌因父母紧张引起幼儿口吃

大多数2～3岁的幼儿在某一段时间内想的与讲的不一致，偶尔会重复某一音节。这种情况常出现在妈妈离开、换保姆或换环境等状况下，幼儿情绪上产生焦虑不安的时候。如妈妈带幼儿见到阿姨要打招呼时会“啊……啊……啊”说不上来，这时不要勉强他说，先让他坐下来吃早饭，或者玩一会儿，心情舒畅之后讲话会恢复正常。大人先不要紧张，让幼儿与别的幼儿接触，多做动手操作、少讲话的游戏，大人尽可能陪幼儿玩，偶尔出现的口吃现象会自然消失。如果大人逼着他说，幼儿会感到自己语言有问题，有了自卑感，大人越纠正情况会越严重。

有些家长发现幼儿口吃会大惊小怪，马上带幼儿找语言专家做纠正治疗，无异于给幼儿戴上“语言缺陷”的帽子。其实这种偶然出现的重复发音会自然消失的，妈妈多一些关怀，生活上规律一些，就会减少幼儿的紧张和压力，幼儿心情舒畅就会恢复得快。

2岁0～1个月幼儿喂养宜忌

YES 宜了解2～3岁幼儿的营养需求

1.能量

每日总能量需求4812千焦（1150千卡），其中蛋白质占12%～15%，脂肪占30%～35%，碳水化合物占50%～60%，即每日每千克体重需要蛋白质3.0克、脂肪3.0克、碳水化合物10克。

2.主要矿物质

钙：600毫克/天；铁：12毫克/天；锌：9毫克/天；碘：50微克/天。

3.主要维生素

维生素A：2000国际单位/天；维生素D：10微克/天；维生素B_1：0.6

毫克/天；维生素B_2：0.6毫克/天；维生素C：60毫克/天。

4.水

每日每千克体重应摄入水110毫升。

YES 宜了解2～3岁幼儿一日三餐搭配

早餐（早上7：00～7：30）：喝200毫升配方奶，一碗用25克大米做成的肉末（或南瓜、燕麦、蔬菜）粥。

点心（上午9：30）：蒸鸡蛋一个，小包子或小花卷、小馒头一个，半个水果。

午餐（中午12：00）：米饭75克，肉（猪、鸡、鱼）25克，可以做成肉丝和丸子，蔬菜50克～100克。

点心（下午3：00）：半个到一个水果。

晚餐（晚上6：00）：米饭75克或饺子、馄饨75克；肉类25克；蔬菜25克～50克。

睡前（晚上9：00）：喝200毫升配方奶。

最好每天吃20克豆腐或豆芽，每周保证吃1～2次动物肝类或动物血。

NO! 忌幼儿剩饭

可以用游戏或比赛的办法，提出4个指标（脸、身、桌、手），让幼儿吃饭时注意。比赛结束后可以马上用镜子对照，看看是否干净。第一次可以比赛吃饺子，吃饺子最容易保证吃干净，使幼儿有信心下次再比。第二次比赛吃薄饼，可以将菜卷入薄饼中，用手拿着吃。只要吃时小心一些，也不会撒落得太多。第三次比赛吃米饭，看看幼儿能否吃得干净不撒落。

2岁0～1个月幼儿早教宜忌

YES 宜练习奔跑

妈妈同幼儿在阳光下玩耍，让幼儿追踩妈妈的影子。妈妈可以向不同的方向躲闪，让幼儿在阳光下跑来跑去。这个游戏最好在秋天太阳晒得暖和时玩，不宜在夏天太热时玩，以免幼儿奔跑出汗。深秋或初冬季节同幼儿在阳光下玩，可以让幼儿的皮肤晒到太阳，太阳的紫外线晒到皮肤能合成维生素D，预防佝偻病。

这个游戏可以练习奔跑，强健肌肉和筋骨，阳光晒皮肤合成的维生素D可以储存在皮下和肝脏，留待冬季所需。2岁时踩影子与1岁半时追光影不同，1岁半时是练走，2岁后是练跑，速度要求不同。

YES 宜玩认字配对游戏

家长可用毛笔在纸卡上写上两个不同的汉字或数字，与图卡混在一起让幼儿练习认字配对。幼儿在卡片中任选一个汉字或数字，先念字再将卡片放在桌上，再从卡片堆中寻找与它相同的字配成一对。每天练习做配对游戏，看今天能配出几对，过几天是否有进步。字卡正面及背面最好不附图，以免混淆。

配对可以使幼儿减少错误，如6和9摆在一起，一个小圈在上另一个小圈在下，很容易区别它们的不同。汉字“手”和“毛”一个弯向左侧，另一个弯向右侧，摆在一起就知道不一样了。使一些容易混淆的字分清楚。汉字不要带图是因为幼儿在1岁3个月时就学会用图配对了，如果附上图，幼儿可以认图而不认汉字会蒙混过关。所以2岁以上幼儿用的字卡不要附图。

YES 宜练习用字卡拼长句子

先找出一个幼儿易于了解的字或词组，如“苹果”，想想苹果是什么样的，可以找个“红”字拼成“红苹果”。再找一个“大”字放在前面拼成“大红苹果”。这个苹果是谁的或要送给谁，可以在前面加上人称，如“我的大红苹果”或“妈妈的大红苹果”。7个字的句子对2岁幼儿来讲就已经算是长句子了，但有些幼儿还能将它拼成更长的句子，如“爸爸把大红苹果给我”或者“妈妈买了许多大红苹果回家”。“买”“给”或“许多”都可能是幼儿不认识的字，幼儿可以通过问学会。

幼儿心里想讲的话很多，有时不会说，如果找到相应的字卡，哪怕摆出两三个字的字卡，能表达出想说的话也很好。

YES 宜学会比较多少

先在一边放1块积木，另一边放2块，幼儿会很快说出有2块的一边多。在一边放1块，另一边放3块，幼儿也能指出有3块的一边多。家长可以继续试放2块与3块、2块与4块等，幼儿也会看出哪边多。如果看不出，可作一对一排队，看哪一边长出来。最后，两边都放2块或3块，幼儿看不出来哪边多。他也会用排队的办法去比较，结果两边一样长，没有哪一边多出来，这时可告诉幼儿“两边一样多”。

YES 宜了解时间概念

让幼儿从最具体的现象开始学会辨认时间。早晨起床时让幼儿看到窗帘打开，天亮了，太阳出来了，要快点儿穿衣服，洗漱干净吃早点。幼儿很喜欢早晨，因为吃完早点可以去外面玩耍。早上看见长辈要说“早安”。

晚饭后天渐渐黑了，室内要亮灯，将窗帘拉上。饭后爸爸在家会同幼儿玩，或者看电视节目。睡觉前妈妈要带幼儿洗澡、更衣，准备睡觉。幼儿懂得天亮了就是早上，天黑了就是晚上，能分清早晚。也可以找一些图书中表现早晚的图片让幼儿辨认，早上是一天的开始，晚上是一天的结束。

NO! 忌不让幼儿自己解决问题

孩子十分想要邻居小朋友的新玩具，但是附近商店里没有，可以同孩子商量该怎么办。或者用自己的玩具同小朋友换着玩一会儿，或者站在旁边看小朋友玩。有的孩子会自己出主意，孩子出主意的本领是练出来的，有过一次经验，下次就会更快地想出办法来。让幼儿自己去解决问题、出主意。如果家长插手，去同邻居家长谈，当然能把玩具借来让孩子玩，但是以后孩子遇到问题就会来找大人解决，自己不去想办法。鼓励幼儿自己想办法，并不是鼓励用野蛮的抢夺或打架的办法，而是要用文明有礼貌的办法，使幼儿学会自己解决问题。

2岁1~2个月幼儿的养育和早教宜忌

2岁1~2个月幼儿养护宜忌

YES 宜正确采购与存放食物

1. 粮食类食物的采购与存放

在采购时如发现谷类食物及其制品混有杂物或发霉，甚或检查出虫卵，以及豆制品有异味或发黏等现象就不要购买。存放谷类食物应选择通风、干燥的地方。

2. 蔬菜水果类食物的采购与存放

采购蔬菜及水果类食物时要注意新鲜、无腐烂现象。存放后发现霉烂的部位要及时择净。

3. 肉类食物的采购与存放

购买肉类食物时首先要确认已有卫生检疫部门的标记，肉质应新鲜、无异味，如发现有黏液、表面呈黄色或暗红色、有囊孢等则不应购买。存放时应放在低温处以防腐败变质，如有冷藏柜、冷库、冰箱等则可存储稍久。

4. 鱼虾类食物的采购与存放

采购鱼虾类食物要做到一看、二摸、三嗅。观看是否有鱼虾本身固有的色泽、黏液少；虾不掉头，虾身完整，不变红；鱼不掉鳞，鱼鳃盖紧闭，质坚，鱼身富有弹性，闻不出异味。

5. 蛋类食物的采购与存放

购买蛋类食物要做到一看、二摇、三照。观看蛋壳上有无一层霜状粉末，蛋壳是否完整、坚固，无裂纹，有光泽。用手摇摇否感到松散无整体感。较为可靠的方法是光照下观看蛋内是否呈均匀一致半透亮的黄红色，而不应有不透光的暗色团块区。

NO! 忌危险行为

2岁的幼儿最难带，最易出事。因为他们已具备相当的能力，又有自己的主意。为此，父母要经常检查幼儿的玩具是否安全，缝线是否开始变松，车轮是否松动；幼儿爱爬、爱藏的地方是否有钉子和毛刺；楼梯口、窗台及阳台是否有安全措施等，以消除隐患，确保安全。

幼儿会模仿大人用他手头之物做试验，如用小棍去刺布娃娃看它是否流血；用硬东西撬绒毛动物的眼睛，因为它很亮，很像水果糖，要尝尝是什么味道；把细小的珠子塞入自己的鼻孔和耳朵。幼儿作为试探者对玩具会较粗暴，将它扔开，甩在地上，坐在上面，抱着它打滚，如果玩具有硬的尖角会刺伤幼儿。

在骑木马或者坐旋转的玩具椅时，幼儿身体失衡会向前趴在玩具的尖角上，如大公鸡的红鸡冠、兔子耳朵、牛的尖角等。这些又尖又硬的东西会刺伤突然往前扑的幼儿而发生危险。如果家中有这种玩具要用软布将尖端包裹起来。

幼儿最喜欢各种车辆，喜欢按开关让它走，让它鸣笛或者亮灯；也会使劲将它的轮子或好看的部位拔出来，细小的轴和螺母会伤害顽皮的幼儿或者被他吞掉。所以父母为幼儿购置的每一种玩具都要细心检查，防止这个能跑、能跳又有力气的小探索者受到伤害。

2岁1～2个月幼儿喂养宜忌

YES 宜了解早餐的重要性

早餐是幼儿一日膳食中重要的一环。俗话说“一日之计在于晨”，早餐的质量关系到幼儿上午活动的能量，也直接影响到幼儿的生长发育。幼儿应定时进食早餐，而且要吃饱、吃好。然而，有的家长由于工作繁忙，供给幼儿的早餐品种单一、口味单调。有的是一瓶牛奶加一个煮鸡蛋，也有的是一包饼干加一瓶酸奶，更有的幼儿手捧着两块点心边走边吃，草草了事。这样既不卫生又缺乏营养，为了幼儿的健康生长，应设计和调配适合不同年龄幼儿的营养早餐。

1.提供足够的热能

上午，幼儿活动消耗较大，需要的能量也较多。除了及时补充能量消耗外，幼儿的生长发育也需要大量的营养素。因此，及时提供热能充足的早餐对幼儿来说极为重要。一般幼儿早餐的热能应占一日总热能的20%。幼儿的早餐必有淀粉类的食品，如馒头、粥、蛋糕、蒸饺等主食，这样更利于其他营养素的利用和吸收，也有利于促进幼儿的生长发育。

2.适量增加蛋白质

蛋白质是生命的物质基础，更是幼儿生长发育中最重要的营养物质之一，但人体不能储存过多的蛋白质，需要及时补充。每天早餐中可安排蛋类或肉类，也可安排豆类和豆制品，经常安排洋葱牛肉包子、胡萝卜鸡蓉馒头、肉糜酱汁黄豆、开洋烩香干丝、奶黄包子等，满足幼儿健康成长的基本要求。

3.合理搭配

在配制幼儿早餐时应注重各种食物的搭配，为幼儿补充水分也很重要，干稀搭配有利于食物中各种营养素的吸收，如牛奶加水果小蛋糕、白粥加肉松和枣香包、赤豆粥加洋葱心牛肉小蒸饺、菜丝肉糜烂面加白煮鹌鹑蛋等组合，有利于幼儿的消化和吸收。

NO! 忌饭前给幼儿喂水

饭前喝水是一种非常有害的习惯。消化器官到吃饭时会分泌出各种消化液，如唾液、胃液等，与食物的碎末混合在一起，使食物容易被消化吸收。如果喝了水就会冲淡和稀释消化液，并减弱胃液的活性，从而影响食物的消化吸收。如果幼儿在饭前感到口渴，可先给宝宝喝一点儿温开水或热汤，但不要马上吃饭，最好过一会儿再吃。

2岁1～2个月幼儿早教宜忌

YES 宜练习接球

找一条长方形的毛巾，大人和幼儿用双手分别握住毛巾的一角，把球放在毛巾中央。两人一起将毛巾抖一下使球跳起来再接住；或者将毛巾向一个方向倾斜使球滚到最低点再把球救起。两人合作使球在毛巾中到处滚动或蹦跳，但不掉到地上。玩得熟练之后可让幼儿去同其他小朋友一起玩。

同幼儿来回滚球，要求幼儿把球接住而避免让球滚远了再跑去捡回来。幼儿学会很快接到滚球后，再教幼儿接住扔到地上反跳起来的球。从地上反跳起来的球比直接抛来的球速度缓和，容易接住。

幼儿应该多在户外活动，玩球是户外活动最有趣的游戏之一。游戏从静到动，渐渐让幼儿捡球学跑；也要学会预测球的方向，提高接球技巧而减少跑动的辛劳。

YES 宜给玩具娃娃穿脱衣服

买一个可以更衣的娃娃，购买或者自制一些易于穿脱的娃娃衣服供幼儿练习。衣服尽量宽大，前面有几颗扣子或有拉锁，不宜用系带的衣服，因为幼儿要到5岁时才会解系活结，可用松紧带或粘扣。

让幼儿提出给娃娃换衣服的理由，如要上街、要洗澡或者天气冷了要穿厚衣服等。如果开始有困难，大人先帮助幼儿给娃娃脱去第一只袖子，其余由幼儿自己想办法完成。练习解扣和系扣，幼儿会拉开拉锁，但拉锁末端不会合上，要大人帮助。

通过替娃娃更衣练习穿脱衣服的步骤和每一个细节，如解系扣子、拉开或合上粘扣等。每一种技巧都对幼儿自己穿脱衣服有用，这是培养自理能力的游戏。让幼儿在游戏时懂得不同情况下应穿不一样的衣服。

YES 宜掌握上、下等相反的概念

幼儿在认识事物时总是要比一比，辨别它与其他或近似的事物之间有什么不同。在比较时就会发现相反的概念：

幼儿和小朋友坐在跷跷板上，幼儿用脚一蹬地面，跷跷板会向上升，幼儿升到上面，对面的小朋友降到下面。小朋友再用脚一蹬地面，小朋友就会升上去，幼儿降下来。两个人一上一下十分好玩，幼儿从中认识了“上”和“下”。

爸爸领着幼儿上街，爸爸高，幼儿矮。幼儿也可以和小朋友比一比看谁高些，幼儿认识了“高”和“矮”。

妈妈和幼儿在纸上画线，看谁画的线长些；将两支铅笔摆在一起，挑出哪一支长些，幼儿认识了“长”和“短”。

把一些东西放入盒内，幼儿看到哪些东西在盒子里，哪些东西还未放进去在盒子外，懂得了“内”和“外”。

进商店买东西，付了钱就可把东西拿出商店，幼儿懂得了“进”和“出”。

幼儿先学会相反的事物，以后才学会相同的。两三岁的幼儿能理解较多的相反概念，加上幼儿早就知道的“大小”和“多少”，现在幼儿已经掌握了7对反义词。以后每遇到这种相反的词都再强调一下，帮助幼儿掌握相反的概念，通过反面更加确认其正面。

YES 宜学会拿取最大数

在一堆积木或珠子当中让幼儿分别拿取2个、3个、4个，看幼儿最多能拿取几个。如果幼儿拿了3个，大人从中拿掉1个，问：“现在还有几个？”再拿掉1个问，看幼儿能否答对。然后再放回去1个，问：“现在是几个？”再放回1个，再问，看幼儿是否答对。多数2岁幼儿会拿3个，2岁过3个月左右能拿4个。

幼儿能拿取的最大数目是幼儿能理解的数目，在此范围内的加减幼儿能马上答出来。

NO! 忌不耐心听幼儿讲话

2岁左右幼儿常常讲一些他自己还不懂的词，来表达他不知道应当怎样讲的意思，使人十分费解。妈妈有时会批评：“谁知你在说什么，尽说些没人懂的话。”使幼儿不敢再说什么，心中想表达的意思无法讲出来。如果大人态度改变一下，对他讲出的词加一点解释，或者再应和一下“呀，真是……”等他继续讲下去，用“唔”“好的”或用表情去鼓励他，使他感到大人在听他讲话，他会努力讲得清楚一些，家长可帮助他把句子说完整。

鼓励幼儿说话，用善于理解的心态去听，帮助幼儿把想说的词讲出来，对幼儿的语言发育大有好外。对幼儿的语言能力，不必与其他同龄幼儿比较，但要每个月同他自己比，记录下来他会讲或者讲得好的一两句话，这样会看到幼儿每天都有进步。

该年龄阶段是幼儿探索力、创造力发展的重要时期，会有许多稀奇古怪的想法，父母应该鼓励和表扬幼儿的这些想法，并支持幼儿去探索。当幼儿提及有关科学方面的问题时要用幼儿能够听得懂的话回答。

2岁2~3个月幼儿的养育和早教宜忌

2岁2~3个月幼儿养护宜忌

YES 宜让幼儿学会自己洗手

大人示范，指导幼儿仔细洗手，养成饭前及便后洗手的习惯。幼儿在室外玩耍及上街回家后都要仔细洗手，以免将脏东西带回家污染玩具和用品。大人先用指甲刀将幼儿指甲剪短，教幼儿用小刷子或旧牙刷蘸肥皂仔细洗刷指甲缝，将指甲缝中的土和脏东西刷掉，用水冲净；再用肥皂或肥皂液将手掌、手背和指缝洗净，特别注意指缝与手背之间的部分不得留有污迹，用水冲洗；冲净后大人检查一遍，如果哪里未洗净可用肥皂再搓，直到洗净为止；冲净后用清洁的毛巾擦干。有些幼儿洗手时只在龙头下用水冲一下，没洗净的手会把干净毛巾擦脏。要让幼儿知道手是传染胃肠道疾病和寄生虫病的病源，用不洁的手抓东西吃，手上的细菌和指甲缝里的虫卵就会吃进肚子里使幼儿生病。

NO! 忌疏忽幼儿的视力问题

在穿珠子、画写、看书时要让幼儿坐正，眼睛与物距离30厘米左右。做完精细活动并收拾好用具后可到户外活动一会儿，使眼睛不至于疲劳。

2岁2～3个月幼儿喂养宜忌

YES 宜三餐两点定时定量

胃的容积会随年龄的增长而逐渐扩大，3岁时约为680毫升，一般混合性食物在胃里经过4小时左右即可排空。因此，两餐之间不要超过4小时。胃液的分泌随幼儿进食活动而有周期性变化，所以不要暴饮暴食，以养成定时定量饮食的习惯。1～3岁的幼儿每日应安排早、中、晚3次正餐，上、下午再各加餐1次。一般三餐的适宜能量比为：早餐占30%，午餐占40%，晚餐占30%。

幼儿胃腺分泌的消化液含盐酸较低，消化酶的活性也比成人低，因而消化能力较弱，所以应给幼儿吃营养丰富、容易消化的食物，少吃油炸和过硬的刺激性食物；米饭要比成人的软一些；菜要切得碎一些。

年龄越小肠的蠕动能力越差，因此，幼儿容易发生便秘，要经常给幼儿吃富含膳食纤维的粗粮、薯类和蔬菜、水果。粗粮宜在2～3岁时正式进入幼儿的食谱，这时幼儿的消化吸收能力已发育得相当完善，乳牙基本出齐。进食粗硬些的食物还可锻炼他们的咀嚼能力，帮助幼儿建立正常的排便规律。然而，粗粮并没有广泛地进入家庭餐桌，许多家长分不清高粱米、薏米，也不知道用大豆、小米和白米一起蒸饭能大大提高营养价值。其实，家中常备多种粗粮杂豆，利用煮粥、蒸饭的机会撒上一把，这是吃粗粮最简便的方法。

幼儿肾功能较差，饭菜不宜过咸，以防止钠摄入过量，降低血管弹性。

NO! 忌让幼儿多吃糖

有些家长习惯以糖果或甜点作为对幼儿的奖励，这种做法是不可取的。从营养学的角度来看，适当摄入糖分对身体是有益的，但食入过量，除了会导致营养不良、肥胖和龋齿外，还可能引发“甜食综合征”。

蔗糖会在体内转化为葡萄糖，而葡萄糖在氧化分解的过程中需要含有维生素B_1的酶来参与。儿童如果摄入糖分过量，消耗掉大量维生素B_1，造成维生素B_1不足，最终就会影响到葡萄糖的氧化，产生较多氧化不全的中产物，如丙酮酸、乳酸等。这类物质过多会影响中枢神经系统的活动，使幼儿表现出精力不集中、情绪不稳定、爱哭闹、好发脾气等。所以，对于那些偏爱甜食的幼儿，家长平时应多给他吃一些富含维生素B_1的食物，如糙米、豆类、动物肝脏等作为补充。

幼儿摄取食品中的添加糖，每天应控制在每千克体重0.5克左右，如体重为15千克的幼儿，每天吃糖7.5克为宜。随着年龄增长和体重增加，食糖量可略有增加，但儿童不宜超出每日24克。

饭前、睡前不要让幼儿吃糖。饭前吃糖会使血糖升高，导致饥饿感消失，使幼儿吃饭时食欲差，过了吃饭时间又饿，幼儿只好再吃糖果。长期这样，会使幼儿身体所需要的其他营养供应不足，造成营养不良。此外，饭前吃糖，大量的糖留在胃里会导致反酸、腹胀等肠胃不适的现象。

2岁2~3个月幼儿早教宜忌

YES 宜掌握育儿方式以影响幼儿性格

人的性格并非是一成不变的，可一旦形成就有相对的稳定性。一般来说，3岁的幼儿在性格上已有了明显的个体差异，且随着年龄的增长，性格改变的可能性越小。因此，培养幼儿性格的关键取决于这个时期的养育方式。

幼儿性格的形成与早期生活习惯有密切关系，这一点尚未引起人们足够的重视。常听到有的父母抱怨幼儿天性胆小、娇气，殊不知，恰恰是家长自己无意中以错误的育儿方式养成了幼儿的这种毛病。实际上，培养幼儿性格品质要从小抓起，从建立良好的生活习惯着手，如饮食、睡眠、排泄安排、自理能力训练等，这些先入为主的习惯就是幼儿日后的习性。

父母的情感态度对幼儿性格的导向作用十分重要。现代父母的情感流露比以往来得更直接，频率和强度更高，这样会使幼儿变得非常脆弱和具依赖性，在娇宠中变得批评不得，甚至父母的声音稍高一点儿，幼儿也会因此受惊而大哭不止，显示出脆弱的性格特征。一般情况下，娇气脆弱的幼儿常缺乏足够的心理承受力，一旦受到挫折极容易出现心理障碍。

另外，如今独生子女多，父母的悉心照顾表现在各个方面，如替幼儿包办的事情过多，对幼儿的正常活动限制过多等。父母过分“担心”的心理，不可避免地通过言谈举止显露出来，对幼儿起到暗示作用。不少父母在幼儿想参加某项活动之前，总是向幼儿列举种种危险，结果使幼儿产生了恐惧的心理，并因此畏缩不前。年龄越小的幼儿越容易接受暗示，父母的性格特点极易潜移默化地传导给幼儿。

现在的父母还往往把幼儿的身体健康寄托在各种食品和药品上，而不是让幼儿在阳光、新鲜空气和户外运动中锻炼身体。一般体弱多病与性格懦弱之间存在着一定的内在联系，因为病儿会受到父母更加细心的照顾和宠爱，这便成为了助长软弱性格的温床。这种保护过度的育儿方式，会使幼儿的性格具有明显的惰性特征，表现为好吃懒做、好静懒动，缺乏靠自身能力解决问题的内在动力。

YES 宜比赛用筷子夹枣

用筷子夹枣是练习手技巧和手眼协调的游戏。取大枣10个，碗、盘各一个，筷子一双。让幼儿练习用筷子夹枣，把枣从盘子里夹进碗里。2岁前后的幼儿只会用筷子扒饭入口，筷子是合拢的，几乎分不开，不能顺利夹菜。用筷子夹枣是练习将两根筷子分开，大拇指、食指和中指同时操纵一根会动的筷子，无名指和小指操纵另一根比较固定的筷子。这种分工用筷子的办法会使筷子用起来更精确灵活，幼儿在玩耍中学得较快，如果大人同他一起比赛看谁夹得快，或者谁夹进碗中的枣多，幼儿会练习得更起劲。枣个大，表面有皱纹，容易夹起，练起来较方便，熟练之后可以练习夹花生米或葡萄干等较小的东西。

YES 宜背诵儿歌和古诗

儿歌与古诗的节奏和韵律感强，朗朗上口，便于幼儿记忆，也能丰富他的词汇量。许多儿歌和古诗很有意境，当与实际景物联系起来时可加强幼儿对语言及寓意的理解。在为幼儿选择古诗时一定要注意内容最好与幼儿的日常生活接近，是幼儿能够理解的，如《咏鹅》；而且最好有与内容相配合的彩色插图，字要大一些。大人可以先一边读一边用手指指着书上的字，幼儿开始并不认识这些字，但读的次数多了，就会自己读到哪指到哪，同时也练习了认字。有些古诗的内容离幼儿的生活比较远，幼儿不容易理解，也就兴趣不大。

YES 宜教幼儿认识时间

2岁之前的幼儿心目中的时间常以日常生活来表达，如早点以后、午睡以后或晚饭后等。日常生活规律的幼儿认识时间容易些。2岁以后的幼儿对钟表开始感兴趣，因为大人常说时间，并且经常看钟表。

早上起床时让幼儿看钟，看看钟的长短针位置，较易记住的是6点，长短针在中间成一直线，把钟分成两个半圆形；中午吃饭时长短针都重叠在一起，是12点；吃晚饭时同起床时一样钟走到6点；睡觉时短针走到9点，好像从圆圆的蛋糕上切下一块。如果幼儿已经认识数字，就不但会按针的形状看，也会读出针所指的数字，说出几点钟。暂时不必学认长针，最多学认指12时是整点，指6时是半点。多数幼儿由于不理解而记不住，不必勉强。幼儿生活有规律有利于学认时间。有时间观念的幼儿容易守时，利用时间更为有效。

YES 宜拼上分成两块的图

用几何图形，如两个半圆形拼成圆形；两个长方形拼成方形；两个三角形拼成三角形或正方形。可以买现成的积木或塑料拼图；也可以自己用硬纸板先剪好圆形、方形和三角形，然后在中间剪开，让幼儿再练习拼上。

用有图的画片，如单个动物、花、某件东西或水果的图卡，先用硬纸将底面贴牢，然后将图中之物的主要部分切开，一分为二，让幼儿练习将其拼上。注意幼儿是否看到切开的片块就能猜出它是什么东西的一部分。开始练习时只让幼儿看到同一幅图中的两个半块，使幼儿较容易将它们合拢。拼过几次之后，可以将两三幅图的切片混在一起，让幼儿将一幅幅图片都拼上。

鼓励幼儿认识切分成两块的几何图形和切分成两块的普通图片，让幼儿能将它们区别开并拼好。如果几何图形外面有穴或者有外框，放上一片后，穴和框中会留有空位，幼儿容易找到另外一块，所以带穴和带框的图片容易拼上。

拼图片时要明确方位，例如，把动物的头拼到身体上时不能颠倒着放，要摆对头和身体的关系；竖切开的苹果拼图拼时要摆对左右关系。所以拼一分为二的图片较拼一分为二的几何图形略难一些，但图片代表一个实物，更加有趣，所以幼儿很喜欢学习拼图片。幼儿多次练习后可以拼上切分成3块的图形和图片。

NO! 忌不懂幼儿的自言自语

幼儿在玩耍中经常自言自语，如他将铅笔藏在书里后，会问："铅笔躲在哪儿？"他打开书找到铅笔时，看到书上画着小狗和猫打架，他会把书合上说："猫儿快跑，到厨房找小鱼去。"这几个月幼儿的词汇量增加很快，几乎每个月增加40～50个词，在自言自语时会将简单句变成复合句。幼儿常因看见什么东西而联想起过去曾发生过的事而自言自语。例如，幼儿把玩具狗熊按在地上打它的屁股，一边打一边说"看你还敢不敢爬"。原来是前几天幼儿爬上桌子时把妈妈的花瓶打破了，妈妈打了幼儿几下。幼儿也要发泄，在自言自语中出气。这时大人可以转移幼儿的注意力，带他到外面走走，使他的委屈心理缓和一些，再把注意力用在学新词上。

不要讥笑幼儿的自言自语，这是在幼儿的思想和语言快速发展过程中产生的一种现象，长大一些就会自己控制，不再自言自语了。

2岁3~4个月幼儿的养育和早教宜忌

2岁3~4个月幼儿养护宜忌

YES 宜让幼儿练习自己洗脚

睡前让幼儿练习自己洗脚。幼儿将拖鞋、毛巾、肥皂摆好，大人将温水准备好。幼儿自己脱去鞋和袜子，先洗一只脚，用肥皂将趾缝、脚背和脚底洗净，用毛巾擦干，穿上拖鞋；再将另一只脚放进盆中洗净。让幼儿练习分别洗两只脚，是因为一只脚仍踏在地上，便于保持身体平衡。待幼儿熟练后，才可将双脚一起放进盆中。要避免活动时盆底打滑而摔倒。

幼儿个子矮，手容易摸到脚，自己洗脚十分容易。有些家庭由老人照料幼儿，老人弯腰帮助幼儿洗脚会使老人十分辛苦。要鼓励幼儿自己洗脚，让他尽早学会自我服务。

NO! 忌外出购物时忽略幼儿

家里的大人带幼儿去商场、超市购物，看起来是件再平常不过的事了，可这里面却暗藏着一些幼儿可能发生走失的险情。那么，去购物时怎样避免幼儿走失呢?

1.请营业员帮忙照看幼儿

有些家长在挑选商品时，注意力全部集中在所选货品上，把身旁的幼儿给忽略了。幼儿可能就趁这时去找自己喜欢的玩具或物品了。等家长挑选完商品，幼儿也早已不知去向了。为了避免这种情况发生，如果是去超市购物，可以把幼儿放在购物车里；如果是在商场，可以请营业员帮忙照看幼儿。

2.挑选商品时不要与幼儿分开

在超市里，幼儿可以轻松拿到自己喜欢的商品，而且有时会在一个货架区停留很长时间。有的家长就想利用幼儿挑商品的同时，去别的货架选择自己需要的东西。可往往等家长回到幼儿所在区域时，幼儿却不见了。超市的货架高大纷杂，而且有些超市还分几层购物区，一旦家长与幼儿走散了，再想找到彼此都是一件很困难的事。所以，带幼儿在超市购物，家长要保持耐心，与幼儿形影相随才行。

3.不要把幼儿留在试衣间外

有些家长独自带着幼儿去商场、超市购物。在试衣服时，觉得试衣间狭窄不适合把幼儿带入，而且自己换试衣服的动作会比较快，幼儿也不敢离开自己，就把幼儿独自留在外面等。结果，家长换好衣服出来，幼儿已经不见踪影了。因此，家长若独自带幼儿去商场、超市购物，尽量避免去试衣间试衣服。如果有特别喜欢的衣服要试，先要和幼儿讲清楚自己要去试衣服，让幼儿在原地等待。同时，请售货员帮忙照看幼儿。如果试衣间相对宽一些，可以带幼儿一起进去。若试衣服的人较多，建议家长暂时放弃要试的衣服，因为幼儿的安全才是最重要的事。

4.不要单独去洗手间

洗手间大都有小隔门，家长关上门在里面，幼儿在门外面等。有时幼儿会等得不耐烦走开了。或者因为洗手间的人较多，幼儿可能被挤走。家长去洗手间时可以不关小隔间的门，让幼儿不离开自己的视线。若遇到必须关门的情况时，可以与幼儿保持语言交流，以确定幼儿没有离开。

5.人多时一定要紧紧拉住幼儿

商场或超市经常搞促销活动，人很多，家长稍不注意就可能和幼儿被人群冲开了。遇到人多的情况，家长一定要抱紧幼儿，或者紧拉住幼儿的手穿过人群。最安全的方法是不要带幼儿去人多拥挤的地方，因为人多拥挤的地方不仅不安全，还容易传染疾病。

6.不要让幼儿离开自己的视线

有些家长在购物时接、打电话，会习惯性地找个人少的地方与对方通话。有时家长只顾打电话，就会忽略幼儿，幼儿可能会被商场超市里的新鲜事物所吸引，离开家长的视线。家长可以抱着幼儿，或是与幼儿手拉手地接、打电话。另外，也可以让幼儿在自己可以控制的视线范围内玩玩具或吃东西。

有时会在购物时遇到很久没见的熟人，大人们互相热情地聊着天。幼儿在一边玩着玩具车，可随着小车越走越远，幼儿也正在逐渐离开家长的视线。带幼儿外出一切都要以幼儿的安全为第一，尽量不要长时间和人聊天，因为幼儿会因为对大人的谈话没兴趣而急着要离开，大人其实也没法尽兴地交谈。不如简单说上几句，约个其他的时间再聊。

7. 手里拿着东西时让幼儿走在前面

有时家长会一次买很多东西，两只手被大包小包的物品占满了，没法拉着幼儿一起走了。于是让幼儿跟着自己，可幼儿的注意力经常会被别的事物吸引走，就会发生走失的情况。遇到这种情况，家长一定要让幼儿走在自己的前面。这样可以随时看到幼儿的走向，即使幼儿被什么事物吸引住了，家长也能及时提醒幼儿，不会造成走失的结果。

8. 平时应教给幼儿一些紧急应对措施

平时应该有意识地让幼儿记住家长的姓名、手机号码和家庭住址，告诉幼儿如果和家长走失了应该待在原地等待，千万不要和陌生人走。如果等了一会儿家长还没有来寻找，可以向离自己最近的营业员、保安或警察求助（要让幼儿知道站在柜台里卖东西的人是营业员，穿什么衣服的是保安或警察），请营业员、保安或警察给家长打电话。发现幼儿走失后，家长要马上告诉保安人员，请他们迅速分头把住各出入口，并通过广播找人。如果还没有找到，应立即报警。

2岁3～4个月幼儿喂养宜忌

YES 宜继续关注幼儿钙的摄入

许多家长认为，既然幼儿牙已出齐，前囟已闭合，就不需要再补钙了。但是幼儿还要长高，恒齿还在发育，需要从食物中摄取钙。钙最好的来源是牛奶，每天应喝400毫升牛奶。钙与磷的比例应保持在2：1才易于吸收，牛奶中钙磷之比为1.2：1，膳食中含磷较高，有时会使钙磷比例超过1：1。因此幼儿应补充钙，使钙的比例提高。夏季幼儿外出活动能晒太阳，不必补充鱼肝油；冬季阳光不足时，尤其在北方居住的幼儿每日可补充400国际单位维生素D。

NO! 忌食品单调

营养在人体的整个生命活动过程中是必不可少的，3岁以内的幼儿处在迅速生长发育阶段，对营养的需求比任何阶段都高。维持人类生存主要有六大类营养物质：蛋白质、脂肪、糖类、维生素、水和矿物质。不同的营养素起着不同的作用，而不同的食品含有的营养素也不一样。

蛋白质是构成身体的重要物质，小儿要正常地生长发育，是绝不能缺少蛋白质的，否则会引起营养不良、贫血、免疫功能低下等。脂肪是热量的主要来源，能帮助脂溶性维生素的吸收，维持体温，保护脏器。糖类又称碳水化合物，它供给人们大量的热能，约占人体总需要热能的50%。脂肪或糖类摄入过少使体重减轻，摄入过多会引起肥胖。维生素与人体的生命活动密切相关，缺乏不同的维生素会引起不同的疾病。水参与机体的构成（小儿体内水分约占体重的70%），并参与运转其他营养成分。没有水将和没有空气一样，人是无法生存的。矿物质参与机体水盐代谢，维持体内酸碱平衡，它们的含量基本固定，有些属微量元素，体内含量增多或缺乏都会导致不同的疾病。

不同的食品含有的营养素多少不一，比如含蛋白质较多的有蛋、瘦肉、鸡鸭、鱼虾、奶、黄豆及其制品；含脂肪多的食品有食油、奶油、蛋黄、肉（尤其是肥肉）、肝等；含糖类较多的食物有米、面、薯、糖等；含维生素和矿物质较多的是蔬菜和水果，可见幼儿膳食必须丰富多彩才能提供各种营养素，要动物性食物和植物性食物搭配，粗粮和细粮搭配，咸甜搭配，干稀搭配，每天都要吃蔬菜水果。2～3岁的幼儿，每日喝1～2杯牛奶也很必要。如果小儿吃单调的食品，势必体内含有的营养素不全面。长期下来，就会出现各种营养失调，如营养不良、单纯性肥胖、贫血、佝偻病、缺锌症、免疫力低下、抗病力减弱等。

2岁3～4个月幼儿早教宜忌

YES 宜练习用脚尖走路

中午大人休息时让幼儿轻轻走路，踮起脚尖，不要弄出声音。平时可以做游戏，让娃娃睡觉，大人同幼儿一起用脚尖走路，不要把娃娃吵醒。幼儿学大人的样子用脚尖走一段距离，学习走路轻，不发出声音。

幼儿学习提起脚跟用脚尖走路，在提起脚跟时小腿后面的肌肉将脚底和脚后跟提起，可使小腿肌肉和肌腱得到锻炼，为形成脚弓打基础。

YES 宜练习涂颜色

画画可锻炼手眼协调和精细动作能力，并可培养兴趣。2岁前后的幼儿已认识4～6种颜色，可以让他自己选择蜡笔和彩笔去画。幼儿喜欢鲜艳的颜色，常拿着红笔涂一会儿，又去拿黄笔或绿笔。大人可以在一张大纸上画几个大圈，说这些是气球，让幼儿在一个圈内涂红色，另一个圈内涂黄色；或者大人先用不同的彩笔在圈的边缘处画上一圈颜色，再让幼儿试涂。开始练习时幼儿会涂到圈外，或者拿红笔在每个球上乱画。大人可以先涂好一个彩球做样板，让幼儿练习。经过多次练习，幼儿渐渐学会不把颜色涂在圈界之外，而且每个圈涂一种颜色。不可能要求幼儿涂得很均匀，只要达到上述两点就应当算是可以贴到墙上的作品了。

YES 宜坚持亲子阅读

每天要坚持和幼儿一起进行阅读，在这个过程中，幼儿可以接触到大量丰富的语言，有利于幼儿从说简单句到说复合句的过渡。讲完故事后还可以就故事内容提问，让幼儿回答，这是训练幼儿听说能力的一个最有效的方法。

YES 宜学会按大小顺序排数字

将塑料数字或从挂历上剪下来的单个数字散放在桌上或地上，让幼儿按顺序排列。先练习排到1、2、3；再练习排1、2、3、4、5；再加上两个排到7；最后排到10。家长可从中间找一个数，如3，要求幼儿从3排到7，或从4排到8。或者从任一个数，要求幼儿找出这个数前面的和后面的数排起来，这是2岁半前后幼儿的好游戏。

让幼儿按每个数加1的顺序排数字是十分有用的练习。找出任一个数前面的数即该数减1，后面的数即该数加1，也是十分有用的练习。经常反复排数字，有利于幼儿对加1顺序的理解和前后加减1的理解。

YES 宜知道哪一瓶最重

找3个大小形状完全一样的塑料瓶，1个装满沙土、一个装半瓶沙土、1个装少量沙土。将3个瓶子随便混放在桌上，请幼儿用手去掂量，把最重的瓶子放在左边，最轻的放在右边，按重量将3个瓶子排好。如果幼儿排得正确，将沙土倒出重装。1个装3/4瓶沙土、1个装1/2瓶、1个装1/4瓶，让3个瓶子的重量差别缩小，看看幼儿是否能用手掂量出来。

用手掂量重量是一种常识，人们经常用手去提一下或用手托一下重物来分清哪一个重一些，幼儿也要学会这种本领。外观完全相同的东西，看不出大小或长短，只能用手去掂量比较重量。这种本领越练越精确，可以让幼儿多次练习，使分辨能力提高。

NO! 忌错误对待幼儿害怕的心理

害怕是人的正常感受，是保护自己的方法。害怕失去支持的心理是从出生就有的，其他害怕感觉是后天学来的。如看到别人摔倒自己也不敢走，是保护自己免于受伤。但幼儿分不清什么是真正的危险，有时对无关的事也害怕。下面介绍几种幼儿常常害怕的事情以及帮助幼儿克服害怕的方法。

1. 怕黑

幼儿睡觉前做一些事会使幼儿感到安全而忘记怕黑，如先收拾好玩具，或与玩具娃娃们道“晚安”。洗漱完后让幼儿上床躺下。不要让幼儿睡在大人床上，要让他独睡小床，但让他知道大人就在身边，需要时随时会来。如果大人有事外出要找幼儿熟悉的人陪他，给他讲故事。

如果突然改变睡觉的环境或改变睡前的程序要事先向幼儿说明，做好预防工作。在改变任何习惯做法之前父母都要亲自在场陪同才能让幼儿安心。突然的改变又无父母在场，会使幼儿感到不安全而成为以后怕黑的潜在因素。

2. 怕生人

对来访者和亲属要说明幼儿还未适应与外人接近，要熟悉一会儿才可接近；也可以抱着幼儿去迎接客人，让幼儿感到在大人怀中很安全，不必害怕。过于热情的亲友会大声招呼，急于来抱幼儿，幼儿会害怕而哭起来或者挣扎要躲藏。大人要给予安慰，让他拿到礼物，同他玩一会儿。幼儿会好奇地观察客人的举动，只要看到客人都无恶意就会渐渐适应。只要大人事先与来访者打好招呼，慢慢接近幼儿，幼儿就不至于害怕，以后也就敢于接近其他生人。

3. 怕动物

让幼儿坐在大人怀中或坐在车上观看他所害怕的动物。看到其他幼儿抚摸动物，或在动物园中看到其他幼儿同动物玩都会有帮助。不必强迫幼儿同动物接触，等他自己感到安全时，再让他逐渐接近动物。

使幼儿感到安全和有人帮助，逐渐克服害怕心理。注意寻找怕的根源才便于去除害怕心理。如幼儿怕毛绒玩具是因为邻居的宠物曾让他感到危险；害怕皮球是因为曾有突然扔过来的球险些打中自己。要告诉幼儿离别人玩球的地方远一些，以防意外；告诉幼儿走路要走人行道，不可以在马路中间走，防止被汽车碰伤，避免产生害怕的心理。

2岁4~5个月幼儿的养育和早教宜忌

2岁4~5个月幼儿养护宜忌

YES 宜让幼儿学会清洗玩具

盆内盛水放入洗衣粉或洗涤液，将要洗的塑料和木质玩具放入盆内，用抹布蘸水将塑料玩具表面的泥垢擦去，用清水冲净放入另一个盆内。待所有要洗的玩具全洗净、冲净后，用毛巾将玩具擦干后排列在玩具架上。毛绒玩具可以放入洗衣机内，用洗普通衣服的办法洗净、甩干，夹在衣架上晒干。大人和幼儿一起洗玩具，让他参加每个步骤。幼儿通过自己动手洗就知道在玩时要保持玩具清洁，不能扔在地上践踏或沾上食物和油腻的污秽，懂得爱惜玩具，保持清洁。

NO! 忌放纵幼儿的不良习惯

1. 爱哭

幼儿常常因为哭就能得到一切，所以他用哭来要挟家长。这时要告诉幼儿说出要求，并且合理的才能予以满足，不合理的要讲明白理由。如幼儿不开口就让他哭个够，哭累了仍得不到所要求的，这样他知道哭闹是自讨没趣，以后就再也不哭了。在幼儿听故事或做游戏时，可讲乖孩子能让家长喜欢，小朋友乐意同他玩的故事，使幼儿记住爱哭的孩子不招人喜欢的道理，渐渐让幼儿学会忍耐，抑制自己的情绪，使自己成为受人喜欢的好孩子。

2. 任性

任性往往是溺爱的结果，幼儿会用哭闹、发脾气来达到自己的目的。这时家长要坚持原则，让幼儿讲出要求，对的可以满足，不对的讲理由，使无理取闹不能得逞。全家要一致配合，如果母亲认为该处罚，父亲或者其他家长出来护短，幼儿就会学会钻空子甚至用说谎的办法——“爸爸答应过的”来达到目的，这样任性会发展下去，并引发多种不良行为。

可利用转移注意力的办法，如幼儿在玩具摊前耍赖不走，非要买某种玩具时，大人指着开过来的高层公共汽车说：“噢，这辆车真棒，咱们还坐过哩。”然后抱着幼儿去坐这辆车，买玩具的事就会很快被忘记的。

总之，对幼儿要爱护但也要有要求，既不可一味用糖果饼干引诱，也不能用拳头棍棒威胁。要从小给幼儿立几条规矩，做到就马上给予表扬，使幼儿懂得按规矩办事比哭闹耍赖更有效、更招人喜欢，幼儿有了多次经验就能渐渐克服任性的毛病。

3.挤眉弄眼

幼儿习惯性挤眉弄眼也是一种病，医学上称为“抽动秽语综合征”，是以面部、四肢、躯干部肌肉不自主抽动伴喉部异常发音为特征的综合征。表现为挤眉弄眼等面部小组织肌肉群收缩；头颈部肌肉抽动则为点头、耸肩等；上肢抽动表现为搓手指、握拳、甩手等；喉部抽动则为异常发音，如干咳、吼叫等。家长如果发现幼儿有挤眉弄眼的习惯，除应及时带患儿到医院就诊治疗外，冷静和耐心是家长对患儿应有的态度，切忌大声斥责患儿，这样会使病情加重或反复。

4.吮吸手指

吸吮是人类个体最初的进食方式。婴儿期吸吮手指是可以的，因为这是孩子认识世界的一种独特方式，不可强制剥夺。当幼儿到2岁左右就会逐渐减少并停止吸吮手指。如果吸吮手指时间过长并形成了不良习惯，宝宝因拇指长时间顶压在上牙床骨骼上面，会严重影响宝宝上牙床骨骼的向前、向下的生长，可造成牙颌方面的严重畸形。此外，还有两颗大门牙长在外，两颗大门牙超长的例子，也与吮吸手指时间过长有关。为此，家长应注意，当幼儿长到3岁时就要有意识地纠正幼儿吮吸手指的不良习惯，以防止产生严重牙颌畸形。

2岁4～5个月幼儿喂养宜忌

YES 宜了解幼儿的饮食心理

此阶段的幼儿具有较特殊的进食心理，家长在照顾幼儿进食时一定要注意照顾幼儿的心理特点，以免造成此阶段幼儿偏食、挑食、拒食等现象。

此阶段的幼儿喜欢固定不变的饮食习惯，如他们喜欢用固定的餐具，坐固定的座位，按原来的进餐顺序进行，甚至他们还爱吃固定不变的饭菜。如果原来的饮食习惯突然被改变，幼儿会感到不安、不快，甚至大哭大闹拒食。他们比较喜欢吃味道鲜美、色彩鲜明的食物，而不喜欢吃黑色的、糨糊糊、油腻、滑溜的食物，如木耳、紫菜、海带、熘肝尖等。

NO! 忌用果汁代替水果

家庭从新鲜水果中压榨出来的果汁，具有水果的色、香、味，深受幼儿的喜爱。但果汁并不能代替水果，家长要尽量鼓励幼儿食用整个水果，这不仅可以锻炼和增进幼儿的整个消化系统功能，而且永远是营养学上最好的选择。因为果汁中基本不含纤维素，在压榨水果过程中使其中某些易氧化的维生素遭到破坏。如果是购买的果汁成品，则其中添加的甜味剂、防腐剂、使果汁清亮的凝固剂等随时间加长均对其营养质量产生一定的影响；加热的灭菌方法也会使水果的营养成分受到损失。

2岁4～5个月幼儿早教宜忌

YES 宜练习牵手单脚站稳

大人同幼儿对面站立，互相牵着右手，提起左脚，左膝屈曲。身体不靠着家具，站稳后开始数数，从1数到10，看右脚能站多久。然后两人互牵左手，提起右脚，屈曲右膝，从1数到10，看左脚能站多久。第二次再练牵右手用右脚独站时，左脚抬起尽量向后伸，从1数到10，看左脚后伸能坚持多久。同样方法再练牵左手用左脚独站，右脚后伸，从1数到10，看右脚向后伸能坚持多久。

YES 宜学画方形

同幼儿一起学画方形，用方形来画出有趣的图画，如旗子、车站路标、汽车、风筝、大高楼等。幼儿看见这些有趣的图画就很喜欢画方形。画方形可以分两个步骤，先练习画角，如画一个竖道再加一横道即 ∟；再画另一个横道连接一个竖道即┐，两个角合起来就成方形。要注意让幼儿画出一个直角，不是圆角。学会画直角和正方形就可以学写带有“口”字的汉字，如“口”“日”“白”“田”“只”“叶”“右”“石”等简易汉字。会画方形如同上了一级台阶，使幼儿在画写上进一大步。

让幼儿学会画方形，会利用方形去画图画，也会利用方形学写汉字，使幼儿在握笔画写上进一大步。

YES 宜拼3～4块拼图

拼图能锻炼幼儿的想象力，即从局部推断整体。摆放碎片时要具有方位能力，知道片块应放在上还是下、左还是右，图片中的颜色和片块的形状都可提示幼儿将片块放在适宜位置。所以练习拼图是一种综合的训练，既练手的技巧又练习思维能力，是一种很好的益智游戏。

用竖切和竖横切两种不同的方法，把贺年片或杂志上的图片分成3块，让幼儿学习拼图。幼儿先学会拼竖切成3块的图，要试几次才能拼上竖横切成3块的拼图。也可以将图斜角切开，再做侧面斜切。幼儿能拼上用几种不同方法切成3块的拼图后，可另找图片沿直线或曲线将其分成4块。直线剪开的比曲线剪开的容易拼上。切分图形时要将图中主要部分切开，如头可分成两块，两只眼睛各在一块上，或者将鼻子或耳朵切分开，让幼儿按目标将缺少的部位拼上。

NO! 忌不注重培养幼儿讲礼貌的习惯

培养幼儿使用礼貌用语的习惯，先从早晚问安开始，早上看到任何人都要说“您早”，睡前要道“晚安”。无论谁要求别人帮助都先说“请”，得到帮助后都应说“谢谢”。大人每次让幼儿干事情时都说：“请你把伞拿来”“请你把××给我”；收到东西都说“谢谢”。让幼儿听惯礼貌用语，一旦幼儿有需要时也要求他说“请”和“谢谢”。为了巩固这种习惯，要求家人平时互相之间都用礼貌语言。家人中习惯于互相用礼貌语言，可以养成幼儿有礼貌的习惯。习惯于说话有礼貌，会使幼儿同人交往时给人有礼貌的好印象。

2岁5~6个月幼儿的养育和早教宜忌

2岁5~6个月幼儿养护宜忌

YES 宜教幼儿解、系扣子

练习解、系扣子一方面可以让幼儿早日学会自己穿衣；另一方面也练习手眼协调，使手的动作技巧得到进一步发展。找一件有扣子的衣服让幼儿练习，先将扣子从扣眼后面插入，从衣服的正面把扣子取出，就是系扣子。再将衣服正面已扣好的扣子插入扣眼内，从衣服反面把扣子取出，就是解扣子。2岁半的幼儿容易学会解扣、系扣，尤其会解系胸前的扣子。幼儿不会解、系领扣和够不着的扣子，因此应避免为幼儿购置在背后开口的衣服，以免穿脱困难。幼儿比较喜欢解摁扣儿，因为摁扣儿光滑，容易学会。

NO! 忌用饥饿或药物方法减体重

正在快速生长发育的幼儿，器官组织正在建造阶段，采用过分节食、饥饿或药物方法控制体重，会对生长发育造成很大影响。幼儿肥胖由多种原因引起，并非完全因过多进食所致。因此，不能采用饥饿方法或减肥药物为幼儿减体重，应在饮食上调整各种营养素比例，以控制热量摄入。同时，多做各种有氧运动，如爬楼梯、游泳、骑车等。

2岁5～6个月幼儿喂养宜忌

NO! 忌不科学喝酸奶

酸奶是以新鲜的牛奶为原料，经过马氏杀菌后再向牛奶中添加有益菌（发酵剂），经发酵后再冷却灌装的一种奶制品。酸奶营养素、能量密度高，一杯酸奶（150毫升）可以提供宝宝30%的能量和钙质以及10%左右的蛋白质。而且，与牛奶相比酸奶更容易消化。酸奶中含半乳糖，半乳糖是构成脑、神经系统中脂类的重要成分。腹泻是宝宝夏季常见的疾病，酸奶中含有充足的乳酸菌，可以有效抑制有害菌的产生，提高宝宝的免疫能力，因而能预防腹泻或缩短慢性腹泻持续的时间。

1.饮用酸奶的注意事项

现在市场上很多乳酸饮料都打着酸奶的旗号，而且品种、口味越来越多。所以家长一定要仔细区别，别把不是酸奶的酸奶买回家了。酸奶与酸奶饮料制作方法不同，酸奶是用纯牛奶发酵制成的，因此酸奶也属纯牛奶范畴，保存了鲜奶中所有的营养素，含有丰富的蛋白质、脂肪、矿物质。

此外，酸奶中的胆碱含量高，还能起到降低胆固醇的作用。而酸奶饮料是以鲜奶或奶粉为原料，在经乳酸菌培养发酵制得的乳液中加入糖液等制成，是稀释了的酸奶，相当于一份酸奶加了两份水，营养成分含量仅有酸奶的1/3左右。酸奶与酸奶饮料乳酸菌含量差距较大，酸奶的活性乳酸菌具有促进营养吸收、调节胃肠道功能等多种保健功效，而且它的含量还直接决定了酸奶品质的优劣。

2. 如何为幼儿选择合格的酸奶

仔细看产品包装上的标签标识

特别是要仔细看产品上的配料表和产品成分表，以便于区分是酸牛奶还是酸奶饮料。根据国家标准，酸奶和含乳饮料的包装上都应标明产品成分和配料。酸奶的配料表中，蛋白质含量标示不应低于2.9%或2.3%。酸奶饮料的配料表中，一般都会出现“水”和“山梨酸”的字样，蛋白质含量标示不低于1.0%或0.7%。

购买产品后家长应先仔细品尝

酸奶应具有纯乳酸发酵剂制成的酸牛奶特有的口味，但酸奶饮料的奶味就淡多了，而且大多有水果味。

选择适合宝宝的酸奶

从工艺上区别，酸奶分为搅拌型与凝固型，二者在口味上略有差异（凝固型酸奶口味更酸些），但营养价值没有区别，家长只需要根据幼儿的喜好来选择。

从原料和添加物来分，酸奶主要分为纯酸奶、调味酸奶和果料酸奶3种。只用牛奶或复原奶作为原料发酵而成的是纯酸奶；在牛奶或复原奶中加入食糖、调味剂或天然果料等辅料发酵而成的是调味酸奶或果料酸奶。建议家长给幼儿选择原味酸奶更佳。

从脂肪含量来看，则有全脂酸奶、低脂酸奶和脱脂酸奶之分。全脂酸奶有丰富的维生素A或维生素D，是酸奶产品中最富营养价值的，家长不妨为幼儿选择全脂酸奶。

3.夏天宝宝如何喝酸奶

饭后2小时左右饮用，适宜乳酸菌生长的pH值酸碱度为5.4以上，空腹时幼儿胃液pH值在2以下，如这时饮酸奶乳酸菌易被杀死。

喝完后要及时漱口，让幼儿远离龋齿侵扰，随着乳酸系列饮料的发展，宝宝龋齿率也在增加，这是乳酸菌中的某些细菌起的主导作用。

将酸奶倒入干净的器皿中饮用。在食用袋装酸奶时，让幼儿直接用牙撕咬包装袋是十分不卫生的。有时商家虽然提供吸管，但吸管往往暴露在空气中，也难保卫生。

不要加热酸奶。酸奶中的活性乳酸菌如经加热或开水稀释便会大量死亡。如果怕从冰箱中取出的酸奶对幼儿肠胃有刺激，不妨先在室温环境下放置一两小时再让幼儿饮用。酸奶不宜与某些药物同服，氯霉素、红霉素等抗生素、磺胺类药物和治疗腹泻的药物会杀死或破坏酸奶中的乳酸菌。

2岁5～6个月幼儿早教宜忌

YES 宜用圈、线、点组合画画

幼儿会画长线和短线后，学画“十”字和“艹”字头，如能使两线相交，大概在2岁半前后就可以练习作画了。幼儿最先学的画是以圈、线、点组合的画，如画小鸡，用小圈做头，大圈或不规则圈做身体，由大人画上细线和点做脚和眼睛而成；大树和太阳都是用圈与线组成的。男幼儿喜欢画汽车，他们最初画的汽车也可用圆形完成。例如，用半圆做车身，小圆做轮子，在车身上画上门窗，也可涂上颜色。

YES 宜玩认字接龙游戏

每张卡片写上两个幼儿已学过的字，卡片按幼儿认字多少来准备，认得多的可多写。由于是两个字的组合，所以不同组合的卡片可以重复，不限于1个字只出现一次，可以多次出现。如果幼儿认汉字不多可以换成数字接龙，每张卡片任写两个数字，可按12、13、14、15……或21、22、23、24、25直到30。数字卡片既可作读数用，也可作接龙用。

将卡片倒扣在桌上，每人任取两张。翻开任意1张做起头牌，卡片两头都有字，两人轮流出牌，要与第一张牌相同的任一个字接在一起。如果自己手中的牌没有这两个字，就可以在桌上的纸卡中拿一张，直到拿到有与卡前后相同的字就可接上。谁先把自己手中的字卡全接上去就算赢了。开始玩时幼儿需要大人帮助，教幼儿学会轮流出牌，找到合适的字时马上接上。这个游戏可以三四个人在一起玩，茶余饭后全家在一起玩接龙游戏，会提高幼儿认字、读数的兴趣。

这个游戏不仅可以复习认识的汉字和数字，在游戏中巩固学习的成绩，还可以在游戏时逐渐学会游戏规则，学会几个人轮流出牌和有目的的摸牌方法。

YES 宜用积木搭3级楼梯

让幼儿练习搭楼梯，先摆1块积木，再把已垒好的2块积木放在后面，构成两级的楼梯，第三步将已垒好的3块积木放在2块积木的后面，构成三级的楼梯。幼儿有时会将1块积木摆在已垒好的3块积木旁边，他会看出相距太高的楼梯不容易上去，要在两者之间加2块积木过渡。

将水倒进3个透明的水杯，要使第一个杯中的水最少，中间杯中水居中，第三个杯子中的水最多，把3个杯中的水也排出像楼梯那样的顺序。

能过游戏让幼儿认识楼梯是一级比一级高的，要结合数来学习楼梯的顺序，第一级、第二级、第三级。第一级最矮，第二级比第一级高，第三级比第二级高。从第二级取下1块积木，便同第一级一样高；从第三级取下2块积木也同第一级一样高，使幼儿更加理解1、2、3的概念。

NO! 忌错误对待突变期的幼儿

2岁半的幼儿最易发脾气，不易捉摸。他要先尝试然后作出选择，常常表现突然吵闹又突然安静下来。大人要宽容些，用幽默的方式对待幼儿发脾气才能使大家快乐。过于严格和缺少温暖会使突变期的幼儿受到压抑而苦恼，影响性格形成。

2岁6~7个月幼儿的养育和早教宜忌

2岁6～7个月幼儿养护宜忌

YES 宜让幼儿帮助摆餐桌

让幼儿用干净抹布擦拭桌子，把凳子摆好，到厨房拿3个碗、3个盘子和3双筷子摆在桌上。幼儿最先认识自己的餐具，可以先将自己的摆好，再将爸爸和妈妈用的餐具摆好。幼儿拿取餐具之前要先洗手，认真把手上的肥皂冲净，手完全擦干，才可以拿餐具，否则手容易打滑而摔破餐具。

幼儿在摆餐具和做吃饭前的准备工作时心理上也做好了吃饭的准备，体内各种消化酶也随之分泌，可增加食欲，有利于消化。如果幼儿正在玩耍，玩兴正浓，突然要求他回家吃饭，就容易产生抗拒情绪，不利于食物的消化。

YES 宜学习穿脱外衣

目前许多两三岁的幼儿在出门之前都等着大人去照料。幼儿不久就要上幼儿园，如果幼儿每次户外活动时都要让老师协助穿衣就会十分忙乱。要让幼儿在入园之前学会自理，使幼儿感到自己有能力干好，不但自己会穿，还会帮助别人。

为幼儿安排一个他够得着的地方挂他的外衣。冬天出门前让他自己穿外衣、围围巾和戴帽子、手套。从外面回到家自己将外衣脱下挂好，把帽子、围巾也挂好，将手套放入衣兜内。穿脱衣服的方法要在有暖气前先练习几次，将这些程序按步骤做几遍。可以先戴帽子和围巾，然后穿上大衣，系齐扣子或拉好拉锁，最后再戴手套。如果反过来先戴手套，无论戴帽子、穿衣都不方便，更无法系上扣子。让幼儿觉得自己穿戴整齐是很能干的表现，以后幼儿每次出门或者回家都能自我服务，不必让妈妈操劳。

NO! 忌不培养幼儿日常习惯

■ 保证充足的睡眠。可以尝试让幼儿与母亲分室睡，但睡前妈妈要陪幼儿说话或者讲故事。

■ 让幼儿自己脱衣、穿衣。

■ 训练幼儿自己刷牙。预防龋齿，睡前不吃东西，吃甜食后漱口。

■ 每天2小时以上的户外活动时间。

■ 让幼儿自己把玩具收拾好。

■ 鼓励幼儿自己洗澡。

2岁6～7个月幼儿喂养宜忌

YES 宜了解幼儿不挑食的小妙招

妈妈带幼儿一起去买菜，如果是豆角，回来后就给幼儿一个择豆角的机会。待饭菜做好后，幼儿会特别关注有自己参与的这顿饭，他会为自己能帮妈妈做菜感到自豪，因此主动地多吃。

幼儿都喜欢搭积木，吃饭时幼儿每吃一口，妈妈就给他一块积木，这样一来等他吃完，所得到的积木便能搭一座城堡，由此调动幼儿吃饭的积极性。

妈妈可在装有幼儿不喜欢吃的饭菜盘底下，贴上一张幼儿喜欢的粘贴画，然后告诉幼儿，只有把这些饭菜吃光了你才会看到它。为了满足好奇心，尽管眼前的饭菜幼儿不喜欢，但通常也会尽力去吃。

NO! 忌吃不健康的食品

此时的幼儿可以吃任何一种食物了，但是有一些食品对幼儿的健康有影响，要引起父母的注意。

碳酸饮料是大多数宝宝都爱喝的饮料，但碳酸饮料中含有一定量的咖啡因，咖啡因对机体中枢神经系统有较强的兴奋作用，对人体有潜在的危害，幼儿处在身体发育阶段，体内各组织器官还没有发育成熟，身体抵抗力较弱，所以喝碳酸饮料产生的潜在危害可能会更严重。

幼儿也不宜吃过咸的食物，因为此类食物会引起高血压或其他心血管病的发生。腌过的食物都含有大量的二甲基亚硝酸盐，这种物质进入人体后，会转化为致癌物质，幼儿抵抗力较弱，这种致癌物对宝宝的毒害更大。

罐头食品在制作过程中都加入一定量的食品添加剂，如色素、香精、甜味剂、保鲜剂等，幼儿身体发育迅速，各组织对化学物质的解毒功能较弱，如常吃罐头，摄入食品添加剂较多，会加重各组织解毒排泄的负担，从而可能引起慢性中毒，影响生长发育。

不要给幼儿用补品，人参有促使性激素分泌的作用，食用人参食品会导致幼儿性早熟，严重影响身体的正常发育。

泡泡糖中含有增塑剂等多种添加剂，对幼儿来说都有一定的微量毒性，对身体有潜在危害，倘若幼儿吃泡泡糖的方法不卫生，还会造成肠道疾病。

茶叶中所含的单宁能与食品中的铁相结合，形成一种不溶性的复合物，从而影响铁的吸收，如果幼儿经常喝茶，很容易发生缺铁，引起缺铁性贫血。而且喝茶还可以使幼儿兴奋过度，烦躁不安，影响幼儿的正常睡眠。茶还可以刺激胃液分泌，从而引起腹胀或便秘。

2岁6～7个月幼儿早教宜忌

YES 宜训练幼儿的平衡能力

幼儿学会跑、跳之后要让他做各种动作以锻炼平衡能力：

大人在地上画一条“S”形曲线，让幼儿用脚尖在线上走。如果幼儿走得好，大人要及时鼓励，让其反复做这个练习。

带幼儿去公园或在幼儿园里，让幼儿在儿童平衡木上练习行走。经过一段时间的训练，幼儿就能行走自如。提醒一点，大人一定要注意在旁边进行保护，避免幼儿从平衡木上掉下来摔伤。如果没有平衡木，可以用砖头自制。平衡木的宽度为15厘米左右，长为5米～8米，离地面距离为20厘米～30厘米即可。

还可以和幼儿玩小鸡吃米的游戏。大人说“小鸡吃米”时，双手背在背后合拢而且举起，头一点一点地弯腰向下做吃米的动作。幼儿在模仿小鸡的动作时，身体要支撑头向前垂的重量。做10～12次大人就要说：“小鸡快回家，黄鼠狼来了。”让幼儿快跑回大人身边，注意不要让幼儿做动作时太累了。如果让幼儿戴上小鸡的头饰，幼儿在模仿小鸡吃米时会更加努力，使头弯得更低。

YES 宜玩钻洞游戏

钻洞是一种越过困难和障碍的锻炼。尤其是钻进橄榄形桶中感受到一种声音和震动的刺激，使幼儿得到锻炼，培养勇敢和不怕困难的精神。

在家中可把大纸箱侧放在地上，将箱子两边的硬纸板打开，成为一个练习钻洞的好教具。幼儿可以从一边爬进去穿过洞，再从另一边爬出来。儿童游乐园中也有一些洞，比幼儿身高略矮，幼儿低头、弯腰或者略弯膝盖就可以钻过去。

有一种橄榄形桶是专门让幼儿练习钻洞的教具，当幼儿从洞口钻进去时，进入的一头接近地面；待幼儿钻到中央时，桶因重力而侧倾，桶会倾向出口，幼儿会感到震动。有些幼儿看到前面有亮会很快爬出来，个别胆小的幼儿听到倾倒的声音会害怕而哭叫，这时妈妈要在出口处召唤幼儿，使幼儿克服害怕心理而很快爬出来。玩过一次的幼儿就很喜欢钻进去，感受到一种声音和震动的刺激，很愿意再进去体会一下。

YES 宜玩记忆配对游戏

用积木或单面图片来配对，大人和幼儿一起玩。先将盒中的积木或单面图片有图的一面扣在桌上，每人从中拿5张，自己放好并记住。第一个人将桌上的图翻开1张，让大家都看见，检查自己手中是否持有相同的图，如果有，马上用自己的图和桌上的图配成一对放自己身边；再翻开1张，如果手中没有相同的图，就将翻开的图扣回。第二个人如果手中持有与翻开的图面相同的图，即可配对；如果与之不同可另翻1张，配不上仍放原处。最后谁先将手中5张图配齐就算赢。这个游戏既有内容记忆又有方位记忆，还可以培养幼儿的专注能力。

YES 宜学会分辨深浅颜色

让幼儿观看大人调色，先把画笔在红色水彩碟中蘸满。在3个空格中各加4滴水，将红色画笔依次在碟中洗一下，4个碟中的红色越来越浅。将4个碟中的颜色各涂在一张3厘米×4厘米的卡片上，得出深浅红色各不相同的4张卡片；换一支笔用同样方法将黄色也涂出深浅不同的4张卡片；再换一支笔，涂出深浅蓝色不同的4张卡片。在制作过程中可以让幼儿观看，但暂时不能动手。做好3套12张卡片后，让幼儿按颜色深浅排出4个等级。玩完后将这些卡片收入盒中以后还要用。

YES 宜学取4个

和幼儿一起玩穿珠子，要求穿上4个白的再穿1个红的，看看幼儿是否穿得对。幼儿可以先穿上第一节，数对4个白的再穿1个红的。以后每穿一节都与第一节做比较，就可以减少出错。能抓取4个表示幼儿认识数字4，知道每次抓两个，要抓两次是4个；一次抓到3个时要补上1个，使幼儿认识数字4。

NO! 忌错误应对受小朋友欺负

幼儿受了小朋友的欺负，父母应该如何教会幼儿应对呢？其实，幼儿之间的打斗跟自然界其他小动物，比如，小老虎、小狮子之间的打斗是有相通之处的。他们的打斗带有更多的游戏成分，在打斗的过程中，他们慢慢学会了该如何与周围的小朋友交往。幼儿还没有建立起吃亏不吃亏的概念，常常刚刚打过了，眼泪一抹，又可以搂抱在一起亲密无间。因此，只要能保证幼儿的安全，没有必要把幼儿之间的打斗看得过于严重。

对于2～3岁的幼儿来说，一般是不主张教幼儿“他打你，你就打他”，因为幼儿一旦形成习惯，以后也会变成一个富于攻击性的儿童，那么他面临的问题就会更多，对他的成长实际上是不利的。但不教幼儿“以牙还牙”并不是鼓励他成为一个软弱的人，软弱与强硬与否并不是由拳头来决定的，打来打去解决不了问题。

父母陪伴幼儿玩耍时，遇到别的小朋友打自己的宝宝，可以告诉这个小朋友的家长，或者直接跟打人的小朋友说你不希望他打人，你的态度会让他意识到，一旦他打了你的宝宝，他就会面临一种压力。在告诉他不能打人的同时，还要告诉他正确地跟小朋友玩的方式。有时候，小朋友之所以打人并不是要欺负人，而是因为语言交流能力不足，为了获得别的小朋友的注意才采取这种动手动脚的方式。如果在成人的引导下，他理解了用语言来进行沟通会更加有效，就不会再用打人的方式来获取他人的注意。

随着幼儿年龄逐渐增长，独自外出玩耍游戏的时候越来越多。这时候，父母可以根据情况教授幼儿一些基本的自我保护方法。年龄较小的幼儿往往体弱力小，不具备和大幼儿对抗的能力。因此，要告诉幼儿遇到有攻击性的大幼儿时应该赶快跑，避免站在原地受二次攻击。

2岁7~8个月幼儿的养育和早教宜忌

2岁7~8个月幼儿养护宜忌

YES 宜教幼儿学用卫生纸

幼儿还有3个月就要上幼儿园了，要在入园之前学会自己用卫生纸。有些幼儿园的小班幼儿不会用卫生纸，但幼儿园的老师忙不过来，幼儿只好在厕所等候许久，等老师来帮助擦屁股才能穿上裤子。如果被老师责备几句就会感到十分委屈，失去自信。因此要让幼儿在生活上能完全自理再入园，既减少老师的麻烦，又不会使幼儿感到能力不如别人而产生自卑。

先让幼儿学习为布娃娃把大便，便后用卫生纸擦屁股。先把纸叠到一定厚度，擦一次将脏的一面折入，再擦一次。如果没擦干净可再撕一张纸叠好再擦。幼儿自己上厕所时，妈妈也要让幼儿自己学擦屁股，再让大人检查是否擦净。鼓励幼儿学习，告诉他要由前面向后擦拭，尤其是女幼儿，不要把肛门的粪便擦入阴道或尿道。

幼儿需要练习三四个月才能完全自理，所以从现在起学很有必要。

NO! 忌不了解发育异常的信号

每一个宝宝都有自己特定的发育方式，很难确切地说宝宝会在什么时候或以什么方式获得某种技能。然而，在本阶段，如果宝宝有下面可能预示发育延迟的迹象，应及时征询儿科医生的意见：

- 不能扔球出手；
- 不能原地跳动；
- 不会骑三轮车；
- 不会用大拇指和其他指头捏住蜡笔；
- 难以涂鸦；
- 不能搭起4块积木；
- 当家长要离开时仍然难缠或依恋性强；
- 对与小朋友做游戏没有兴趣；
- 不喜欢与小朋友交往；
- 对家庭以外的其他人没有反应；
- 不能进行幻想游戏；
- 反抗穿衣服，睡眠困难，不会使用洗手间；
- 生气或恼火时出现失去控制的打闹；
- 不能临摹画圆；
- 不会使用长达3个单词的句子。

2岁7～8个月幼儿喂养宜忌

YES 宜预防幼儿缺锌

锌是维持人体生命必需的微量元素之一，蛋白酶、脱氢酶等几十种酶的合成离不开它，锌在体内能影响核酸和蛋白质的合成；参与糖、脂类和维生素A的代谢；与机体的生长发育、免疫防御、伤口愈合等机能有关。如果锌缺乏，就会发生一些疾病或引起婴幼儿生长发育障碍。我国的膳食以谷类为主，目前由于绝大多数婴幼儿都是独生子女，普遍存在着父母对子女的溺爱及子女的不良饮食习惯，即偏食、挑食，以及生长发育过快而导致营养物质相对不足，易患消化道疾病，导致锌在肠内吸收减少等因素，因此在婴幼儿时期容易发生慢性缺锌症。与其等到发现锌缺乏后再来服药治疗，不如及早预防缺锌。其实，在一般情况下，如果喂养合理，就不至于造成锌缺乏。

正常人每天需要一定量的锌，5个月以下婴儿大约3毫克／日，5～12个月5毫克／日，1～10岁10毫克／日。只要注意经常喂食含锌多的食物，就可以满足婴幼儿机体对锌的需要量。瘦肉、肝、蛋、奶及奶制品和莲子、花生、芝麻、核桃等食品含锌较多，海带、虾类、海鱼、紫菜等海产品中也富含锌。其他如荔枝、栗子、瓜子、杏仁、芹菜、柿子、红小豆等也含锌较多。科研结果表明，动物性食物含锌一般比植物性食物要多，吸收率高，生物效应大。此外，在宝宝发热、腹泻时间较长时，更应注意补充含锌食品，以预防锌缺乏症。

如果怀疑宝宝缺锌时，一定要去医院检查血锌或发锌，确诊为缺锌时才可服药治疗。补锌具体用量应在医生指导下服用，与此同时，还要积极查明病因，改进喂养方法，注意膳食平衡。一旦症状改善，就应调整服锌剂量或停药，切不可把含锌药物当成补品给宝宝吃，也不可把强化锌食品长期给宝宝食用，以防锌中毒。

先天储备不良、生长发育迅速、未添加适宜辅食的非母乳喂养幼儿、断母乳不当、爱出汗、饮食偏素、经常吃富含粗纤维的食物都是造成缺锌的因素。胃肠道消化吸收不良、感染性疾病、发热患儿均易缺锌。另外，如果家长在为宝宝烹制辅食的过程中经常添加味精，也可能增加食物中的锌流失。因为味精的主要成分谷氨酸钠易与锌结合，形成不可溶解的谷氨酸锌，影响锌在肠道的吸收。

对缺锌宝宝首先应采取食补的方法，多吃含锌量高的食物。如果需要通过药剂补充锌，应遵照医生指导进行，以免造成微量元素中毒，危害宝宝的健康，比如，大量补锌有可能造成儿童性早熟；当膳食外补锌量每天达到60毫克时将会干扰其他营养素的吸收和代谢；超过150毫克可有恶心、呕吐等现象。

NO! 忌空腹吃甜食

不要在进餐前给幼儿吃巧克力等甜食，经常空腹并在饭前吃巧克力，不仅降低幼儿吃正餐的食欲，甚至不愿吃正餐，导致B族维生素缺乏症和营养不均衡，还会造成肾上腺素浪涌现象，即幼儿出现头痛、头晕、乏力等症状。这些甜食仅在饥饿时吃一点是有益的，但这只限于偶尔的情况下，并在进餐前2小时左右。

NO! 忌摄入过量高蛋白

幼儿总是发热很可能是高蛋白摄取过多所致。过多食用这种食物，不仅逐渐损害动脉血管壁和肾功能，影响主食摄取而使脑细胞新陈代谢发生能源危机，还会经常引起便秘，使幼儿易上火，引起发热。每日三餐要让幼儿均衡摄取碳水化合物、蛋白质、脂肪等生长发育的必需营养素，不可只注重高蛋白食物。

2岁7～8个月幼儿早教宜忌

YES 宜锻炼幼儿的方位感觉

找一个空鞋盒、一条板凳和幼儿的大小玩具。大人说“请将狗熊放在板凳上”“请将积木放入鞋盒里”“请把鞋盒放在板凳下面”“请把娃娃放在板凳右侧，再把小狗放在板凳左侧”“请把套碗放在鞋盒上面，把鞋盒摆在门外”“请把铅笔夹在布书里，放到狗熊旁边”“再把板凳搬到桌子下面”……让幼儿把玩具放在某种东西的上、下、左、右、里面、外面或者前面、后面，会使幼儿跑来跑去而不感到寂寞。

YES 宜排数字

让幼儿练习摆数序，先摆出10以内的数序，再学习摆10～90的数序。先按1～10把塑料数字或用纸卡写的数字排成竖行，再把1放在这些数的左边，幼儿按大人的要求摆出11～20。去掉左边的1，换上2，让幼儿读出所有的数。再将左侧的2换成3，依次读出竖行的数。然后逐个将左侧的数换成4、5及6～9，看看幼儿能否读出所排出的数。随便摆上两个数字，让幼儿读出是几十几。如果幼儿感兴趣，可以加上百位数，如果不感兴趣可以迟一些再学。不要使幼儿感到有压力和疲劳，因为幼儿厌烦了就会失去兴趣，以后学起来更困难。

NO! 忌双脚离地连续跳太久

连续跳是练习弹跳力的方法之一，2岁半以上的幼儿可以连续跳2米，不宜距离太长，以免幼儿疲劳。可以和幼儿玩兔子跳圈的游戏，让幼儿头戴兔子的头饰或者竖起两个手指放在头上代表兔子耳朵，双脚离地跳跃，跳到终点。在院子里用粉笔画一个圈作为兔子的家，让幼儿离开圈2米，用双脚跳到兔子的家。

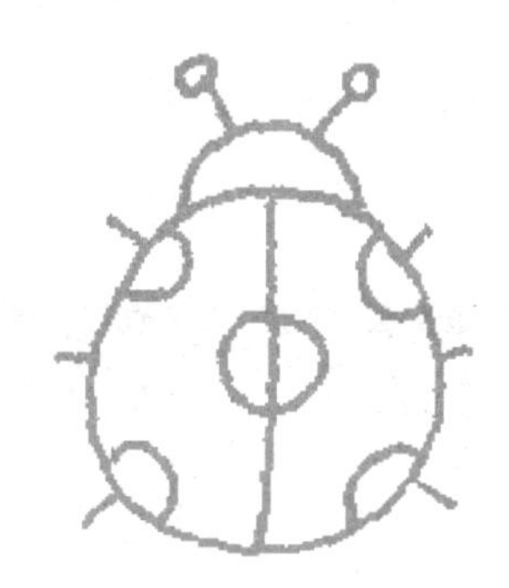

2岁8~9个月幼儿的养育和早教宜忌

2岁8~9个月幼儿养护宜忌

YES 宜教幼儿爱护图书

幼儿虽然已经长大了，不会像小时候那样爱撕书，但是有时还会不小心把心爱的书撕破。大人同幼儿一起，用纸剪出大小适合的书页，用糨糊把书补好。有的是从图的中央撕破，可以用透明胶条将书补好。幼儿学会修理书就会加倍爱惜书，以后小心取放，不把书撕破。

2岁8~9个月幼儿喂养宜忌

YES 宜合理补充微量元素

铁剂、锌剂这类微量元素之所以被重视，是因为它们量微却作用大，少了不行，多了也不好。由于媒体宣传的原因，现在许多家长把视线过多地集中在了微量营养素上。其实，婴儿的生长发育需要全面的营养素，碳水化合物、蛋白质、脂肪的摄入同样重要，微量营养素的吸收也要依赖它们的帮助才能完成，父母在关注宝宝微量营养素状况的同时一定不要忘记膳食的全面合理。有关微量营养素是否缺乏的判断是一个专业性很强的行为，除了根据化验结果，还要综合婴儿的喂养史、临床症状以及体征来判断，普通家长很难通过感觉做出准确判断，一定要听取专业医生的建议。

NO! 忌认为吃得越多越好

虽然幼儿生长发育非常快速，但也并不是吃得越多越好。只要生长发育速度正常，如身高、体重的增长在正常范围内，就没必要非让他过多进食，特别是那些不容易消化的油脂类食物。幼儿经常过多进食会影响智商。因为大量血液存积在胃肠道消化食物，会造成大脑相对缺血缺氧，影响脑发育。同时，过于饱食还可诱发体内产生纤维芽细胞生长因子，它也可致大脑细胞缺血缺氧，导致脑功能下降。另外，经常过食还会造成营养过剩，引起身体肥胖。这样，不仅使幼儿易患上高血压、糖尿病、高血脂等疾患，还会导致初潮过早，增大成年后患乳癌的危险性。

NO! 忌过量给幼儿服用滋补品

人参、蜂王浆或花粉中含有某些性激素，可能在使用后会促使幼儿的个子长得快一些，但同时也会使骨骺提前闭合。这样，不仅造成日后身材矮小，还会引发性早熟，以及牙龈出血、口渴、便秘、血压升高、腹胀等症状。不要随意给幼儿吃滋补品，如果生长发育迟缓应及早去看医生，并在医生指导下慎用滋补品。

2岁8～9个月幼儿早教宜忌

YES 宜练习单脚站立

幼儿能保持单脚站立的姿势之后，可以玩此游戏。先用一只脚站稳，再提起另一只脚，膝盖弯曲，脚尖下垂。右手手掌向前弯曲放在头上做鸡冠，左手手掌放在身后向上翘做鸡尾巴。大人和幼儿一起做金鸡独立，一起数数，看看数到几，谁先坚持不下去了，脚落下踩地。练得好的幼儿可坚持1分钟，大多数幼儿可达到40秒左右。

YES 宜练习配反义词

幼儿已经懂得相当多的反义词，大人先说一个词，让幼儿配反义词，例如“爸爸高”，答“宝宝矮”；“冰很冷”，答“开水很热”；“棉被很软”，答“桌子很硬”……也可以让幼儿起头，大人作答，只要说出意义相反的词就行。用具体的事物来说明反义词，使词的意义更加明确。

YES 宜找出缺图和错图

从儿童读物中找出故意画错或漏画一个部分的图，让幼儿仔细检查，图中有没有漏画和错画的地方，指出应如何改正。有时幼儿不太理解大人的意思，可以先找一幅图示范，讲明用意。例如，图中的蛇有4条腿，是对还是错，让幼儿去观察再作判断。

YES 宜拼上6～8块拼图

找一些动物或用品、食品图片，每个图片切分为6块～8块，装入一个信封内。玩时先拿出一份，让幼儿看看，猜猜它是什么，再慢慢将碎片拼上。切分多块的图片有两种拼法：（1）将图片拼好；（2）将边缘先摆好。边缘是整齐的线或者有些图中带花边，先把边摆好图片就弄清楚了。分成几十或几百块拼图用这个方法拼也不会错。拼好一份后，将它放入信封内收好，再练习第二份。有些幼儿很能干，能将几个信封中的碎片混在一起，再将每幅图拼好。

拼图可以锻炼看到局部推想整体的能力，同时要考虑到方位，把上下、左右关系处理好。经常练习拼图的小朋友左右脑能同时得到锻炼。图像思维是右脑管辖的；两三岁的幼儿词汇量发展迅速，语言的发展需用左脑。此时多用右脑能使左右脑同时发育，对幼儿智能发展十分有利。

YES 宜分清谁比谁大

先选用写有“1”“2”“3”的纸卡，每个数4张，一共12张。将纸卡混在一起，每人取6张。妈妈先出一张1，如果幼儿出2，就能把妈妈的牌赢过来；幼儿出一个3，如果妈妈出1，幼儿再赢；幼儿出一张2，如果妈妈出3，妈妈赢。用这三个数字先玩几天，熟练之后，可加上4和5，再玩几天，熟练后加6和7，最后可加到10。逐渐可以用扑克牌去掉K、Q、J，玩赢大小的游戏。

通过背数、点数幼儿虽然已经认识数和数字，但仍不理解谁比谁大。赢牌游戏可让幼儿逐渐理解大小的顺序。

NO! 忌家中从来没有歌声

可以大家齐唱，让幼儿领唱其中的一句或合唱其中的一小段。也可以找一些敲击的东西加强节拍。如果家中有人会弹奏乐器，会使音乐气氛浓郁，促进幼儿的右脑发育。

2岁9~10个月幼儿的养育和早教宜忌

2岁9~10个月幼儿养护宜忌

YES 宜教幼儿洗手绢

让幼儿从洗手绢学起，学会用手洗衣物。家中虽然有洗衣机，但用手洗是最基本的方法。要让幼儿自己洗手绢和袜子，增强自理能力。先在水中浸湿手绢，把肥皂涂在手绢上，双手搓洗；把肥皂沫挤出来，蘸点清水再搓洗。第一次搓洗时将手绢表面的污垢洗掉，加清水再搓洗可把深入布纹内的污垢清除，洗得更干净。用水将肥皂沫冲去，再清一次水就可以挂起来晾干。

NO! 忌缺少安全教育

两三岁的幼儿最容易在公园及人多的地方丢失。尤其2岁半以后的幼儿，看见新鲜东西会停下来用手摸，或跑到周围去玩。在家长干其他事时，可能会一时未注意到幼儿。幼儿跑远了发现父母不在身边时会大叫大喊，好心的人会过来帮助寻找父母。个别幼儿由于失去安全感，自己会伤心地逃离人群躲在一角，使大人寻找更加困难。要让幼儿记住父母姓名、家庭住址和电话，这种教育应从2岁就开始，以防万一。外出之前，大人要告诫幼儿一定随时紧跟父母。如果去的地方走路很多，可推着小车去，以免幼儿太累跟不上大人。大人和幼儿都要提高警惕以免发生丢失。

2岁9～10个月幼儿喂养宜忌

YES 宜了解小儿积食

小儿的自我控制能力很差，只要是爱吃的食物，如糖豆、牛肉干，就不停地吃；每逢节日，亲友聚会，在丰盛的餐桌上，宝宝吃了过量油腻、生冷、过甜的饮食，胃胀得鼓鼓的，小肚子溜溜圆，从而引起消化不良，食欲减退，中医称“积食”。

小儿积食后，腹胀、不思饮食、恶心，有时吐不出来，精神不振、睡眠不安。婴幼儿消化系统的发育还没有成熟，胃酸和消化酶的分泌较少，且消化酶的活性低，很难适应食物质和量的较大变化，加之神经系统对胃肠的调节功能较差，免疫功能欠佳，极易在外界因素的影响下发生胃肠道疾病。

小儿积食的治疗，要先从调节饮食着手，适当控制进餐量，饮食应软、稀，易于消化，可以吃米汤、面汤之类的，经6小时后，再进食易消化的蛋白质食物。中药小儿化食丸对乳食内积所致的肚子疼、食欲不好、烦躁多啼、大便干臭，治疗效果比较好，但不能久服，病除即止；鸡内金也是一种良药。同时还要让宝宝到户外多活动，有助于消化、吸收。

因此，家长要培养婴幼儿良好的饮食习惯，每餐定时、定量，避免“积食”发生。

NO! 忌多吃强化食品

在幼儿食品中加入一些营养素，如赖氨酸、铁、锌、维生素D、维生素A、维生素B_2等，确实可加快生长发育速度或预防某种营养素缺乏。但这种强化食品并非多多益善，过食反会影响体内营养素的均衡，还会引起中毒。要知道，中毒要比营养缺乏更为可怕。怀疑幼儿缺乏某种营养时，在补充之前最好先到医院做相关检查，待确定后在医生指导下选用针对性强化食品。提醒一点，在服用强化食品期间要经常进行复查，以免过多服用。

2岁9～10个月幼儿早教宜忌

YES 宜学会与人合作

前几个月大人带幼儿曾玩过家家游戏，使幼儿懂得如何模仿家庭生活，幼儿很喜欢这个游戏。如果有年龄稍大的幼儿来家做客，幼儿会搬出一些玩过家家的玩具同年龄稍大的幼儿一起玩。年龄稍大的幼儿比幼儿玩的次数多些，更会安排游戏。游戏中由大的出主意，小的照着吩咐去做。年龄稍大的幼儿如同家庭中的妈妈，小的像幼儿。幼儿一会儿听妈妈的吩咐去买菜、洗菜、摆桌子，请布娃娃们坐下；一会儿去喂娃娃吃饭，哄它不要哭，或者用个小瓶子喂娃娃吃奶。如果年龄稍大的幼儿是个男孩，他会当爸爸，学着举杯“干杯”，小的要替人倒酒。但玩了一会儿，小的幼儿就会把过家家的游戏忘记了，去做其他游戏去了。

YES 宜练习单脚跳跃

幼儿学会金鸡独立后就可以练习单脚跳跃。初练时大人可以牵着幼儿一只手，熟练之后放手让幼儿独自单脚跳。如跳过一条线，或从一块方砖跳到另一块方砖上。“跳飞机”是在地上画一个“飞机”，头三格单脚跳，第四、第五格时双脚落地，各踏一格休息一会儿，再单脚跳到第六格，将手中“豆包”扔向飞机头，不许扔到界外；到第七、第八格双脚落地，各踏一格，双脚不许移动，弯腰伸手取到“豆包”，再照样跳回来得1分。跳错格子、踏线、扔“豆包”出界及够取“豆包”时移动脚，都算犯规，立即淘汰出局不能得分。看谁能每次完成得分，赢取全局。

YES 宜学用刀

用玩具刀将面团切成薄片，或用钝刀将馒头切成片，或者用玩具刀将胶泥切片。用刀切片要双手配合，即用左手固定被切之物，右手拿刀去切。初学时最好用玩具刀，不会伤到手指。等用刀的技巧有了进步，再用钝的餐刀切馒头、切丝糕和蛋糕等食物。

YES 宜学编辫子

给娃娃的头发上系3条黑毛线，让幼儿练习编辫子。从开头就要编得紧一些，一直编到末端，用红毛线扎上。再加上两条同样长的黑毛线，让幼儿练习用5条毛线编辫子。要严格按顺序编才能使辫子编得漂亮。如果同时有几位小朋友在一起玩时，可以比赛看谁编得快。这个游戏可以练习手的技巧，同时练习按顺序操作，松紧适度。

YES 宜学写数字1和7

游戏方法：用铅笔或彩笔写出竖道1和先横再拐弯的7。要求拐弯尽量接近直角。可以用石头或小棍子在土地上学写，也可以用手指在空中比画。2岁前会写1；近3岁时会画直角，会写7。

YES 宜背儿歌倒数数

学会按顺序数数便于做加法，学会倒数便于做减法。学背倒数数的儿歌，背熟了才学倒数数。儿歌为：

一二三，三二一，

一二三四五六七，七六五四三二一。

儿歌很顺口，又押韵，易于背诵。学会第一句即学会1～3的倒数数；背会第二句即学会1～7的倒数数。学会7～1的倒数数后，便可以顺利地学会10～1的倒数数。

NO! 忌忽略幼儿讲话

忙于工作的父母下班后虽然还要料理家务，但不要忽略幼儿，要在百忙中留给幼儿20分钟，倾听他要讲些什么。有的幼儿不会抓紧时间，在宝贵的20分钟内一言不发，大人要在谈话结束之前告诉他："还有最后5分钟。"幼儿虽然不明确5分钟有多久，但他会抓紧把要告诉大人的事说出来。有些幼儿不厌其烦地要听同一个故事。可以告诉他还有新的故事，但也应尊重他的选择，因为这时他可能正在默记，还差一点儿，让他多听几遍就全记住了。

2岁10~11个月幼儿的养育和早教宜忌

2岁10~11个月幼儿养护宜忌

YES 宜养成良好的生活习惯

3岁以前是培养幼儿好习惯的重要时期，因为这时建立一定的条件联系比较容易，一旦形成了习惯也比较稳固。如果不注意培养，形成了坏习惯再纠正就比较困难。幼儿一天的生活内容要根据其年龄特点、生理需要，在时间和顺序方面合理安排，使幼儿养成按时作息，按要求进行各项活动的好习惯。

两三岁的幼儿每天睡眠时间要保证在13小时左右，避免大脑过度疲劳。晚上8点入睡至第二天清晨6点半至7点起床（10个半小时左右），午饭以后再睡2个半小时午觉。晚上睡前洗脸、洗脚或洗澡，然后换上宽松柔软的内衣，让小儿自己上床睡，家长可以讲故事或播放催眠曲，但不能又哄又拍让小儿入睡。睡眠的环境要舒适温暖，光线要暗。定时睡眠养成了习惯，小儿到时则很容易入睡。有些小儿要抱娃娃睡觉是可以的，但不要养成吮手指、吃被角、蒙头等坏习惯。

两三岁小儿每日应该有四餐，除了早、中、晚三餐外，午睡后下午3点左右可以加一次午点，每两餐中间都要注意喝水和提醒小儿排尿。良好的饮食习惯也是在这个阶段形成的，比如要固定位置自己吃饭，不挑食、不偏食、不暴食、不吃零食等。

除了吃饭睡眠养成好习惯以外，还应该有好的卫生习惯，如饭前便后洗手、吃水果要洗干净削皮、不随地大小便等。

制定了合理的作息制度，就要让幼儿认真执行。家长或者老师向幼儿直接提出怎样做的要求，一般来说幼儿是容易听从的。每天都坚持按要求去做，幼儿就会习惯成自然。培养习惯不能破例也不能许愿，否则幼儿会觉得家长的要求可以不执行，良好的习惯则难以养成。

NO! 忌养育过胖宝宝

近年来，宝宝和少年单纯性肥胖症的发生率有所上升。有些家长误以为宝宝胖就是健康、身体好，因此对宝宝的肥胖不加以注意，任其发展，这是不对的。大部分单纯性肥胖儿与正常体重儿一样活泼、健康。但是，部分单纯性肥胖儿却会出现一些病态现象，其中之一就是肝脏“发胖”，也就是肝脏内脂肪含量明显增多，医学上称之为“脂肪肝”。正常宝宝肝内脂肪含量占肝脏总重量的3%～5%，而肝脏“发胖”的宝宝，肝内脂肪含量超过了10%，有的宝宝肝内脂肪含量竟高达40%。

从临床看，脂肪肝患儿大多是呈肥胖型，无明显症状，其食欲甚佳，但常有疲乏感。少数患儿则出现类似轻型肝炎的表现，经常乏力，有肝区痛或腹胀等。宝宝正处于生长发育时期，肥胖宝宝脂肪肝现象如果不加注意，不及时采取措施，就会影响宝宝的生长发育以及成年后的肝脏功能。因此，肥胖宝宝的家长们应该有所警惕。

目前，宝宝脂肪肝最常见的病因是饮食不合理造成过度肥胖所致。因此，宝宝脂肪肝的治疗重在调整饮食，包括足量的蛋白质，限制糖和脂肪的摄入量，并给予足量维生素，尤其是B族维生素和维生素C。对因其他疾病引起的脂肪肝，可在祛除病因的同时改善饮食结构，保证合适营养及热量。

2岁10～11个月幼儿喂养宜忌

YES 宜讲求平衡膳食

蛋白质、脂肪、碳水化合物、维生素、矿物质和水是人体必需的六大营养素，这些都是从食物中获取的。但是不同的食物中所含的营养素不同，其量也不同。为了取得必需的各种营养素，就要摄取多种食物，根据食物所含营养素的特点，我们可以将食物大体分为下面几类：谷物类、豆类及动物性食品（蛋、奶、畜禽肉、鱼虾等）、果品类、蔬菜类、油脂类。

要使膳食搭配平衡，每天的饮食中必须有上述几类食品。谷物（米、面、杂粮、薯）是每顿的主食，是主要提供热量的食物。蛋白质主要由豆类或动物性食品提供，是小儿生长发育所必需的。人体所需的20种氨基酸主要从蛋白质中来，不同来源的蛋白质所含的氨基酸种类不同，每日膳食中豆类和不同的动物性食品要适当地搭配才能获得丰富的氨基酸。蔬菜和水果是提供矿物质与维生素的主要来源。每顿饭都要有一定量的蔬菜才能符合身体需要。水果和蔬菜是不能相互代替的。有些小儿不吃蔬菜，家长就以水果代替，这是不可取的。因为水果中所含的矿物质一般比蔬菜少，所含维生素种类也不一样。油脂是高热量食物，在我国，人们习惯使用植物油，有些植物油还含有少量脂溶性维生素，如维生素E、维生素K和胡萝卜素等。幼儿每天的饮食中也需要一定量的油脂。有些家庭早饭吃牛奶鸡蛋而没有提供热量的谷类食品，应该添加几片饼干或面包。另一些家庭早餐只吃粥、馒头、小菜，而未提供可利用的蛋白质，这也不符合幼儿生长发育的需要。只有平衡膳食才会使身体获取全面的营养，才能使小儿正常生长发育。

调配饮食使各种食物的营养能得到发挥并提高各种营养素的生理价值，便于吸收利用，要注意：

品种多样化｜粮食、豆类、鱼、肉、蛋、蔬菜、水果、油、糖等兼有，不宜偏废。

比例合适｜碳水化合物（粮食）提供55%～60%的热量，蛋白质占12%～15%，脂肪占25%～30%。如早餐让幼儿喝一袋奶，吃一个鸡蛋和一片面包就很好。如果吃不下宁愿吃面包而不吃鸡蛋，以免蛋白质过多而没有提供热量的碳水化合物。

合理搭配｜动植物搭配，即荤素搭配，粗细粮搭配，干稀搭配即有粥或汤，咸甜搭配，饭后才许可吃少量甜食。例如，豆腐、红烧鱼、枣泥糕、洋白菜、紫菜虾皮汤就包括上述几种搭配。

NO! 忌用饮料代替白开水

营养学家指出，饮料固然是用水为原料制成的，但它绝不能代替白开水解渴。因为，这些酸酸甜甜的饮料中往往含有甜味剂、色素和香精，而幼儿需要的真正营养却很少。这样，幼儿喝了非但不解渴，反而易有饱腹感，影响正常进食。幼儿最好的解渴饮料莫过于白开水。为了增加口味吸引幼儿，可在白开水里兑一些纯正果汁。

2岁10～11个月幼儿早教宜忌

YES 宜帮助和指导叛逆幼儿

一般说来，幼儿进入3岁就到了第一反抗期。实际上幼儿满2岁时，自我意识就发展起来，他想做的事如果家长不答应就表示反抗，常常会听到2岁多的幼儿说“不”“不要”。到了3岁，幼儿已有了自己的小朋友，有了一定的社会交往，这种独立行为的欲望就更加强烈，一旦想做某件事就表现得非常任性，不愿服从家长的安排。但幼儿毕竟太小，常常是力不从心，有时不仅没把事情做好还损坏了东西，甚至出危险。

那么，如何让进入反抗期的幼儿能够接受父母的要求呢？强力压制肯定是不行的，只能采取说服诱导的方法，要仔细分析幼儿的意图，然后区别对待。如果幼儿只是想自我服务或是帮助家长做家务，家长就不要一味地限制，那样幼儿会很恼火，不听劝。正确的方法是帮助和指导他，把他想做的事做好。如果是不合理的要求，家长可以用他感兴趣的东西转移他的注意力，或者耐心地讲清道理，告诉他为什么不可以做。合理的限制还是需要的，但幼儿的感情可以让他表达出来，不能强行压抑。

要想让幼儿容易顺从家长的安排有一点非常重要，即家长应该经常和幼儿一起玩耍、交谈，了解和尊重幼儿的意志与兴趣。要让幼儿知道你对他很在意，很重视，这样幼儿容易变得顺从。

有时家长采用“回馈技法”来处理幼儿的反抗也很有效。比如，幼儿在游艺场没完没了地玩滑梯不回家，家长可以先对他说“再玩两次就回家”，让幼儿有个思想准备，玩完两次以后就坚决领他走，这时幼儿肯定会生气甚至哭闹，家长可以对他说“我知道你不高兴，玩得正高兴被打断，要是我也会生气，但是我们总不能今晚不回家吧？”让幼儿知道你很同情他的感受，但做任何事都会有一定的限制。逐渐地幼儿反抗的次数会减少，容易接受父母的要求。

YES 宜给幼儿一些选择的自由

3岁左右的幼儿已有了逆反心理，父母单方面地发号施令常常成为他发脾气的原因。如果直接对他说：“去吃饭!”或“去洗澡吧!”通常会使命令遭到抵抗。这时，父母不妨给幼儿一些选择的自由，如换种方式说：“吃饭和洗澡你想先做哪个？”提出两种对等的项目让他选择，由于2岁多的幼儿还不会去考虑这两者以外的事项，所以大部分都会在其中选择一项。这种“哪一个先做都没关系，你爱如何就如何”的自由，足以让他感到兴奋和满足了。这不失为对付幼儿发脾气的一条好策略。

而且，给幼儿一些选择的自由，在无形中就灌输给了幼儿为自己的事做决定的自主意识。

YES 宜练习踢球入门

无论男孩、女孩都爱踢球，跑步和踢球可以锻炼全身肌肉。大人用一张下面有空当的凳子，或倒放一个大纸箱当球门，让幼儿距2米左右向空当或纸箱口踢球。如果同时几个幼儿一起玩，可以1个踢球，1个传球，另1个守球门。进球之后大家轮流换位。

幼儿在踢球时不宜学习用头顶球，只练用脚传球。头顶球时对头部震动过大，对幼儿未成熟的大脑不利。

YES 宜练习原地跳跃

用棍子系一根小绳系在玩具苹果的柄上。大人拿着棍子将苹果吊在幼儿头顶上方约30厘米处，让幼儿踮起脚尖伸右手来摘取。如果摘不到就跳一跳，摘到为止。如果幼儿十分容易就摘到苹果，可把棍子再举高一些，一定要让幼儿跳起来才能摘到苹果。幼儿已经学会从高处跳下和向远处跳，现在练习自己跳起来，只要跳到能抓住苹果的高度就能摘取苹果。

YES 宜练习看图说话

需要有一定的想象力，在图的提示下产生联想，才能讲出内容丰富的话。让幼儿选择一幅漂亮的图画，讲出这幅图中的事物或者有关的故事。幼儿常喜欢挑选自己听过的故事中的图画，他可以讲出两三句有关的情节。例如,看到小兔乖乖的图时说："兔子妈妈让小兔子关门。""为什么？""狼来了会吃掉小兔子。"再问："兔子妈妈出去干什么？""找萝卜。""为什么？""喂小兔子。"幼儿自己不会由头讲到尾，他会讲出主要的一两句，其余要由大人提示才能补充上。部分幼儿只能说出物名"兔子"，问"有几只？""有兔妈妈和3只兔宝宝。"只要大人多问，幼儿可以一字一句地讲出一点故事情节来。

幼儿要到4岁才会由头到尾讲故事，3岁前后只能一句一句地按问题来讲。有了现在的练习到4岁前后才能讲全故事。

YES 宜会添未画完的部位

大人在纸上画一个未画完的小人，让幼儿指出哪儿还未画完，该添上些什么。幼儿拿笔去添加，大人在旁边观看，不要说，更不要用手去指点，让幼儿自己完成，看他能否补充完整。看看幼儿能记住人身上的哪些部位，许多幼儿先发现少一条腿，急忙添上一竖，然后再看脸上的器官少不少。幼儿能添上多少与平常的观察和记忆能力有关。做过一次后他会多记住几处，有些部位幼儿不容易记住，不必勉强。平时看照片、图片或照镜子时让他多指认，使他能记住较多的身体部位。

NO! 忌错误对待脾气大的幼儿

2岁多的幼儿自我意识已经发展，对很多事情都有好奇心，也喜欢模仿家长做某些事。有时要做自己力所不能及的事情，做不好就发脾气，用哭闹来宣泄不满情绪。遇到这种时候，家长不要训斥幼儿，要耐心地帮助他完成。如果事情的确做不到，家长可以引导他玩他喜欢的游戏，转移注意力。但有些时候，孩子发脾气是为了让家长答应他不合理的要求，这个时候应该怎么办呢？如果迁就他，他会觉得用发脾气达到了目的，下次还会用同样的手段威胁家长，久而久之会使幼儿变得极端任性；如果打骂和训斥他，会使他哭闹得更凶。讲道理要等他安静下来才行，在他又哭又闹的时候他根本不会听。最好的办法就是不理睬他，当幼儿看到哭闹没有用时，他的哭声会减小或停止，这时候家长可以亲近他，告诉他哭闹不是好孩子。如果幼儿大哭大闹、乱踢乱喊，一点儿没有缓解的迹象，家长可以离开房间。离开时把房间里有危险的物品移到幼儿够不到的场所，让他一个人哭闹。这样幼儿会慢慢懂得哭闹是没有用的，父母不喜欢发脾气的孩子。时间长了，幼儿发脾气的次数会逐渐减少。有一点需要提醒家长注意：在对待幼儿的态度上家里所有人都要一致，如果一方采取不理睬的态度，另一方赶快抱起孩子满足他的要求，就达不到教育的目的，幼儿会越来越任性。

2岁11~12个月幼儿的养育和早教宜忌

2岁11~12个月幼儿养护宜忌

YES 宜学习自己收拾书包

幼儿看到大幼儿们背着书包去上学都十分羡慕，幼儿园的小朋友们也背着小书包，家长不妨为幼儿买个小书包准备上幼儿园用。书包里装上几本小书、一小盒彩笔，最好有一个带盖的水杯和一条裤子。将东西放齐之后，把书包挂在幼儿容易够着的地方。妈妈同幼儿做上幼儿园的游戏，早餐后让幼儿背着书包同妈妈在院子里走一圈。进家后在桌旁坐下，打开书包拿出书看一会儿，打开彩笔在纸上画画。过一会儿妈妈说“咱们该回家了”，要幼儿赶快把桌上的东西收入书包，再背着书包在院子里走一圈，回家后把书包挂在准备好的地方。

让幼儿做好上幼儿园的准备。通过打开书包、收拾书包，让幼儿了解书包的用途，学会将用过的东西收拾整齐，放回原处。这种游戏使幼儿不至于丢三落四、随便乱放自己的东西。

YES 宜做一次眼科检查

3岁时应当带幼儿到医院的儿童保健中心或眼科做一次眼科检查，目的是检查幼儿的双眼视力，尽早发现差异和异常，并马上给予纠正。我国儿童弱视发病率为2.83%，幼儿园儿童中每25人中就有1人患有弱视。弱视在3～4岁时最易发现，矫治效果最好，所以应在3岁时做眼科检查。

可做点状视力检查，即让幼儿观看一个黑色的圆盘，旁边有白色小圆窗，窗内有大小不同的可变的小黑点，根据辨认程度推算出相应的视力。也可以用形象视力表，由大小不等的日常用品或动物图组成，让幼儿边看边说出用品或动物名称。也有采用手形图，让幼儿边看边用手指出手形图的指向。家长应向幼儿解释检查的方法使幼儿主动配合。

如果幼儿视力低于0.9，或双眼差异在两行标准视力表以上就称为“弱视”。患弱视的人没有立体视觉，不能看清物体的距离及高低，不能判断自己所在空间的位置，以后许多精细的工作不能胜任。如果不在幼儿时期及时查出和矫治，待上学之后才发现再矫正就来不及了，所以最好3岁做第一次眼科检查。

NO! 忌不正确对待虫牙

此阶段的幼儿虫牙会急剧增多，家长需要小心提防。虫牙实际上并不是牙齿里面真的长了虫子，而是由于口腔不清洁，食物残渣在牙缝中发酵，产生酸类，破坏牙齿的釉质并形成空洞后引起牙疼、齿龈肿胀等症状。3岁以后的幼儿乳牙已经出齐，甜食又吃得比较多，因此虫牙的发病率也迅速增加。虫牙最大的特征是发展快，一颗牙生了虫牙，一两周就会出现一个大洞，很快还会一个接一个蔓延开。因此，家长一定要经常让幼儿张开嘴，看看他们的牙是否有虫牙，如果有又还不厉害，一定要早治疗，等到幼儿整天喊牙疼了再治麻烦就会比较多了。

早期预防比任何手段都重要，通常可从以下几方面进行预防：

首先饭后睡前要刷牙。幼儿吃过饭或吃过点心以后，嘴里脏了就得刷牙，哪怕只沾点水刷刷也好。

其次是在牙齿上涂一层氟。这样可使牙齿的珐琅质结实，降低发病率，但不能完全防止。

最后是不要让幼儿过多吃甜食。吃糖过多，口腔里能导致长虫牙的细菌繁殖就快。家长应注意多给幼儿牛奶、饼干、水果等，少给幼儿吃甜食。幼儿每天吃甜点心的时间最好定在上午10点和下午3点，并且吃完后一定要漱口。

2岁11～12个月幼儿喂养宜忌

YES 宜先补锌再补钙

锌还有“生命之花”“智力之源”的美誉，对促进宝宝大脑及智力发育、增强免疫力、改善味觉和食欲至关重要。所以营养专家提出：补钙之前补足锌，宝宝更健康、更聪明。我们知道，生长发育的过程是细胞快速分裂、生长的过程。在此过程中，含锌酶起着重要的催化作用，同时锌还广泛参与核酸、蛋白质以及人体内生长激素的合成与分泌，是身体发育的动力所在。先补锌能促进骨骼细胞的分裂、生长和再生，为钙的利用打下良好的基础，还能加速调节钙质吸收的碱性磷酸酶的合成，更有利于钙的吸收和沉积。如果宝宝缺锌，不仅无法长高，补充的钙也极易流失。

人体内的各种微量元素不仅要充足，而且要平衡，一定要缺什么补什么，不要盲目地同时补充。如果确实需要同时补充几种微量元素，最好分开服用，以免互争受体，抑制吸收，造成受体配比不合理。钙和锌吸收机理相似，同时补充容易产生竞争，互相影响，故不宜同时补充，白天补锌、晚上补钙效果比较好。目前，市场上有不少补充锌的制剂，如葡萄糖酸锌等。宝宝在喝这些制剂时，除了要注意和钙制剂分开来喝以外，也要与富含钙的牛奶和虾皮分开食用。

NO! 忌不给幼儿摄入糖分

研究发现，糖对幼儿的生长发育不是有百害而无一利，恰当吃糖反会对身体有益，如洗热水澡前吃一点糖果，可防止头晕或虚脱；活动量大时，半小时前适量吃些糖可补充能量，保持精力充沛，身体灵活；饥饿疲劳时吃糖，会迅速纠正低血糖症状；餐前2小时吃些糖不仅不影响食欲，还可补充能量，利于生长发育。可为幼儿选择一些含糖零食，如红枣、葡萄干、果脯、水果、硬果及小包装的奶制品。它们既可满足幼儿喜爱甜食的嗜好，又能补充热量，还可得到身体所需的其他营养素。

2岁11～12个月幼儿早教宜忌

YES 宜带幼儿参观幼儿园

幼儿3岁后要上幼儿园，在未正式入园之前可带幼儿到幼儿园外面看看。观察小朋友何时到室外活动，老师怎样带领他们在健身器械上玩耍。如果得到许可，可以进入教室或者在窗外观察小朋友在室内怎样活动。参观幼儿园会引起幼儿入园的愿望，羡慕园内的生活，使幼儿容易克服离开家庭的依恋情绪。家长要让幼儿向那些活泼可爱的幼儿学习，使他渴望成为其中的一员。

减少最初入园的困难。许多幼儿在入园的头一个月都会因为与家人分离而哭闹。如果入园之前有一些思想准备并参观幼儿园，甚至同老师先认识一下，了解园中生活规律，使家中生活与园中相似，就会减少入园后的困难。如果家长比较理智，多向幼儿介绍幼儿园的优点，入园的困难会减少。应避免因为幼儿哭闹就妥协，让幼儿回家待几天，这样再送去时又要重新适应，人为地延长适应期，对幼儿和大人都不好。幼儿有足够的心理准备就会克服入园困难，更快地适应新环境。

YES 宜练习跳远

幼儿学跳能使全身得到锻炼，尤其促进下肢肌肉发育。找有方格的地面，或者自己在院子内用粉笔画方格，每格15厘米×15厘米。幼儿站在方格处，膝部微弯，突然向前使劲跳过方格。用粉笔在地上画出跳远的距离。再试着从2米之外跑来，跑到方格之前使劲向前跳跃，看看助跑之后跳远的距离是否比立定跳远远些。用方格也可以计数，如1格、1格半或2格等。经常练习会有明显进步。

YES 宜用手印作画

让幼儿学习不用画笔能画花的方法，用红色水彩加水调色，把一小片棉花放入色碟，使调好的颜色吸进棉花内。大人用棕色画茎，用绿色画叶，让幼儿用右手食指蘸棉花上的红色，用左手转动纸，在画花的地方用右手食指按出5～7瓣花瓣；也可在茎旁按一块大的红色做花蕾，或在花的旁边再按3～4瓣花瓣表示挡着的另一朵花。幼儿会很喜欢这种容易的画花方法，他会在纸上到处按，使纸上到处是花瓣儿。

手印也可画出其他的画，如用绿色和黄色可按出孔雀的尾巴；用橙色按出金鱼的鳞；用指尖蘸棕红色按出房顶上的瓦片等。大人先将轮廓画好，告诉幼儿用手压按时不要出界。

YES 宜练习自己画人

给幼儿笔和纸，让他画人，尽量画得齐全一些。妈妈可以在旁边做自己的事，不要提示他画哪些内容，更不必提醒他去补上某个部位。在上个月他已给未画完整的人补画过部位，他会记得当时大人是怎样评价的。幼儿画完后，妈妈可在画纸上写上当天的日期，半年以后再作比较。大人千万不要替他补画什么部位或替他做任何改动。只有全部是幼儿3岁时画的人物画才有保留价值。

1787年古迪纳夫已发现幼儿画人的完整程度与智力有关；到20世纪60年代才由哈里斯定出记分方法。他认为幼儿从3岁起才能画人，画出一个部位代表3个月的智能发育。所以他列出一个公式：

（幼儿画出的部位×3+36个月）/幼儿实际的年龄月×100=智商

3周岁的幼儿基本上能画出人的3个部位，先画一个圈代表头，再画两只眼睛和两条腿，或者其他部位。所以对三四岁的幼儿用画人的方法测算其智商，其结论偏高；到五六岁以后，因为年龄大了，能画的部位不过就这些，算起来智商反而低了。

家长不必太在意幼儿到底智商有多高。如果让幼儿对着镜子画、对着布娃娃画、看着实物画，幼儿画的部位就会增加，经过几次练习，画出的部位就会成为习惯而记住。幼儿的经验是“百听不如一看，百看不如动手”。亲自画几遍，积累的经验比听大人说、看图画保留的时间都长，以后再画时不看镜子和娃娃也会画出来。

YES 宜练习折纸

折纸是一种手眼协调的技巧练习，要按着步骤去完成，要求有顺序记忆的能力，所以折纸也是一种益智游戏。让幼儿从最基本的方法学起，要学会对齐边和角，使纸对齐。先学对折成长方形和三角形，最后学会折一个简单的玩具，使幼儿感到成功的喜悦。

准备裁成方形的两张白纸，大人用一张做示范。先将方形下边折上，上下两个边对齐，纸角也要对齐，边角都对齐后将纸的中间压平，原来的方形纸变成长方形。如果幼儿学得顺利，可再对折一次，将长方形的两个短边对齐，纸角对齐之后压平，长方形变成了两个小正方形。再将方形纸打开，将两个对角对齐，纸边也对齐，然后压平成为一个大三角形；再将两个锐角对齐，纸边对齐，压平纸边成为一个小三角形。将小三角形再打开，将两个锐角向内折成狗的两个耳朵，画上眼睛和鼻子、嘴就成狗头。这是折纸能做出的最简单的玩具。

YES 宜认识冬天和夏天的不同

找一些有不同季节内容的图书或图片，让幼儿了解冬天很冷，刮大风、下大雪，人们穿着棉衣或皮衣，戴帽子、围围巾、戴手套、穿棉鞋；家中生炉子或有暖气，要关严窗户保暖；冬天人们爱吃火锅、涮羊肉，使身体暖和；冬天人们在户外溜冰、堆雪人、打雪仗，过年前后还去看冰灯。

夏天天热，人们汗流浃背，穿得很单薄，幼儿们穿背心、裤衩；家中吹风扇，大人摇着扇子纳凉，不少家庭装上了空调；人们爱吃西瓜、冰棍和冰激凌，喝冰镇的凉开水或饮料，使身体感到凉快；人们喜欢游泳、划船，到凉快的地方去避暑；夏天的花草树木十分旺盛，新鲜水果、蔬菜都很多。

让幼儿对季节有明确的概念，先学会分清冬、夏两季，以后再了解春季和秋季。教幼儿把平时零散的观察和记忆综合起来，形成两个分明的季节概念。

NO! 忌不给幼儿立规矩

当规矩成为宝宝内在的自觉，反而可以给宝宝增加行动的安全感。给宝宝立规矩并不完全是为了束缚他们的行动。3～4岁是宝宝最容易闯祸的年龄，他们常常会出格，爱冒险，好冲动，渴望独立，却多半不知天高地厚。做家长的一个重要责任就是引导宝宝服从他们应该遵循的行为规则，了解自己行动的界线。

不少家长可能会误解：给宝宝立规矩会不会限制他们的行为，使他们变得谨小慎微？其实，当宝宝知道哪些事情能做、哪些事情不能做，反而会产生安全感，从而积极勇敢地探索周围的事物。如果一个人明白了行动的界线和规则，他就会小心地把自己的行为控制在界线和规则以内。所以，家长首先必须给自己树立这样观念——给宝宝立规矩不是为了束缚宝宝的行动。

以下的建议也许对你和你的宝宝有帮助：

你的命令要求应该清晰坚定。譬如：你说“不许打人”，如果你的语调稍微有些动摇，你的宝宝就会把你的话当成耳边风。

鼓励好的行为。如果你的宝宝不愿意按时上床，你可以制作一个图表，宝宝做到了就给他1颗星，得到3颗星后他就可以得到一件小礼物。

给宝宝选择的余地。宝宝早上拒绝穿白色T恤，你可以给他另外的选择，“你可以穿那件绿色的衬衫，或者紫色的衬衫。”

用行为的结果提醒宝宝。如果宝宝一大早就埋头画画，不梳洗，也不吃早饭。你可以告诉他：“你得赶快梳洗吃早饭，否则到了幼儿园你就没有时间搭积木。”

提前约法三章。如果你必须上玩具店为朋友买一件生日礼物，可以事先警告你的宝宝，“到了玩具店，你只能买一件小玩具。”

和宝宝一起解决宝宝的矛盾。当两个宝宝为骑小自行车闹得不可开交时，你可以这么说：“我们现在有个问题，你们两个都要骑小自行车，想一想该怎么办？”

时间也是解决问题的办法。宝宝和客人的宝宝在电视机前的沙发上打架，你可以对他说：“你没能管好你自己，应该回到你自己的房间里，等你冷静下来才可以出来。”让宝宝在自己的房间里玩玩具或看书，等他的情绪平静一些后再让他出来。

鼓励宝宝把自己的感受说出来。如果宝宝发脾气，把他的玩具熊朝你扔过来，你可以引导他把自己的心情说出来：“妈妈不让你吃饼干，你就向妈妈扔熊，其实你应该用嘴巴说，‘我很生气。’”一旦宝宝把自己的情绪用语言表达出来后，他的脾气就小一点了，行为也可以缓和一些了。

替宝宝把愿望说出来。如果宝宝在超市收银处和玩具店哭闹发脾气，你可以说：“我知道你很想要这个玩具，但是，今天我们已经买了一个玩具了，不过，我们可以把这个玩具列在清单上，下次再买。”当你说出了宝宝的愿望，宝宝会认为你认可了他的要求，就不再提抗议了。

特别提示——向宝宝说明为什么要给他立规矩。如果你把立规矩的意图向宝宝讲明白，便可以大大缓解宝宝的争吵和反抗。譬如："不许在沙发上跳，这是为了必须确保你不会掉下来，摔伤自己。"

有害无益的做法：威胁利诱。如果你常常用威胁利诱以期望得到宝宝的合作，那么当你不威胁利诱时，宝宝便会不理睬你。整天都唠唠叨叨要宝宝听话。宝宝会因此而讨厌你，并且为了保持自己的独立而与你吵闹不休。动辄训斥宝宝。尽量避免随意训斥宝宝，譬如："你真讨厌""你怎么这副模样？"这些言辞会降低宝宝的自信心，还会使他变得非常愤怒，并且用行动来报复。